# 城镇地区灾难性滑坡早期识别与评估

王贤敏　王力哲　郭海湘　何卫军 等　著

科 学 出 版 社

北　京

# 内 容 简 介

本书瞄准“平安中国”，针对目前城镇滑坡灾害防治的社会经济发展重大需求，聚焦潜在滑坡灾害隐患识别和大尺度区域滑坡易发性评价，提出涵盖表观特征、活动特征和成灾特征的滑坡隐患识别综合判据，提出危险人工边坡自动识别新方法，构建滑坡易发性动态评价技术框架，建立综合历史滑坡和滑坡隐患开展易发性评价的方法。本书内容基于成功应用于四川茂县、薛城，西藏察雅，河北宽城、邢台、涉县，三峡库区秭归—巴东等地区的研究成果，提高滑坡隐患识别的精度，提升易发性评价的准确性、合理性与实用性，为防治人类活动频繁地区的滑坡灾害，以及制定合理的城镇化发展政策提供科学依据。

本书可作为从事工程地质、地质灾害、环境科学领域工作的科研人员的参考书。

**图书在版编目（CIP）数据**

城镇地区灾难性滑坡早期识别与评估/王贤敏等著. —北京：科学出版社，2023.5

ISBN 978-7-03-075409-7

Ⅰ.① 城…　Ⅱ.① 王…　Ⅲ. ① 城镇-滑坡-地质灾害-研究-中国
Ⅳ. ① P642.22

中国国家版本馆 CIP 数据核字（2023）第 069617 号

责任编辑：孙寓明/责任校对：高　嵘
责任印制：彭　超/封面设计：苏　波

科学出版社 出版
北京东黄城根北街 16 号
邮政编码：100717
http://www.sciencep.com
武汉精一佳印刷有限公司印刷
科学出版社发行　各地新华书店经销
*
开本：787×1092　1/16
2023 年 5 月第　一　版　　印张：10
2023 年 5 月第一次印刷　　字数：238 000

**定价：128.00 元**

（如有印装质量问题，我社负责调换）

## 《城镇地区灾难性滑坡早期识别与评估》
## 编　写　组

王贤敏　王力哲　郭海湘　何卫军　吴沉寒

翟　星　张旭东　王　毅　隆星宇　张鑫龙

尹　菁　陈文雪　张澳美　李永威　华　晔

丁子洋　罗孟晗　毕　佳　郭浩楠　柯　宇

刘志伟　李冬冬

# 前言

地质灾害防治关系国计民生，是“建设更高水平的平安中国”的核心支撑。党的十九大报告中明确提出要“加强地质灾害防治”，从注重灾后救助转向注重灾前预防。党的二十大报告指出“坚持安全第一，预防为主，提高防灾减灾救灾能力”。滑坡灾害是全球频发的一类典型地质灾害，严重破坏地质环境、生态环境和陆地景观。大量灾难性滑坡没有被提前发现，严重影响社会与经济的可持续发展，给人民生命财产和重要基础设施运营造成重大的损失或潜在的严重威胁。因此，在人类活动频繁的城镇地区，亟须提前发现潜在的滑坡灾害隐患和危险人工边坡，准确圈定滑坡灾害的高发地区，清晰认识重大灾害隐患的变形破坏模式和成灾机制，认识滑坡易发性的动态演化规律和响应机制，认识城镇建设和人类工程活动对滑坡灾害发生发育的深远影响，从而支撑滑坡灾害精准有效防治，支撑社会和城市可持续发展。

本书聚焦城镇地区灾难性滑坡防治的关键科学问题，对潜在滑坡隐患早期识别和滑坡高发区域准确圈定开展研究，主要包括以下两点学术贡献。

（1）滑坡灾害隐患早期准确识别是一项具有挑战性的难题。本书提出隐患识别综合判据和危险人工边坡自动识别新方法，以提高灾难性滑坡隐患早期识别精度，并在野外实地调查中得到成功验证。

提出隐患识别综合判据，降低虚警率，揭示隐患的变形破坏模式和成灾机制。针对InSAR技术提取的地表形变存在大量信息干扰，导致隐患识别低精度、高虚警、野外验证浪费大量人力物力的难题，提出涵盖活动变形特征、表观特征、孕灾特征和致灾特征的隐患识别综合判据，有效提高隐患早期判识的精度，降低虚警率，揭示在地质环境、地震、降雨、人类工程活动等作用下，重大灾害隐患的变形破坏模式和成灾机制。在四川茂县、薛城，西藏察雅等隐患发育地区开展示范应用，发现多处滑坡灾害新隐患，沿交通要道沿线开展野外调查验证，识别的隐患得到成功验证。这项研究工作为提高灾害隐患早期识别精度、降低虚警率提供新思路。

提出危险人工边坡自动识别新方法。随着城镇化进程加快，以及削坡建房、削坡修路等工程活动的开展，大量滑坡灾害的孕育和发生与危险人工边坡密切相关，亟须提前发现这些危险边坡，规避灾害突发带来的巨大损失并合理规划城镇建设发展。本书提出耦合变化检测和深度学习的危险人工边坡自动识别方法，揭示危险边坡发育特征和成因。研发的危险边坡自动识别软件平台应用于河北宽城、邢台、涉县地区，识别出的危险边坡在野外实地调查中得到成功验证。本书提出的方法是一种在广袤城镇地区自动识别众多微小人工边坡的普适性方法，这项研究工作为植被茂密、地形陡峭的广大城镇地区危险人工边坡自动识别提供新思路。

（2）针对目前滑坡易发性评价主要根据历史灾害开展静态评价的局限性，综合历史灾害和活动灾害隐患开展易发性评价，构建易发性动态评价的体系框架，提升滑坡灾害易发性评价的动态性和合理性。

揭示滑坡易发性时空演变特征及对成灾因素的动态响应机制。随着灾害活动的演变、地质环境与气象条件的变迁、人类工程活动的加剧，滑坡灾害的易发性是动态变化的。根据灾害发育演变、孕灾与致灾因素变迁，基于斜坡单元分割和深度学习，揭示三峡库区秭归—巴东段滑坡易发性时空演变特征，分析和揭示滑坡易发性对库水波动、降雨、人类工程活动和岩土体含水量等变化因素的动态响应特征和机制。研究工作揭示了近 10 年来，三峡水库运营和库水波动对滑坡易发性的影响在逐渐减弱，并达到新的平衡，而人类工程活动对滑坡易发性的影响显著，特别是道路修建、建筑用地扩张、农田的开垦耕种与灌溉及大面积经济植物的种植等。这项研究工作为人类活动频繁的城镇地区滑坡灾害防治，以及制订合理的城镇规划发展政策提供科学依据。

综合已知灾害与潜在隐患提升易发性评价的合理性。采用时序 InSAR 和光学遥感综合技术，结合野外地质调查开展滑坡隐患的识别与验证，耦合斜坡单元与机器学习开展易发性评价，提高灾害易发性评价的精度，并在西藏察雅地区得到成功应用。这项研究工作为提升易发性评价结果的准确性与合理性提供技术支撑。

本书涉及区域范围和边界均不代表行政范围和边界，特此说明。

本书研究工作主要依托 5 项项目支持：国家自然科学基金联合基金项目“地质环境遥感大数据智能解译”（U21A2013）、国家重点研发计划项目“面向大尺度区域重大自然灾害的应急通信技术和关键便携装备研究”（2019YFC1511300）、国家自然科学基金面上项目“基于数据驱动的滑坡地质灾害预测及其应急决策研究——以长江经济带三峡库区为例”（71874165）、湖南省自然科学基金重大项目“中小尺度对流天气系统及其衍生灾害多源卫星遥感模拟研究”（2021JC0009）、中央高校基本科研业务费专项资金资助项目“自然灾害风险监测预警、风险评估与应急管理”（CUG2642022006）。

本书写作具体分工：全书由王贤敏策划，由王贤敏、王力哲、郭海湘、何卫军、吴沉寒、王毅、李冬冬统稿、校对与定稿；第 1 章由王贤敏、陈文雪、尹菁、丁子洋、郭浩楠、罗孟晗撰写；第 2 章由王贤敏、隆星宇、翟星、尹菁、柯宇撰写；第 3 章由王贤敏、张鑫龙、毕佳、张旭东、刘志伟撰写；第 4 章由王贤敏、张澳美、华晔、李永威撰写。参加相关研究工作的主要人员还包括：西藏自治区地质矿产勘查开发局第五地质大队邓时强工程师，中国科学院空天信息创新研究院李京副研究员，重庆邮电大学李国军教授，河北省地质环境监测院的白雪山研究员、李辉高级工程师、李琛曦高级工程师。

本书出版得到了多位学者与科研工作者的无私帮助。感谢河北地质环境监测院、中国科学院空天信息创新研究院、重庆邮电大学、西藏自治区地质调查院、西藏自治区地质矿产勘查开发局第五地质大队、广西壮族自治区遥感中心、国防科技大学等单位研究人员的指导和帮助，谨此致谢。本书参考和引用了国内外学者的许多优秀研究成果，在此向这些学者表示感谢。

由于作者水平有限，书中难免有疏漏之处，恳请读者和学者斧正。

王贤敏

2023 年 1 月 28 日于武汉

## 第一篇　城镇地区潜在灾难性滑坡隐患识别

# ▶第一篇

# 城镇地区潜在灾难性滑坡隐患识别

伴随着全球气候变化、极端降雨增加、城市扩张和人类工程活动加剧，城镇地区灾难性滑坡和人工边坡失稳发生频率明显增加。大约 80%的灾难性滑坡事先未被发现，给人民生命财产和重要基础设施带来重大损失，严重阻滞社会经济的可持续发展，因此亟须提前准确发现潜在的滑坡隐患和危险人工边坡，及时采取有效防治措施，避免造成社会经济的巨大损失。本篇从活动滑坡隐患早期识别和危险人工边坡自动识别两方面，开展广域城镇地区潜在滑坡隐患识别研究，揭示滑坡隐患的形变破坏模式、形变演化特征与成因机制。识别结果已在野外地质调查中得到成功验证，并成功应用于四川茂县、理县薛城，河北宽城、邢台、涉县，西藏察雅等地区。

# 第 1 章　城镇地区活动滑坡隐患早期识别

位于山区和重要线性工程沿线的广域城镇地区，往往发育有大量潜在的滑坡灾害隐患，这些隐患主要处于蠕动变形阶段。只有提前准确发现隐藏的活动滑坡隐患，才能够及时采取有效的防治措施，消除滑坡灾害对社会经济的重大威胁，规避滑坡造成的人民生命财产和重要基础设施的巨大损失。然而植被覆盖和陡峭地形使滑坡隐患具有高隐蔽性，此外滑坡灾害突发性强，以上特征导致滑坡隐患难以被提前发现，滑坡隐患早期识别一直是世界性难题。

本章针对 InSAR 提取的地表形变存在大量信息干扰，导致滑坡隐患识别低精度、高虚警、野外验证浪费大量人力物力的难题，提出综合地表形变、地表覆被变化、地形地貌、工程岩组、断层构造、水系分布、地震活动、降雨和人类工程活动的隐患识别综合判据，有效提高隐患识别的精度，降低虚警率，揭示在地质环境、地震、降雨、人类工程活动等作用下，灾害隐患的形变破坏模式、形变规律和成因机制。该方法在四川理县薛城和茂县隐患发育地区开展示范应用，发现了多处滑坡新隐患，沿交通要道开展野外调查验证，识别的隐患得到成功验证。这项研究工作为提高灾害隐患早期识别精度、降低虚警率提供了新思路。

## 1.1　地表形变特征提取

干涉合成孔径雷达（interferometric synthetic aperture radar，InSAR）测量技术通过对不同时刻获取的具有相干性的图像进行干涉处理，计算雷达波干涉相位，进而提取地表形变测量值，精度可达毫米级（Zebker et al.，1994；Li et al.，1990）。InSAR 技术能够在广域地形陡峭的山区开展同步监测，准确提取地表形变特征，成为滑坡隐患早期识别的重要支撑技术（Mondini et al.，2021）。用于测量地表形变的 InSAR 监测技术主要包括差分干涉合成孔径雷达（differential InSAR，D-InSAR）测量技术（Gabriel et al.，1989）、永久散射体干涉合成孔径雷达(persistent scatterer InSAR，PS-InSAR)测量技术(Ferretti et al.，2001)、小基线集干涉合成孔径雷达（small baseline set InSAR，SBAS-InSAR）测量技术（Berardino et al.，2002）、集成时序 InSAR 技术等（Bekaert et al.，2020；Dong et al.，2018）。

### 1.1.1　基于 PS-InSAR 技术的地表形变特征提取

PS-InSAR 技术的原理是采用时序雷达影像提取永久散射体点，这些永久散射体点的散射特性不受时间、空间和大气影响，是长时间序列下回波信号稳定的点目标（Ferretti et al.，2001）。根据提取的永久散射体点，建立地面雷达波反射信号相位差分与地表形变之间的函数关系，从而提取雷达视线向地表形变测量值（Farina et al.，2006；Ferretti et al.，2001）。

采用相干系数阈值方法来选取永久散射体点（Colesanti et al.，2002；Ferretti et al.，2001）：

$$\gamma = \frac{\left|\sum_{i=1}^{m}\sum_{j=1}^{n} M(i,j)S^{*}(i,j)\right|}{\sqrt{\sum_{i=1}^{m}\sum_{j=1}^{n}|M(i,j)|^{2}\sum_{i=1}^{m}\sum_{j=1}^{n}|S^{*}(i,j)|^{2}}} \tag{1.1}$$

式中：$M$ 为影像干涉对中主影像的局部像素信息块；$S$ 为从影像的局部像素信息块，像素信息为复数，* 表示共轭运算；$m$ 和 $n$ 定义局部窗口的尺寸；$i$ 和 $j$ 为像素坐标；$\gamma \in [0, 1]$ 为相干系数，$\gamma$的值越接近 1，则对应空间点（中心像素）处干涉相位噪声越小，信噪比越高（Colesanti et al.，2002；Ferretti et al.，2001）。将相干系数$\gamma$与相干系数阈值 $T$ 进行比较，若某个像素处的相关系数$\gamma$大于相干系数阈值 $T$，则该像素为永久散射体点（Ferretti et al.，2001；Zebker et al.，1992）。

基于提取的永久散射体点建立德洛奈（Delaunay）三角网，并进行相位解缠，去除线性形变、地形误差、大气相位和噪声，从而获得每个永久散射体点处的地表形变量估计（廖明生 等，2014；Ferretti et al.，2001）。其中，采用数字高程模型（digital elevation model，DEM）数据去除地形相位的影响和进行地理编码，采用空域低通滤波器和时域高通滤波器去除大气延迟误差（陈强 等，2012；祁晓明，2009；Ferretti et al.，2001）。

### 1.1.2 基于 SBAS-InSAR 技术的地表形变特征提取

SBAS-InSAR 技术连接独立的时序雷达影像，生成一系列短基线的影像集合，每个影像集合均具有短的时间基线和空间基线（Berardino et al.，2002）。SBAS-InSAR 技术在每个影像集合中进行干涉处理，生成差分干涉图，能够有效解决空间失相干问题和长时间基线导致的失相干问题，最小化大气相位延迟误差；根据最小范数准则，采用奇异值分解方法连接各影像集合，计算地表形变（Berardino et al.，2002）。SBAS-InSAR 技术通过小基线集，即短基线，能够提升时序雷达影像的时间采样率，保证差分干涉影像对的相干性，提高相干点的空间密度，从而实现连续准确的地表形变测量（Berardino et al.，2002）。

SBAS-InSAR 技术的主要步骤简述如下。假设在 $N+1$ 个时间节点 $t_0, t_1, \cdots, t_N$ 分别拍摄 $N+1$ 景雷达影像，设置时间基线与空间基线阈值，使每景 SAR 影像与至少 1 景 SAR 影像构成干涉影像对，并生成差分干涉图，因此干涉影像对的数量 $M$ 满足 $\frac{N+1}{2} \leqslant M \leqslant N\left(\frac{N+1}{2}\right)$（Berardino et al.，2002）。

第 $j$ 个差分干涉图的差分干涉相位 $\Delta\varphi_j$（廖明生 等，2014；Mora et al.，2003；Berardino et al.，2002）为

$$\Delta\varphi_j = \Delta\varphi_{t_B} - \Delta\varphi_{t_A} = \frac{4\pi}{\lambda}(d_{t_B} - d_{t_A}) + \Delta\varphi_{\text{atom}} + \Delta\varphi_{\text{topo}} + \Delta\varphi_{\text{noise}} \tag{1.2}$$

式中：$\Delta\varphi_{t_B}$ 和 $\Delta\varphi_{t_A}$ 分别为 $t_B$ 和 $t_A$ 时刻的相位；$d_{t_B}$ 和 $d_{t_A}$ 分别为 $t_B$ 和 $t_A$ 时刻相对于初始时刻 $t_0$ 的雷达视线向累积形变位移量；$\lambda$ 为雷达中心波长；$\Delta\varphi_{\text{atom}}$、$\Delta\varphi_{\text{topo}}$、$\Delta\varphi_{\text{noise}}$ 分别为大气延迟相位、地形相位和相干噪声相位。

对差分干涉图进行相位解缠，并采用地面控制点进行轨道精炼和平地效应去除，解缠后的差分干涉相位 $\Delta\varphi_j$（廖明生 等，2014；Mora et al.，2003；Berardino et al.，2002）为

$$\Delta\varphi_j = \sum_{L=t_{A,j}+1}^{t_{B,j}} (t_L - t_{L-1})V_L \tag{1.3}$$

式中：$V_L$ 为 $t_L$ 时刻的形变速率。所有解缠后的相位 $\Delta\varphi_j$ 构成了一个 $M \times N$ 的矩阵 $\Delta\boldsymbol{\varphi}$，采用奇异值分解算法求解形变速率最小范数意义上的最小二乘解，进而求解形变速率在时间上的积分，得到地表形变位移量（Schmidt et al.，2003；Berardino et al.，2002）。最后，采用空域低通滤波和时域高通滤波去除大气相位，并进行地理编码，获得最终的地表形变测量值（廖明生 等，2014；Berardino et al.，2002）。

## 1.2 滑坡隐患识别判据

InSAR 技术能够有效监测和提取地表形变特征，然而由于存在几何畸变、一维视线向测量敏感性、相位混叠效应等局限性（Mondini et al.，2021；许强 等，2019），InSAR 技术在滑坡隐患识别和调查方面存在局限性和挑战性。此外，InSAR 产品存在大量噪声和信息干扰，且除活动滑坡以外，还有许多因素可产生地表形变，包括地面沉降、采矿活动、地下水开采、基坑开挖、地壳运动等。

目前活动滑坡隐患识别主要依据：①地表形变特征（Rehman et al.，2020；Wang et al.，2019； Dong et al.，2018；Xie et al.，2016）；②地表形变与地形特征（Guo et al.，2021；Liu et al.，2018；Zhao et al.，2012）；③地表形变、地形与地貌特征（Dun et al.，2021；Zhang et al.，2020；Zhao et al.，2018a，2018b）；④地表形变与地质特征（Solari et al.，2020）。可见目前研究通常采用地表形变、地形、地貌特征来识别活动滑坡隐患。然而，滑坡灾害是一个复杂的演化系统，受到地质、地形、环境等孕灾因素控制，受到降雨、人类工程活动、地震等致灾因素诱发，表现出地表形变和灾害微地貌特征。滑坡灾害的发育发生是孕灾环境和致灾因素共同作用的结果。目前研究采用的滑坡隐患识别判据忽略了关键的致灾机制，导致较低的识别精度和较高的虚警率，从而浪费了大量人力、物力、财力用于野外调查验证虚假的滑坡隐患。因此，需要建立综合地表形变、表观特征、孕灾机制和致灾机制的活动滑坡隐患识别判据，建立涵盖滑坡产生、发展、失稳全过程的隐患识别判据，从而有效提高隐患识别的准确性，降低虚警率。

本节提出集成地表形变、地表覆被变化、工程岩组、地形、微地貌、环境、断层构造、降雨、地震、人类工程活动特征的隐患识别综合判据，该判据集成了滑坡运动特征、表观特征、孕灾特征和致灾特征，贯穿滑坡发育、发展和运动全过程，为滑坡隐患识别的通用判据，可用于滑坡隐患盲识别，即无须先验知识便可开展活动滑坡隐患识别。建立的综合判据如图 1.1 所示。

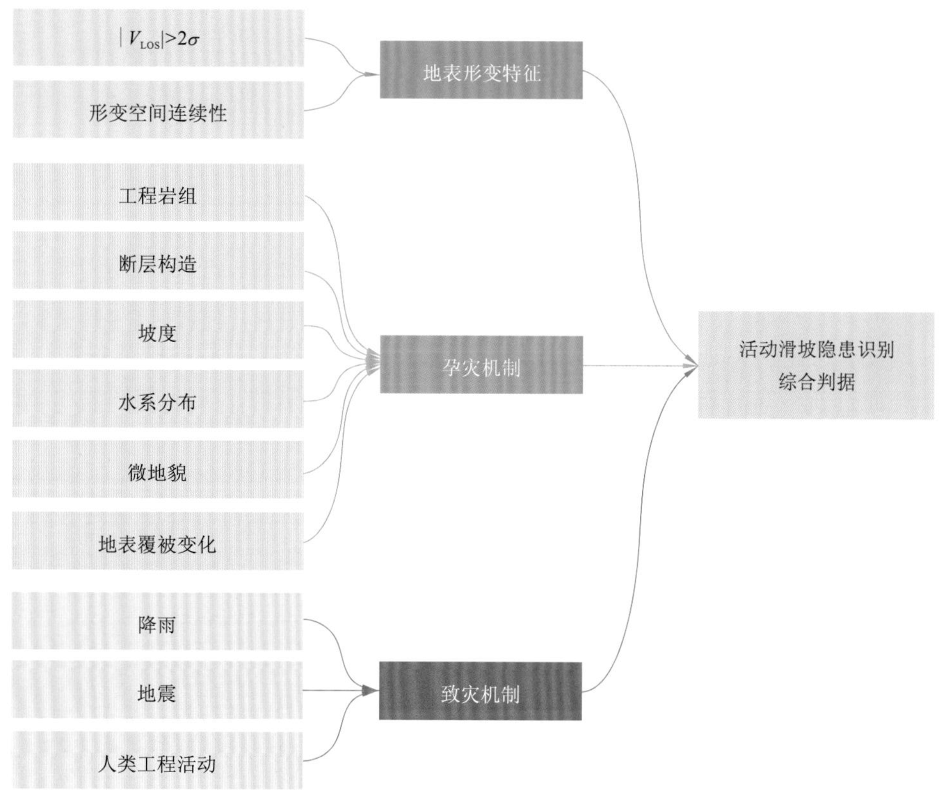


图 1.1　滑坡隐患识别综合判据

LOS：light of sight，视线

当斜坡满足以下 7 条判据时，该边坡被认为是活动的滑坡隐患。

## 1. 地表形变特征判据

（1）斜坡雷达视线向的形变速率 $V_{LOS}$ 大于雷达视线向形变速率标准偏差 $\sigma$ 的 2 倍，即 $|V_{LOS}|>2\sigma$（Bekaert et al.，2020；Solari et al.，2020）。标准偏差 $\sigma$ 反映了形变速率值的不确定性（Bekaert et al.，2020），因此当斜坡的形变速率超过 $2\sigma$ 时，可以确定斜坡在发生运动形变。

（2）斜坡的地表形变具有空间连续性，当斜坡区域内至少 2×2 个相邻像素的速率超过 $2\sigma$ 时，认为形变具有空间连续性。刻画圆形对象至少需要 2×2 个相邻像素，描述细长形状对象的宽度至少需要 2 个像素（Paulin et al.，2010；Hengl，2006），反映局部形变特征至少需要 3 个像素（Bekaert et al.，2020），因此采用至少 2×2 个相邻像素刻画连续形变的运动区域。

### 2. 地层岩性判据

位于易滑地层的斜坡更容易发展成滑坡隐患，发生蠕动形变。大部分滑坡发育在软质岩、软硬相间的岩组或者风化破碎的硬质岩，较少滑坡发生在未风化的硬质岩地区（Fedotova et al.，2018；Liu et al.，2008），即滑坡主要发育发生在软质岩、软硬相间岩组或者风化破碎硬质岩构成的易滑地层（Li et al.，2017）。这些类型的工程岩组具有低抗剪强度、弱抗风化能力、较差的工程地质性质，遇水易软化、泥化（王志荣，2005），因此这类岩组在流水侵蚀、构造运动和人类工程活动作用下，易形成软弱夹层和滑动面，从而降低斜坡的稳定性（Guzzetti et al.，2008）。

### 3. 微地貌判据

斜坡具有滑坡微地貌特征，如下错台坎、滑坡阶地、裂缝、冲沟、前缘临空面、坍塌、破碎的岩石物质、后缘封闭洼地等。形变运动的滑坡隐患一般具有明显的宏观形变迹象，即灾害微地貌特征。前缘临空是岩土体重力卸荷和斜坡失稳的前提条件。滑坡微地貌特征通过三维高分辨率光学影像进行判识，如从谷歌影像、天地图影像和 Mapbox 影像进行识别。

### 4. 地形判据

斜坡坡度不小于 10°。滑坡隐患通常发育在坡度不小于 10°的陡峭山坡上（Kohv et al.，2009），但需要说明的是，不同地区坡度阈值存在差异，如对于高山峡谷地区，坡度阈值可设置为 15°，而对于近水平滑坡发育地区，坡度阈值可设置为 5°。

### 5. 环境判据

（1）地表覆被变化判据：斜坡地表存在植被破坏或者裸地扩张。岩土体形变运移会导致坡面植被歪斜倾倒，裸地面积增加，出现马刀树和醉汉林。

（2）水系分布判据：河流水系 500 m 以内区域容易发育滑坡隐患。靠近水系的斜坡，前缘受到流水侵蚀，产生陡峭临空面。此外，岩土体物质在河水浸泡、地下水波动影响下，在动水压力和静水压力作用下，易于滑动失稳、发育隐患、发生滑坡（邓时强 等，2020；Kohv，2009；Yalcinkaya et al.，2003）。

### 6. 断层构造判据

断层 3 km 以内的区域滑坡隐患发生频率较高。断层和褶皱发育的地区，岩体物质破碎，为滑坡隐患发育创造了良好的物源条件（邓时强 等，2020）；断层附近的岩体中产生大量次级结构面，发育的裂隙为降雨入渗创造了良好的前提条件，因此在外力作用下容易形变失稳（何显祥，2008；邵江 等，2008）；断层控制了河谷的走向和河流的流向（严珍珍 等，2013），因此在水系发育的地区，断层附近斜坡坡脚受到流水冲刷侵蚀和地下水波动作用，降低了斜坡稳定性。

7. 致灾机制判据

斜坡形变具有明确的诱发因素。斜坡形变速率或位移与诱发因素（如地震、降雨、人类工程活动）的变化具有明显的相关性，采用通过显著性水平为 0.05 显著性检验的 Pearson 相关系数来衡量斜坡形变与诱发因素之间的关联。斜坡形变与地震之间的关联采用雷达视线向形变速率与峰值地面加速度（peak ground acceleration，PGA）的相关系数来衡量；降雨导致岩土体形变运移具有滞后性和累积效应，斜坡形变与降雨之间的关联通过雷达视线向形变速率与累积降雨量的相关系数来衡量；斜坡形变与道路修建之间的关联采用雷达视线向形变速率与距道路距离的相关系数或者明显形变区域面积与距道路距离的相关系数来判断。

滑坡隐患边界根据微地貌和几何形状特征进行圈定。在微地貌特征方面，临空面、松散岩土体堆积物、局部地表隆起、局部崩塌物与碎屑石土往往与前缘位置密切关联。滑坡两侧边界通常发育裂缝、冲沟、切割面或阶地台坎。下错台坎、封闭洼地、交会的冲沟、带状裸地、出露的陡峭岩壁往往表明后缘的位置。在几何形状方面，滑坡一般具有特定的形状，如圈椅状、马蹄状、葫芦状、瓢状、簸箕状。此外，流向改变的水系和突变的地形也为滑坡隐患边界圈定提供了参考依据。

## 1.3 薛城地区活动滑坡隐患盲识别

建立的活动滑坡隐患识别判据包括地表形变特征、孕灾机制与致灾机制，应用于滑坡隐患识别时，不需要历史滑坡位置的先验知识，即可应用于隐患盲识别，具有通用性。本节采用建立的滑坡隐患识别综合判据，开展四川理县薛城地区活动滑坡隐患的盲识别研究。薛城地区具有脆弱的工程地质环境，河流侵蚀剧烈，降雨较丰富，人类工程活动强烈，因此该地区容易孕育和发生大规模的灾难性滑坡，严重影响城镇的可持续发展。雷达数据、光学遥感影像、地震数据、地质图、地形数据、气象数据等多源时空数据和时序 InSAR 技术被用于识别薛城地区活动滑坡隐患和揭示这些隐患的形变破坏模式与形变规律。

### 1.3.1 薛城地区工程地质特征

薛城地区工程地质特征如图 1.2 所示，其中图 1.2（a）为薛城地区在青藏高原向四川盆地过渡的地形及周围的地震构造，图 1.2（b）为薛城地区的村落、国道与水系分布，可见村落密集、水系发育、国道横穿区域，图 1.2（c）为薛城地区的地质环境，包括地层和断层分布，主要为逆冲断层。

薛城地区位于四川省杂谷脑河中段，包括薛城镇、木卡乡、通化乡、桃坪乡及甘堡乡部分区域，覆盖面积为 485 $km^2$。根据 1∶20 万地质图，该地区位于龙门山断层带，地质构造复杂，断层和褶皱发育。倒转背斜轴是最主要的构造现象，在该地区广泛分布。薛城地区发育有从古生界到中生界完整的地层序列，主要包括奥陶系（O）、志留系茂县

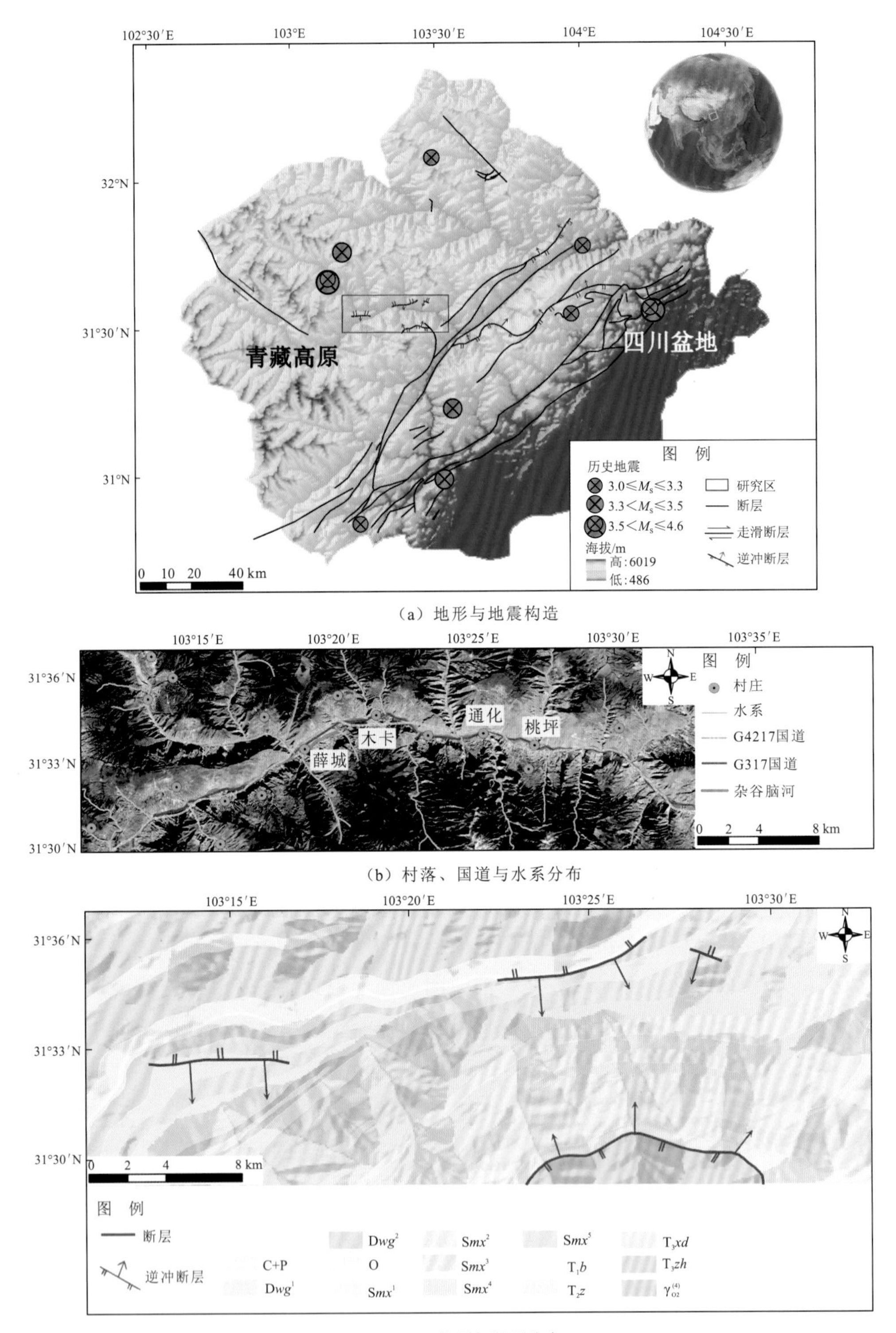


(a) 地形与地震构造

(b) 村落、国道与水系分布

(c) 地层与断层分布

图 1.2 薛城地区工程地质特征

各地层符号的含义如下：$Dwg^1$ 表示泥盆系危关群下组，$Dwg^2$ 表示泥盆系危关群上组，$Smx^1$、$Smx^2$、$Smx^3$、$Smx^4$、$Smx^5$ 分别表示志留系茂县群一组、二组、三组、四组和五组，$T_3zh$ 表示上三叠统侏倭组，$T_3xd$ 表示上三叠统新都桥组，$T_1b$ 表示下三叠统菠茨沟组，$T_2z$ 表示中三叠统杂谷脑组，O 表示奥陶系地层，C+P 表示石炭系—二叠系地层，$\gamma_{O2}^{(4)}$ 表示元古代澄江—晋宁期岩浆岩。图（a）中地球图像来源于谷歌地球群（$Smx^{1\sim5}$）、泥盆系危关群（$Dwg^{1\sim2}$）、石炭系（C）、二叠系（P）、下三叠统菠茨沟组（$T_1b$）、中三叠统杂谷脑组（$T_2z$）、上三叠统侏倭组（$T_3zh$）、上三叠统新都桥组（$T_3xd$）、元古代澄江—晋宁期岩浆岩 $\gamma_{O2}^{(4)}$。岩性主要为变质岩，主要包括碳质千枚岩和绢云千枚岩，也包括少量石英岩、夹结晶灰岩的板岩等。薛城地区位于地震活跃带，根据中国地震台网中心监测数据，2019 年 4 月～2020 年 10 月，经纬度 1° 范围内发生震级 $M_S$3.0 及以上地震 11 次。

薛城地区位于青藏高原向四川盆地过渡地带，地形起伏大，海拔高度为 1 371～4 224 m。该地区属于典型的中高山峡谷地貌，沿着杂谷脑河及支流发育有深切割侵蚀河谷和剥蚀-侵蚀中高山脉，陡峭地形和海拔高差悬殊是这些中高山地区的显著特征（毛硕，2016）。薛城地区位于亚热带季风气候区，受到西伯利亚气流、印度洋暖流和太平洋东南季风的影响（王磊，2013），每年 5～9 月降雨较丰富，11 月～次年 2 月降雨较少（毛硕，2016；罗剑，2015）。杂谷脑河流经整个地区，最大径流量达年均 110 $m^3/s$（马保罡，2016）。地下水来源于大气降水和冰雪融水，主要包括三种类型：松散岩类孔隙水、碳酸盐岩岩溶水和基岩裂隙水（黄健龙，2016）。

薛城地区人类工程活动频繁，尤其体现在公路隧道大型线性工程修建、城镇发展建设、水电基础设施建造、农业活动方面。G317 国道和 G4217 汶马高速公路横穿整个地区，修建大型交通设施中的大规模土方开挖、人工爆破和隧道开凿导致岩土体物质松动，斜坡稳定性下降。薛城水电站和水坝修建于杂谷脑河或支流沿岸，库水位的波动破坏了斜坡的应力平衡。薛城发育滑坡灾害主要为大型或特大型滑坡或滑坡隐患，滑坡总方量达 $1.6\times10^9$ $m^3$（毛硕，2016）。近年来，薛城频繁发生滑坡、泥石流、崩塌灾害，阻断河流，形成堰塞湖，破坏国道和隧道，导致交通阻断。

因此，薛城地区具有发育的断层和褶皱构造，分布着软质岩或软硬相间的工程岩组，地形复杂陡峭，呈现中高山峡谷地貌，受到强烈的河流侵蚀，在亚热带季风气候影响下降雨量较充沛，并且遭受频繁剧烈的人类工程活动，是发育大型或特大型灾难性滑坡隐患的典型城镇地区。

### 1.3.2 薛城地区多源数据

采用 7 个多源数据集（表 1.1）来识别活动滑坡隐患和揭示它们的形变规律。

**表 1.1 薛城地区多源时空数据**

| 数据类型 | 数据 | 数据日期 | 空间分辨率或比例尺 | 数据来源 |
|---|---|---|---|---|
| 遥感影像 | Sentinel-1A 雷达影像 | 2019 年 4 月 15 日～2020 年 10 月 6 日 | 5 m×20 m | 欧洲航天局 |
| | 三维谷歌地球影像 | 2018 年 3 月 9 日，2018 年 4 月 16 日，2019 年 10 月 29 日 | 1 m | 谷歌地球 |

续表

| 数据类型 | 数据 | 数据日期 | 空间分辨率或比例尺 | 数据来源 |
|---|---|---|---|---|
| 遥感影像 | Sentinel-2 多光谱影像 | 2020 年 11 月 10 日 | 10 m | 欧洲航天局 |
| | 三维天地图影像 | 2018 年 4 月 16 日～2019 年 10 月 29 日 | 2.5 m | 天地图 |
| 地形数据 | SRTM DEM | 2000 | 30 m | 美国地质调查局 |
| 地质数据 | 地质图 | — | 1:200 000 | 全国地质资料馆 |
| 地震数据 | 地震编目数据 | 2019 年 4 月～2020 年 10 月 | — | 中国地震台网中心 |
| 气象数据 | 地面监测雨量计数据 | 2019 年 4 月 10 日～2020 年 10 月 6 日 | — | 深圳北斗云监测平台 |
| 基础地理数据 | 水系、道路 | — | — | 天地图水系和路网数据、谷歌地球影像、Sentinel-2 多光谱影像 |

（1）Sentinel-1A 雷达影像。雷达数据被用于提取地表活动形变区域。采用 SBAS-InSAR 技术从 2019 年 4 月 15 日～2020 年 10 月 6 日 44 景降轨影像和 45 景升轨影像中提取地表形变速率和位移。此外，雷达影像经过精密轨道数据校正，定位精度优于 5 cm。

（2）三维谷歌地球影像和三维天地图影像。空间分辨率为 1 m 的三维谷歌地球影像和 2.5 m 的三维天地图影像被用于提取滑坡微地貌特征，如临空前缘、裂缝、冲沟、坍塌等。

（3）地质图。根据地质图提取薛城地区地层岩性和断层构造。

（4）SRTM DEM。采用航天飞机雷达地形测绘任务（shuttle radar topography mission，SRTM）数字高程模型（DEM）数据（NASA JPL，2013）提取地形特征，包括坡度、坡向、斜坡高度和斜坡结构。SRTM DEM 数据也用于对雷达干涉图进行地形校正。

（5）Sentinel-2 多光谱影像。采用 Sentinel-2 多光谱影像、谷歌地球影像，结合天地图水系和路网数据进行水系和道路提取和细化，获得水系和道路分布特征。

（6）地震编目数据。收集薛城地区经纬度 1° 范围内发生的震级 $M_S$3.0 及以上地震事件的数据，地震数据被用于提取峰值地面加速度。

（7）地面监测雨量计数据。雨量计数据被用于计算局部地区累积降雨量。

从以上多源数据中能够提取斜坡形变特征、地质环境特征（孕灾特征）和致灾特征，可开展活动滑坡隐患识别和形变破坏模式与规律分析。

### 1.3.3 薛城地区孕灾与致灾因素建立

为了能识别活动滑坡隐患和揭示其形变规律，需要建立两种类型的滑坡隐患发育影响因素：一类是地质环境因素，控制隐患的孕育和发展；另一类是诱发因素，触发隐患的失稳和发生。建立的孕灾和致灾因素如表 1.2 所示，其中地层符号含义见图 1.2 的说明。

**表 1.2　薛城地区滑坡隐患发育的孕灾与致灾因素**

| 影响因素类型 | | 编号 | 影响因素 | 分级 |
|---|---|---|---|---|
| 地质环境因素 | 地形 | 1 | 坡向 | ①平面；②北；③东北；④东；⑤东南；⑥南；⑦西南；⑧西；⑨西北 |
| | | 2 | 坡度 | 连续型 |
| | | 3 | 斜坡高度 | 连续型 |
| | | 4 | 斜坡结构 | ①块状岩体；②近水平层状坡；③顺向飘倾坡；④顺向层面坡；⑤顺向伏倾坡；⑥顺斜坡；⑦横向坡；⑧逆斜坡；⑨逆向坡 |
| | 地质 | 5 | 地层岩性 | ①$T_3zh$；②$T_3xd$；③$T_2z$；④$T_1b$；⑤O；⑥$Smx^1$；⑦$Smx^2$；⑧$Smx^3$；⑨$Smx^4$；⑩$Smx^5$；⑪$Dwg^1$；⑫$Dwg^2$；⑬C+P；⑭$\gamma_{O2}^{(4)}$ |
| | | 6 | 距断层距离 | 连续型 |
| | 环境 | 7 | 距河流距离 | 连续型 |
| 致灾因素 | 气象 | 8 | 累积降雨量 | 连续型 |
| | 地震 | 9 | 峰值地面加速度 | 连续型 |
| | 人类工程活动 | 10 | 距道路距离 | 连续型 |

构建地质环境因素，包括地形因素、地质因素和环境因素。①地形因素：从 DEM 数据建立地形因素，包括坡向、坡度、斜坡高度和斜坡结构。薛城地区具有陡峭的山脉和深切割的山谷（毛硕，2016），这种独特的地形为大型和特大型滑坡隐患发育提供了有利的条件。②地质因素：从地质图提取地质因素，包括地层岩性和断层构造。薛城地区以软质岩或软硬相间岩层为主，发育断层和褶皱，有利于滑坡隐患的发生发展。此外，千枚岩是薛城地区主要的岩石类型，该类岩石属于软弱变质岩，具有脆弱的工程地质性质，遇水易软化和泥化（郭京平，2019）。在长期地下水浸泡和挤压力作用下，千枚岩抗剪强度急剧下降并开始失稳变形（付强 等，2013）。③环境因素：从谷歌地球影像、Sentinel-2 多光谱影像和天地图数据构建环境因素，包括距河流距离。薛城地区大部分滑坡发生于距河流 300 m 以内的地区，近一半的滑坡位于河岸附近。河流持续的冲刷和切割河谷，在斜坡前缘产生了临空面和岩土体崩塌。例如，将军碑滑坡在杂谷脑河的冲刷和侵蚀下，前缘发育数十米高的崩塌区域。

建立致灾因素，包括气象因素、地震因素和人类工程活动因素。①气象因素：从地面雨量计数据建立累积降雨量因素。薛城地区许多大型和特大型滑坡的发生与降雨量密切相关，如三寨滑坡、马王庙特大型滑坡、黑子坪大型滑坡、孔地坪大型滑坡等。②地震因素：从地震编目数据中构建峰值地面加速度因素。薛城地区一些滑坡是在地震作用下诱发或复活的。例如，2017 年 8 月 8 日，$M_s$ 7.0 九寨沟地震诱发了黄泥坝子滑坡（解明礼 等，2020）。③人类工程活动因素：从谷歌地球影像、Sentinel-2 多光谱影像和天地图数据构建距道路距离因素。频繁的大型交通设施修建是薛城地区重要的人类工程活动特征，包括 G4217 汶马高速公路、G317 国道，以及各种镇道、村道的修建。密集的山路蜿蜒分布于特大型滑坡区域内，沿途易发生大量切坡和崩塌。

### 1.3.4 薛城地区活动滑坡隐患识别

结合升轨和降轨数据，采用 SBAS-InSAR 技术发现活动形变区域，实现较准确的地表形变综合测量。需要说明的是，InSAR 技术只能获取沿雷达视线向的一维形变特征（Mondini et al.，2021；Berardino et al.，2002），因此从降轨或者升轨数据提取的地表形变速率实际上是雷达视线向的平均形变速率，位移实际上是相对于初始时刻的雷达视线向累积位移。形变速率或位移正值表示朝向卫星运动，负值表示远离卫星运动（Berardino et al.，2002）。

2019 年 4 月 15 日～2020 年 10 月 6 日共 45 景升轨影像和 2019 年 4 月 22 日～2020 年 10 月 1 日共 44 景降轨影像被用于提取地表形变。为了保证影像的相干性和产生足够数量的干涉图，时间基线阈值设置为 120 天。对于升轨影像，共生成 386 个干涉图，单景影像参与构建至多 20 个影像对、至少 9 个影像对，对于一景 SAR 影像，平均参与构建 17.16 个影像对。时间基线在 12～120 天变化，均值为 63.58 天。空间基线在 3.36～215.78 m 变化，平均值为 63.47 m。对于降轨影像，共生成 356 个干涉图，单景影像至多参与构建 19 个影像对，至少参与构建 10 个影像对，平均参与构建 16.56 个影像对。时间基线在 12～120 天变化，均值为 63.27 天。空间基线在 1.69～181.03 m 变化，均值为 55.58 m。升轨和降轨影像的时间与空间基线连接图分别如图 1.3 和图 1.4 所示。

根据构建的活动滑坡隐患识别综合判据，发现了 47 处活动滑坡隐患，如图 1.5 所示，底图影像为 Sentinel-2 多光谱影像。其中，从升轨雷达影像和降轨雷达影像中分别发现了 37 处和 20 处隐患，升轨影像和降轨影像共同发现的隐患有 10 处。6 处典型隐患的 SBAS-InSAR 形变监测如图 1.6 所示，底图影像为谷歌地球影像，其中 3 处隐患

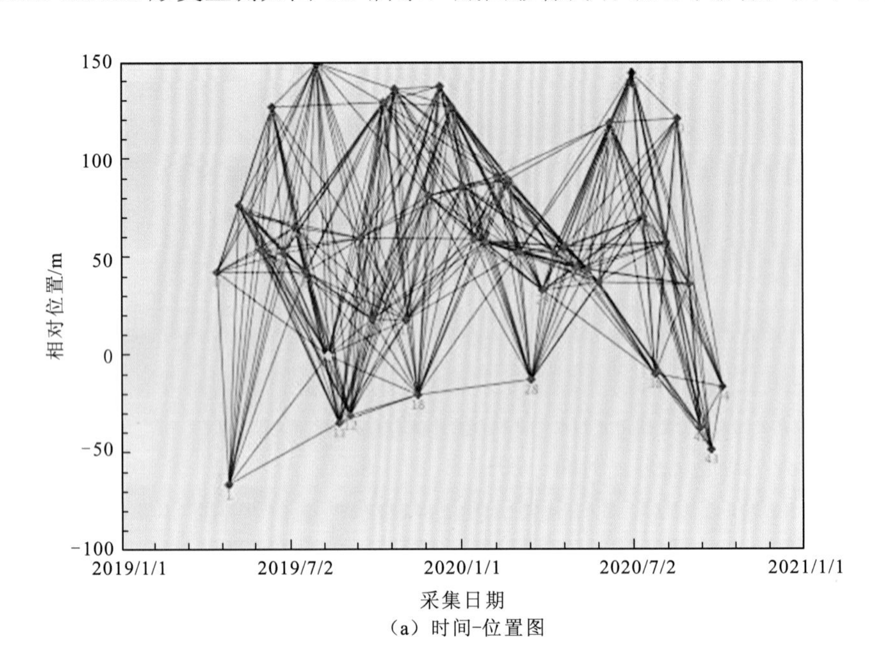


（a）时间-位置图

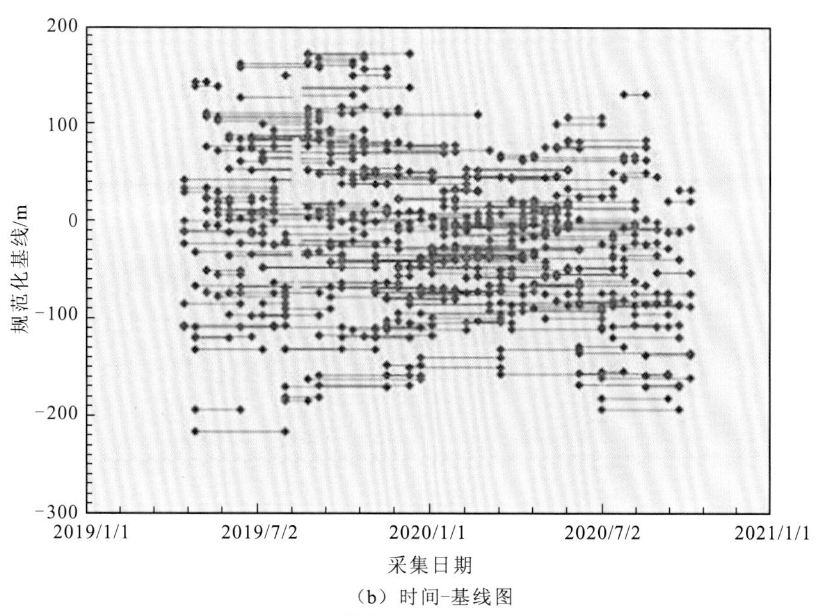

（b）时间-基线图

图 1.3 升轨影像的时间与空间基线连接图

作为典型案例展示滑坡微地貌特征，如图 1.7～图 1.9 所示。图 1.7 和图 1.9 的底图为谷歌地球影像，图 1.8 的底图为谷歌地球影像和天地图影像。新发现隐患 XC22 的灾害微地貌特征主要体现为陡峭前缘、坡脚处的崩塌和发育贯通裂缝。新发现隐患 XC26 的灾害微地貌特征主要为陡峭前缘处地表径流的强烈侵蚀，发育长大裂缝和坡脚的松散堆积物。隐患 XC40 的灾害微地貌特征主要为裸露的新鲜滑动面和坡脚处的岩土体堆积物。

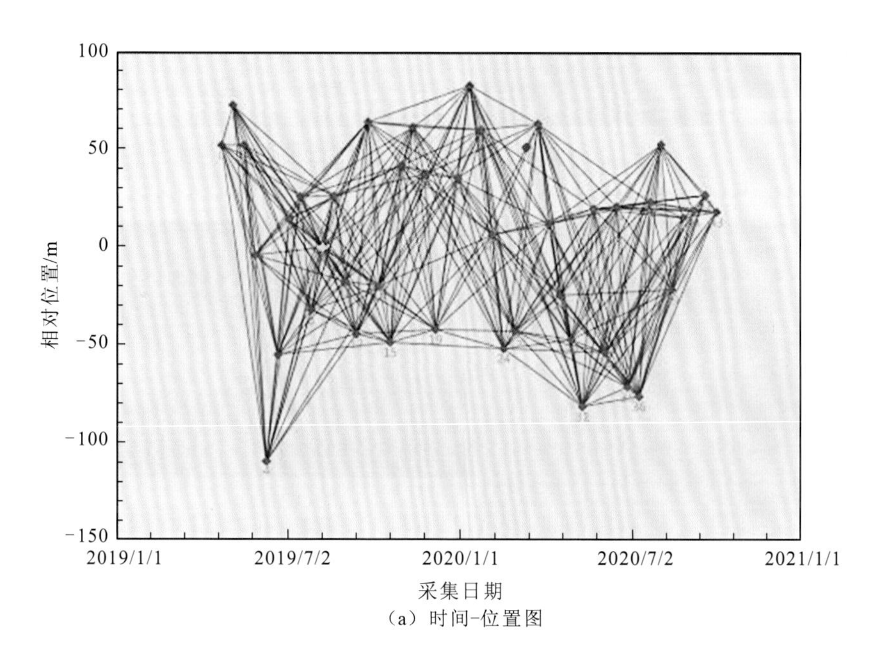

（a）时间-位置图

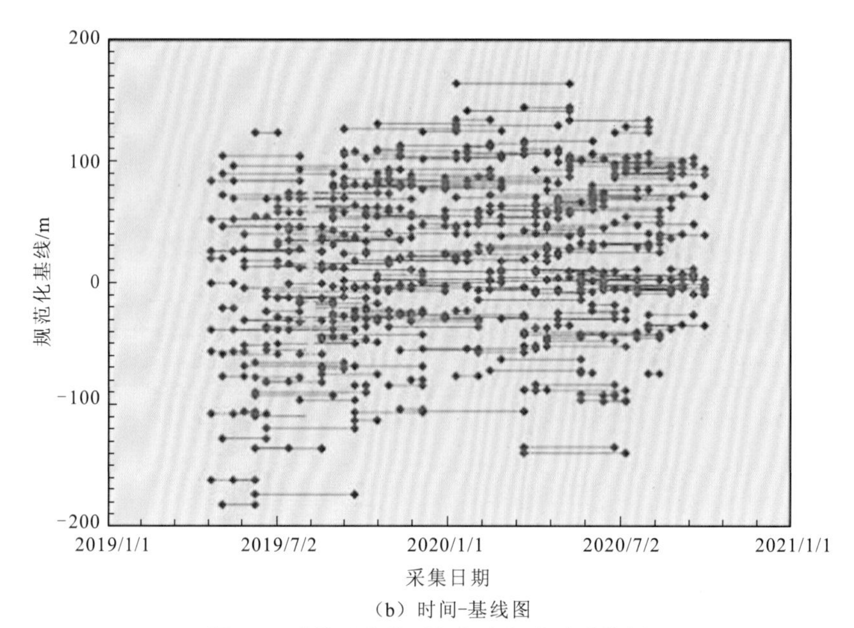


（b）时间-基线图

图 1.4　降轨影像的时间与空间基线连接图

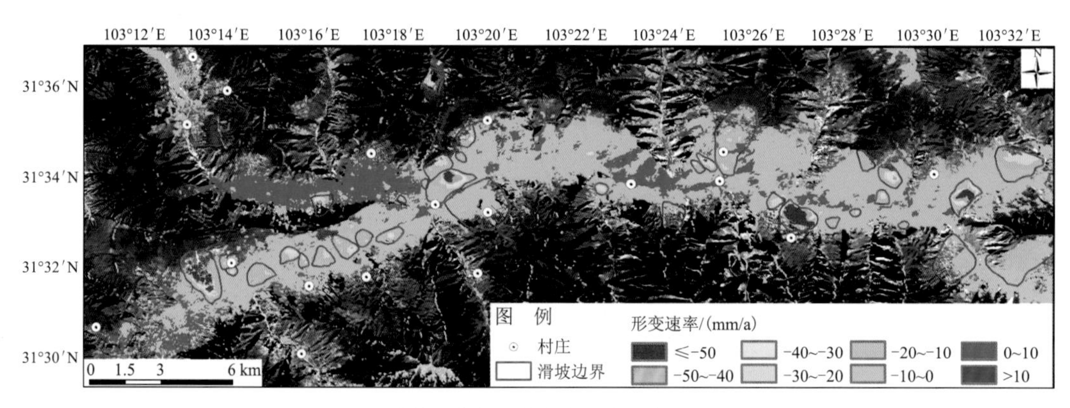


（a）升轨影像提取的形变速率与发现的37处隐患

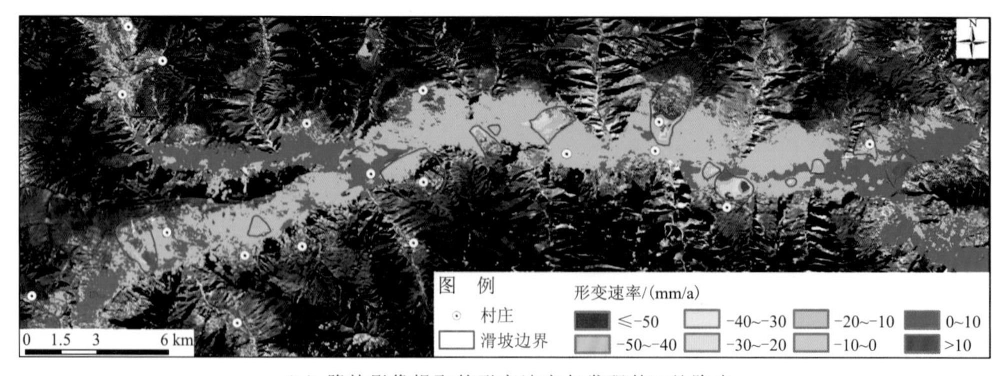


（b）降轨影像提取的形变速率与发现的20处隐患

（c）47处活动滑坡隐患分布

图 1.5　活动滑坡隐患识别与分布

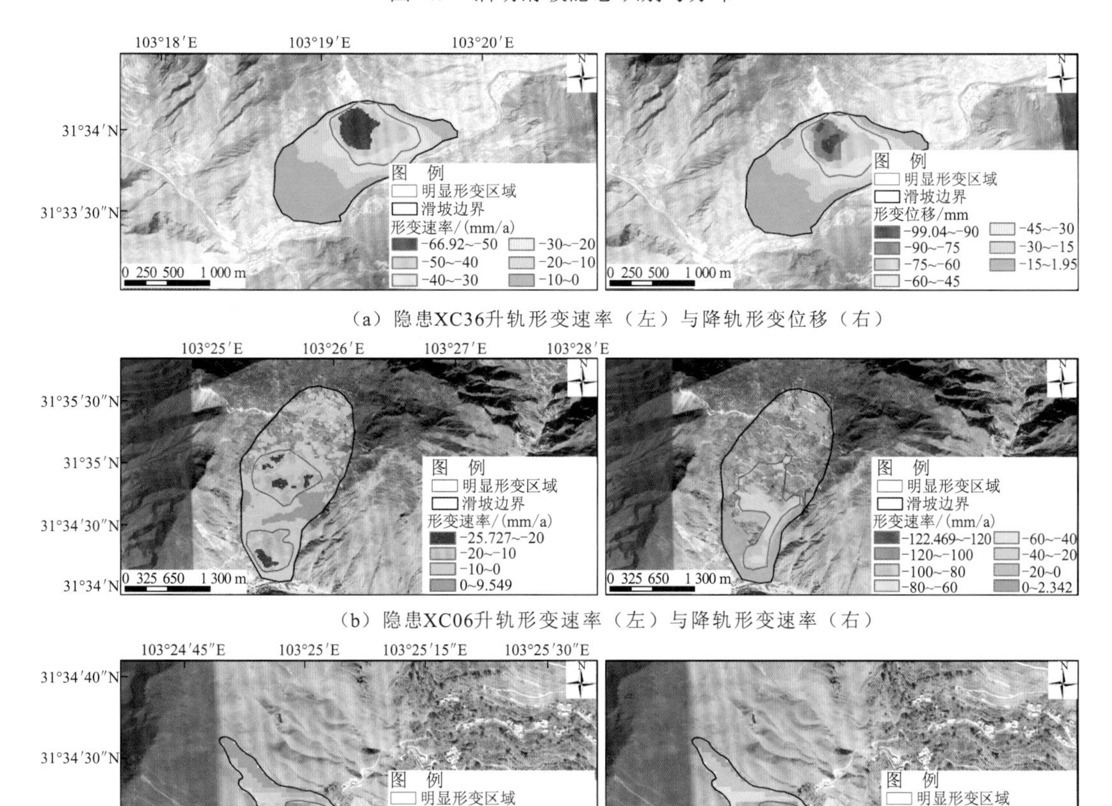


（a）隐患XC36升轨形变速率（左）与降轨形变位移（右）

（b）隐患XC06升轨形变速率（左）与降轨形变速率（右）

（c）隐患XC40升轨形变速率（左）与降轨形变位移（右）

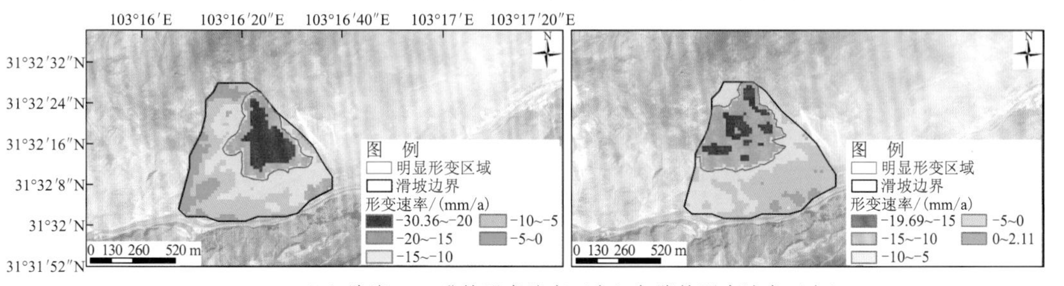


（d）隐患XC07升轨形变速率（左）与降轨形变速率（右）

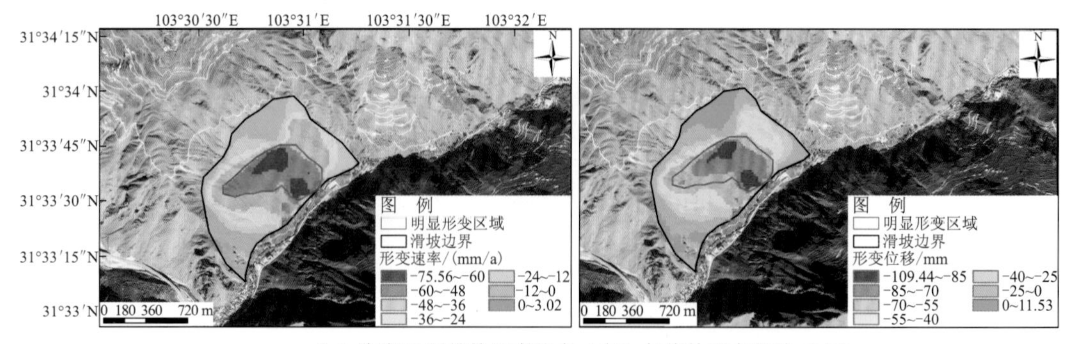


（e）隐患XC01升轨形变速率（左）与降轨形变位移（右）

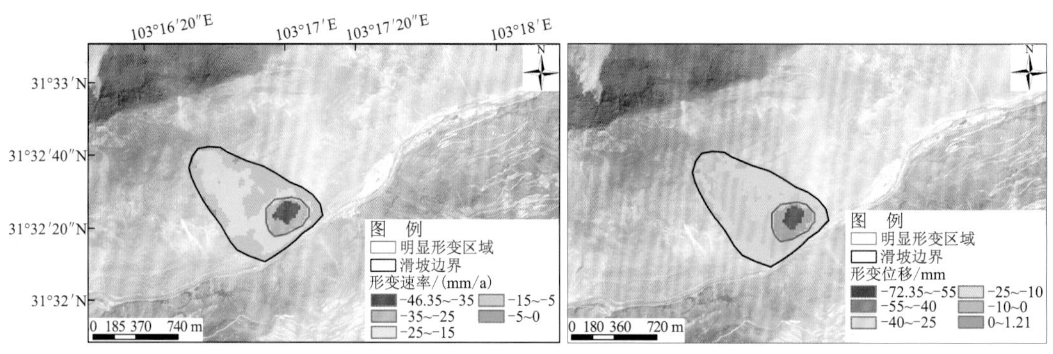


（f）隐患XC27升轨形变速率（左）与降轨形变位移（右）

图 1.6　6 处典型活动滑坡隐患的形变监测

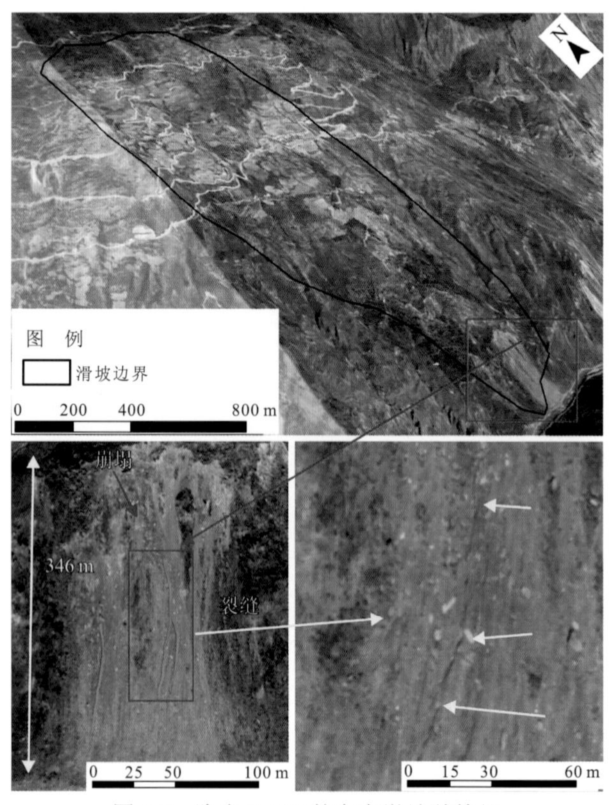


图 1.7　隐患 XC22 的灾害微地貌特征

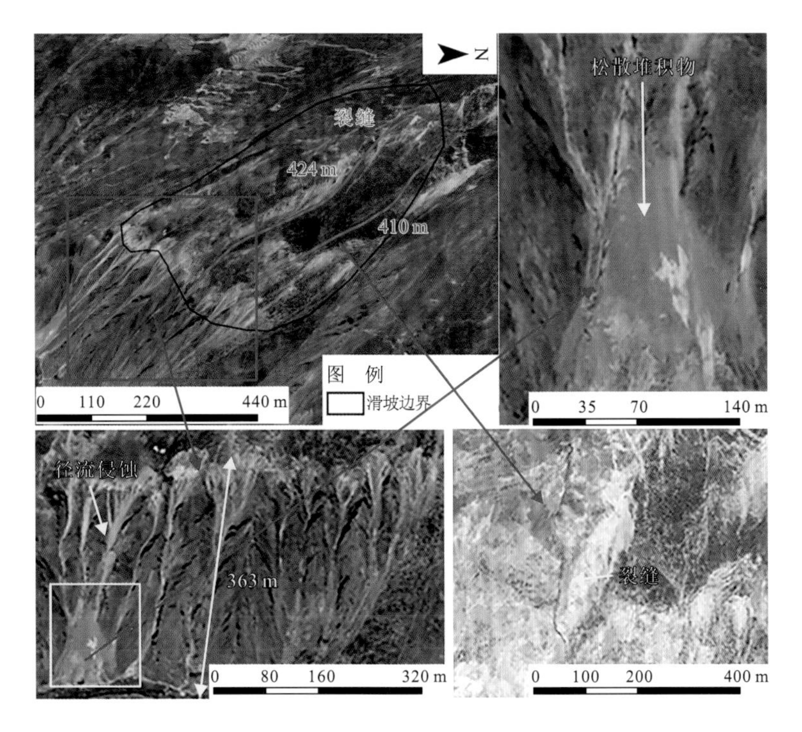


图 1.8 隐患 XC26 的灾害微地貌特征

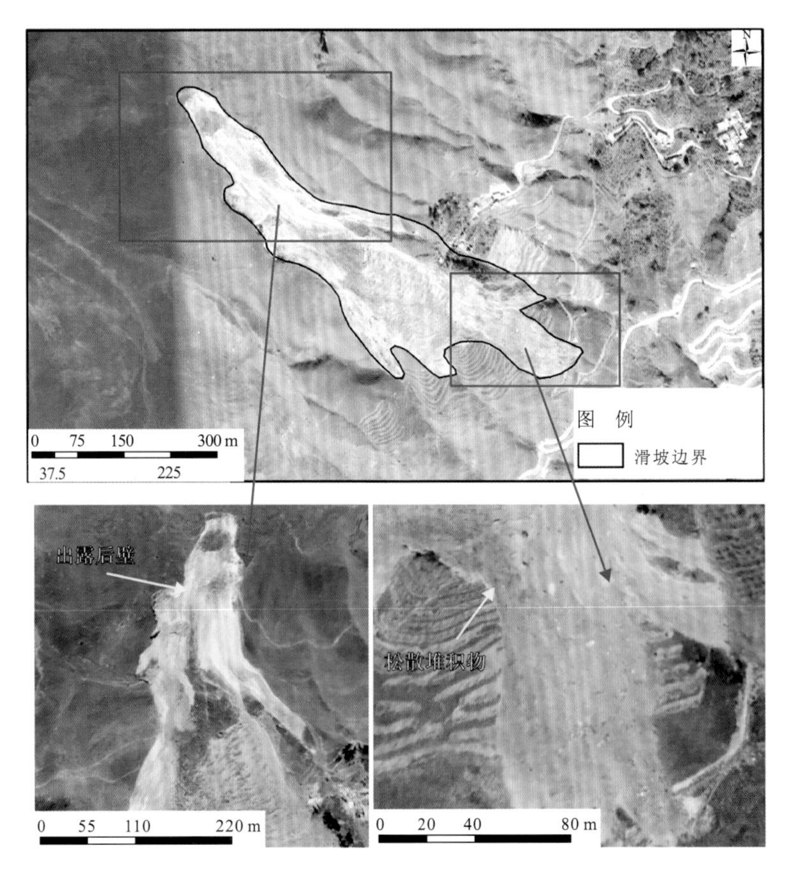


图 1.9 隐患 XC40 的灾害微地貌特征

需要说明的是，升轨与降轨数据发现的活动滑坡隐患不同，是因为InSAR技术监测斜坡稳定性的能力依赖斜坡运动方向和SAR影像拍摄几何特征（Berardino et al.，2002）。降轨影像识别的隐患数量少于升轨影像，是因为在降轨影像中更多的水平和垂直变形分量投影到视线向后的形变速率几乎为0。结合升轨和降轨影像，生成10处升降轨共同发现的滑坡隐患的准三维形变场，其中沿坡向的形变特征如图1.10所示，沿垂直方向的形变特征如图1.11所示。

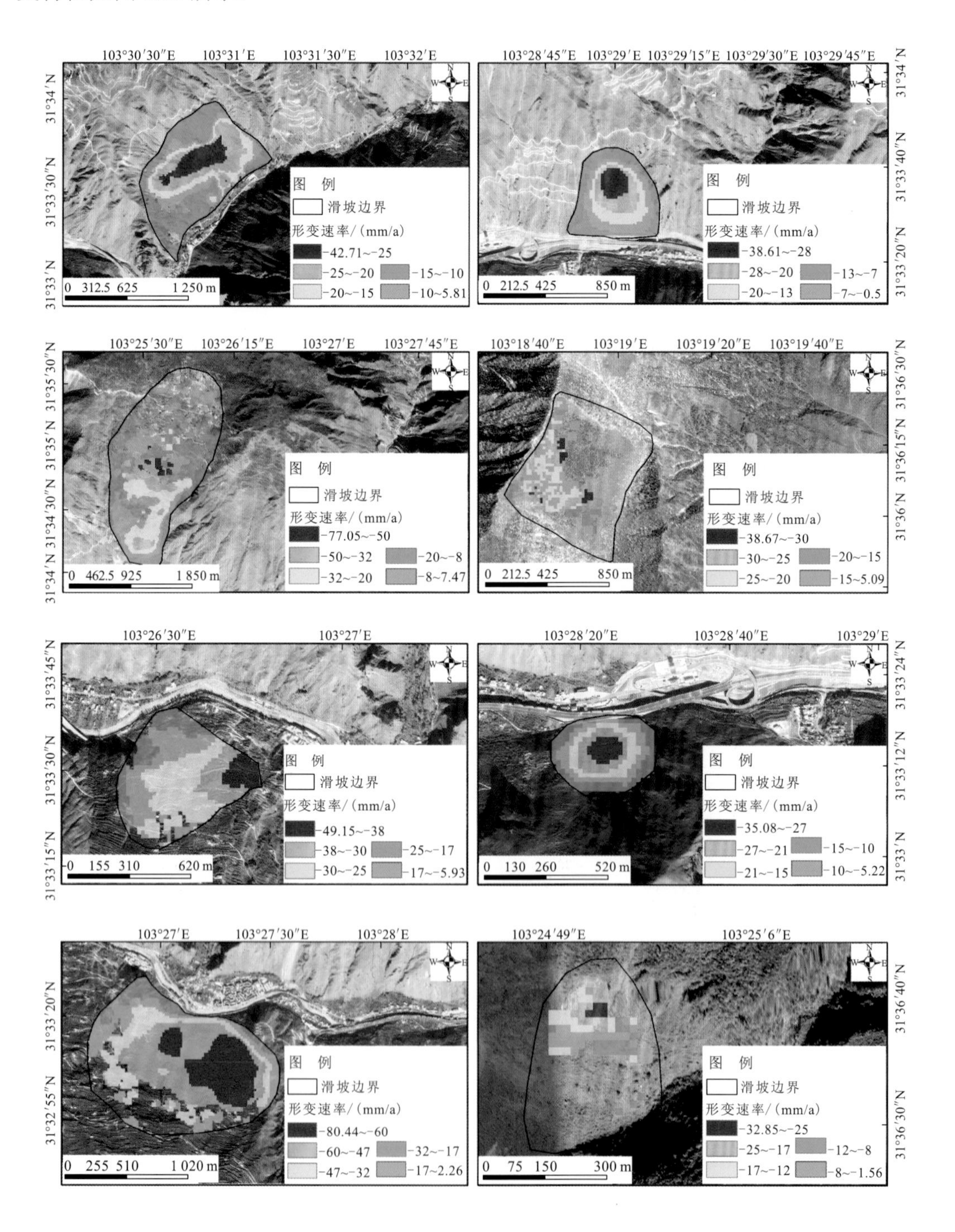

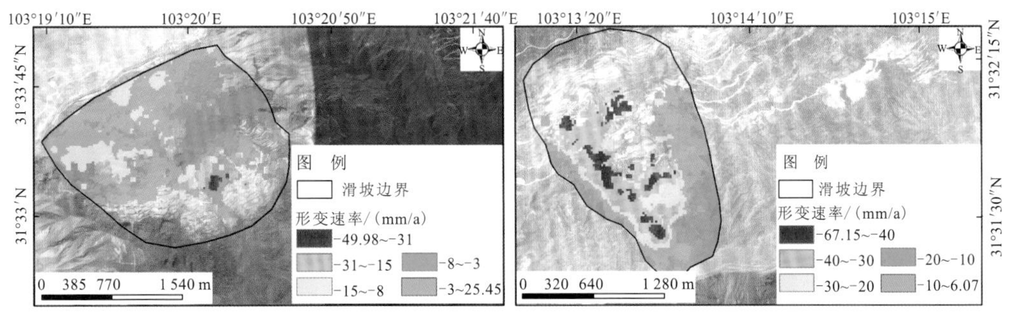


图 1.10　10 处活动滑坡隐患沿坡向形变速率

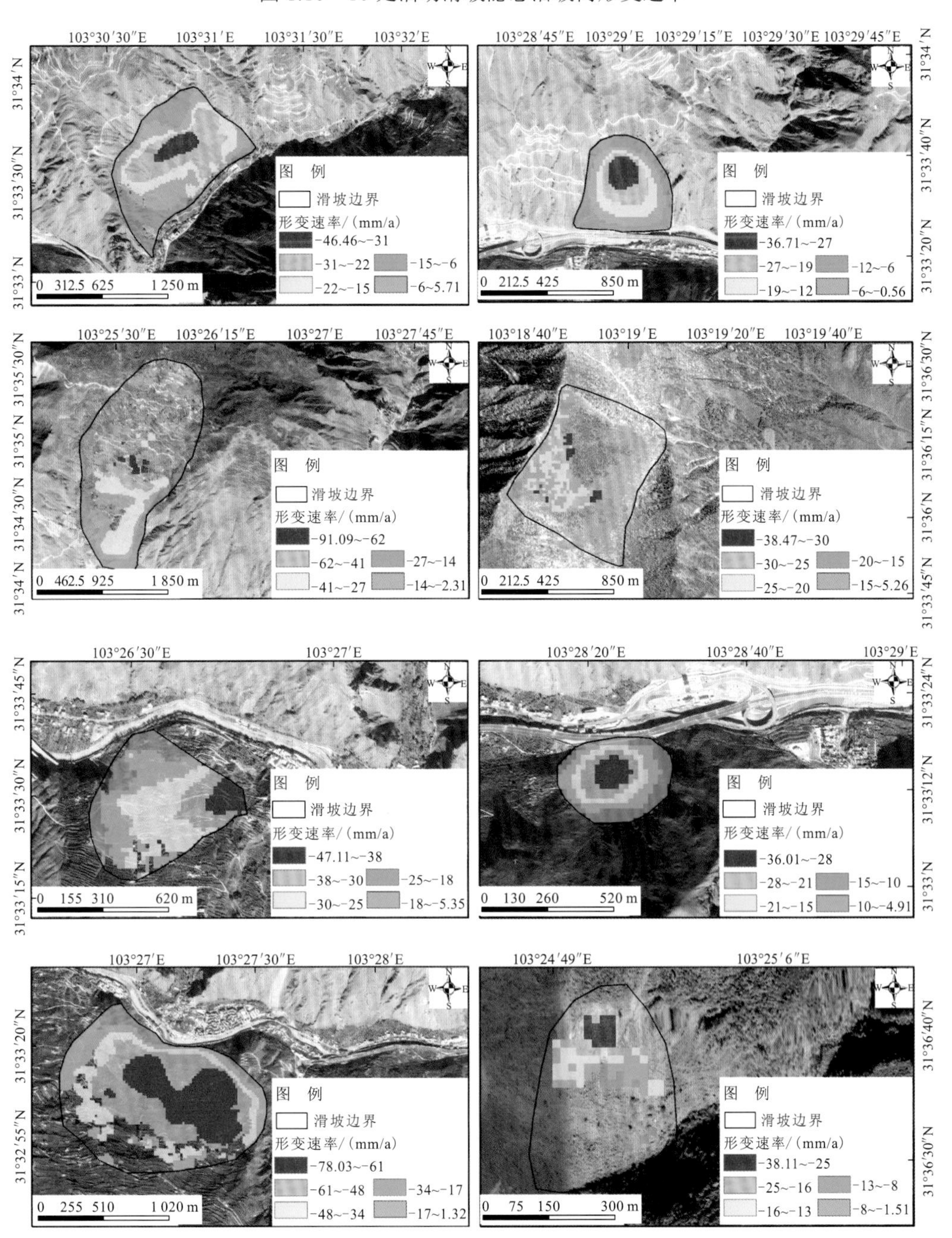

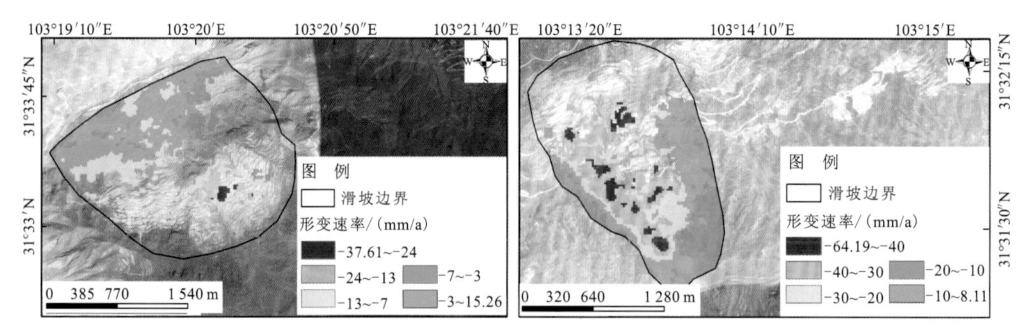


图 1.11　10 处活动滑坡隐患沿垂直方向形变速率

## 1.3.5　薛城地区活动滑坡隐患分布特征与成因特征

薛城地区活动滑坡隐患发育的地质环境特征如表 1.3 所示，其中前缘高度表示隐患前缘与坡脚的高差，后缘高度指隐患后缘与坡脚的高差，斜坡高度指隐患前缘与后缘的高差。如果隐患斜坡体上有道路蜿蜒分布，则认为该隐患至道路距离为 0。薛城地区滑坡隐患的致灾特征如表 1.4 所示，相关性为显著性值小于 0.05 的 Pearson 相关系数值，与 PGA 的相关性为形变速率与 PGA 变化的 Pearson 相关系数值，与降雨量的相关性为累积位移与滞后累积降雨量的 Pearson 相关系数值，与道路修建的相关性是明显形变面积占比与距道路距离的 Pearson 相关系数值，“null”表示不相关。表 1.4 中与降雨量相关性为负值是因为隐患变形表现为沉降，即累积位移为负值；与道路修建相关性为负值是因为距离道路越近，变形越强烈，即明显变形区域面积越大；与 PGA 不相关表明在监测期间（2019 年 4 月 15 日～2020 年 10 月 6 日）地震活动对滑坡隐患运动的作用不明显。此外，选取形变速率与累积降雨量相关系数值较低的 3 处隐患展示降雨量对滑坡运动的影响，如图 1.12 所示，虽然这 3 处隐患的累积位移与累积降雨量相关性低于 0.6，但形变速率与 24 天滞后累积降雨量和 12 天累积降雨量具有明显相关性，这 3 处隐患在雨季呈现出加剧形变特征。

**表 1.3　薛城地区活动滑坡隐患发育的地质环境特征**

| 隐患序号 | 面积/km$^2$ | 前缘高度/m | 斜坡高度/m | 后缘高度/m | 坡度/(°) | 岩性 | 距断层距离/km | 距河流距离/m | 距道路距离/m |
|---|---|---|---|---|---|---|---|---|---|
| XC01 | 0.91 | 29 | 273 | 302 | 27 | P，CL | 4.18 | 35 | 69 |
| XC02 | 0.24 | 47 | 452 | 499 | 36 | P，CL | 3.01 | 50 | 0 |
| XC03 | 0.83 | 4 | 614 | 618 | 21 | P，Q | 1.91 | 44 | 0 |
| XC04 | 0.12 | 54 | 197 | 251 | 35 | P | 1.21 | 36 | 42 |
| XC05 | 1.35 | 10 | 877 | 887 | 31 | P，Q | 0 | 50 | 0 |
| XC06 | 2.83 | 12 | 1 367 | 1 379 | 23 | P，S | 0 | 20 | 0 |
| XC07 | 0.46 | 13 | 494 | 507 | 34 | P，S | 0.33 | 13 | 20 |
| XC08 | 0.54 | 1 614 | 409 | 2 023 | 20 | S，P | 5.86 | 1 371 | 1 495 |
| XC09 | 0.12 | 4 | 259 | 263 | 25 | P，Q | 0.07 | 46 | 9 |

续表

| 隐患序号 | 面积/km² | 前缘高度/m | 斜坡高度/m | 后缘高度/m | 坡度/(°) | 岩性 | 距断层距离/km | 距河流距离/m | 距道路距离/m |
|---|---|---|---|---|---|---|---|---|---|
| XC10 | 0.27 | 53 | 206 | 259 | 21 | P，CL | 3.68 | 43 | 0 |
| XC11 | 0.10 | 2 | 194 | 196 | 31 | P，CL | 3.78 | 23 | 0 |
| XC12 | 0.65 | 654 | 382 | 1 036 | 26 | P，CL | 2.74 | 328 | 0 |
| XC13 | 1.24 | 5 | 552 | 557 | 24 | P，CL | 4.32 | 36 | 0 |
| XC14 | 0.11 | 465 | 138 | 603 | 30 | S，P | 2.35 | 1 154 | 393 |
| XC15 | 0.16 | 159 | 255 | 414 | 28 | P，CL | 4.41 | 126 | 0 |
| XC16 | 3.30 | 22 | 964 | 986 | 27 | P，S | 3.9 | 57 | 0 |
| XC17 | 0.03 | 32 | 232 | 264 | 31 | P，S | 4.91 | 231 | 64 |
| XC18 | 0.04 | 33 | 90 | 123 | 24 | P，S | 4.75 | 0 | 0 |
| XC19 | 0.05 | 183 | 191 | 374 | 28 | P，S | 3.59 | 302 | 390 |
| XC20 | 0.82 | 28 | 604 | 632 | 22 | P，Q | 4.58 | 31 | 0 |
| XC21 | 0.02 | 7 | 63 | 70 | 23 | P，S | 5.19 | 9 | 0 |
| XC22 | 0.02 | 42 | 1 100 | 1 142 | 24 | P，S | 0.35 | 33 | 0 |
| XC23 | 0.35 | 652 | 292 | 944 | 23 | P，S | 0.75 | 1 253 | 0 |
| XC24 | 0.11 | 548 | 162 | 710 | 23 | P，S | 1.31 | 882 | 0 |
| XC25 | 0.16 | 10 | 345 | 355 | 31 | P，S | 0.72 | 15 | 38 |
| XC26 | 0.33 | 264 | 372 | 636 | 33 | P，S | 0.46 | 303 | 481 |
| XC27 | 0.57 | 11 | 628 | 639 | 26 | P，S | 0 | 16 | 20 |
| XC28 | 0.31 | 13 | 428 | 441 | 36 | P，S | 0.71 | 28 | 14 |
| XC29 | 0.43 | 15 | 342 | 357 | 32 | P，Q | 1.46 | 83 | 0 |
| XC30 | 0.08 | 413 | 236 | 649 | 37 | P | 3.85 | 464 | 639 |
| XC31 | 0.07 | 7 | 143 | 150 | 30 | P，S | 2.77 | 5 | 0 |
| XC32 | 0.11 | 470 | 291 | 761 | 32 | L，SE，S | 4.57 | 690 | 683 |
| XC33 | 0.50 | 6 | 551 | 557 | 36 | P，Q，L | 0.75 | 60 | 82 |
| XC34 | 0.45 | 443 | 576 | 1 019 | 37 | S，P | 4.16 | 914 | 16 |
| XC35 | 0.18 | 11 | 347 | 358 | 35 | P，S | 1.79 | 22 | 0 |
| XC36 | 1.42 | 7 | 537 | 544 | 27 | P，S | 3.72 | 22 | 0 |
| XC37 | 0.65 | 524 | 476 | 1 000 | 38 | P，S，L | 4.24 | 886 | 720 |
| XC38 | 0.15 | 259 | 383 | 642 | 33 | P，S | 1.19 | 459 | 248 |
| XC39 | 0.50 | 411 | 422 | 833 | 28 | P，CL | 2.02 | 262 | 0 |
| XC40 | 0.27 | 201 | 540 | 741 | 27 | P，S | 1.01 | 288 | 0 |
| XC41 | 0.33 | 996 | 393 | 1 389 | 29 | P，S | 1.37 | 1 329 | 7 |
| XC42 | 1.68 | 7 | 1 142 | 1 149 | 36 | P，S，L | 4.85 | 31 | 43 |

续表

| 隐患序号 | 面积/$km^2$ | 前缘高度/m | 斜坡高度/m | 后缘高度/m | 坡度/(°) | 岩性 | 距断层距离/km | 距河流距离/m | 距道路距离/m |
|---|---|---|---|---|---|---|---|---|---|
| XC43 | 0.64 | 18 | 464 | 482 | 29 | P，S | 1.11 | 27 | 14 |
| XC44 | 3.08 | 25 | 1 430 | 1 455 | 32 | CL，P，S | 5.11 | 20 | 0 |
| XC45 | 1.97 | 44 | 679 | 723 | 23 | P，CL | 3.71 | 28 | 0 |
| XC46 | 0.09 | 245 | 278 | 523 | 32 | P | 4.45 | 451 | 0 |
| XC47 | 0.70 | 392 | 515 | 907 | 27 | P，CL | 2.78 | 199 | 0 |

注：P 表示千枚岩，CL 表示结晶灰岩，Q 表示石英岩，S 表示砂岩，L 表示灰岩，SE 表示板岩

**表 1.4　薛城地区活动滑坡隐患致灾特征**

| 隐患序号 | 与 PGA 的相关性 | 与降雨量的相关性 | 与道路修建的相关性 | 隐患序号 | 与 PGA 的相关性 | 与降雨量的相关性 | 与道路修建的相关性 |
|---|---|---|---|---|---|---|---|
| XC01 | null | −0.953 46 | null | XC25 | null | −0.912 62 | null |
| XC02 | null | −0.884 66 | null | XC26 | null | −0.860 64 | null |
| XC03 | null | −0.928 68 | −0.974 | XC27 | null | −0.954 45 | null |
| XC04 | null | −0.927 79 | null | XC28 | null | −0.932 59 | null |
| XC05 | null | −0.942 71 | null | XC29 | null | −0.938 44 | −0.995 |
| XC06 | null | −0.912 00 | −0.911 | XC30 | nul | −0.660 21 | null |
| XC07 | null | −0.881 91 | null | XC31 | null | −0.954 53 | null |
| XC08 | null | −0.805 45 | null | XC32 | null | −0.944 54 | null |
| XC09 | null | −0.814 87 | null | XC33 | null | −0.904 29 | null |
| XC10 | null | −0.915 99 | null | XC34 | null | −0.924 37 | null |
| XC11 | null | −0.956 72 | null | XC35 | null | −0.966 40 | null |
| XC12 | null | −0.732 39 | null | XC36 | null | −0.938 11 | −0.940 |
| XC13 | null | −0.937 22 | −0.966 | XC37 | null | −0.887 65 | null |
| XC14 | null | −0.393 02 | null | XC38 | null | −0.884 52 | null |
| XC15 | null | −0.888 08 | null | XC39 | null | −0.915 82 | null |
| XC16 | null | −0.887 33 | null | XC40 | null | −0.941 45 | null |
| XC17 | null | −0.725 07 | null | XC41 | null | −0.638 06 | null |
| XC18 | null | −0.762 32 | −0.985 | XC42 | null | −0.848 19 | null |
| XC19 | null | 0.639 75 | null | XC43 | null | −0.880 90 | null |
| XC20 | null | 0.490 42 | −0.896 | XC44 | null | −0.423 96 | null |
| XC21 | null | 0.613 21 | null | XC45 | null | −0.679 94 | null |
| XC22 | null | −0.868 95 | null | XC46 | null | −0.572 03 | null |
| XC23 | null | −0.787 42 | −0.899 | XC47 | null | −0.465 87 | null |
| XC24 | null | −0.890 64 | null | | | | |

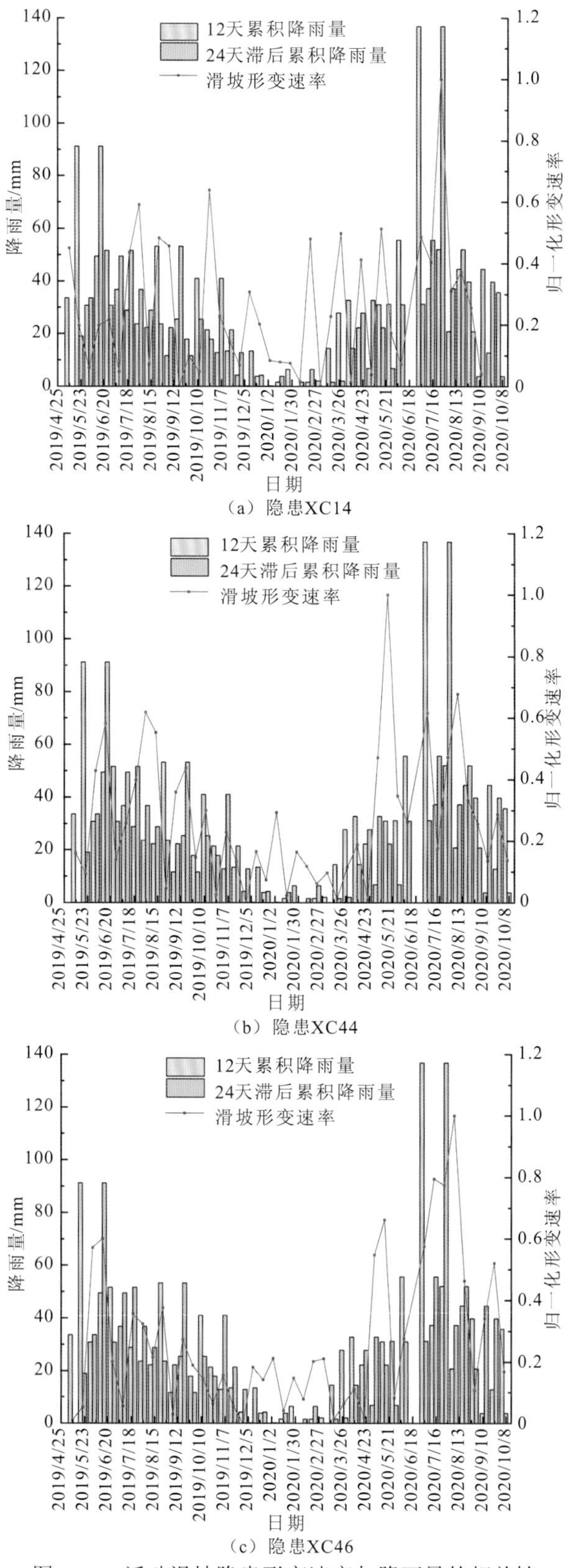


图 1.12　活动滑坡隐患形变速率与降雨量的相关性

活动滑坡隐患主要展现出 4 个分布特征，如图 1.13 和表 1.3 所示。

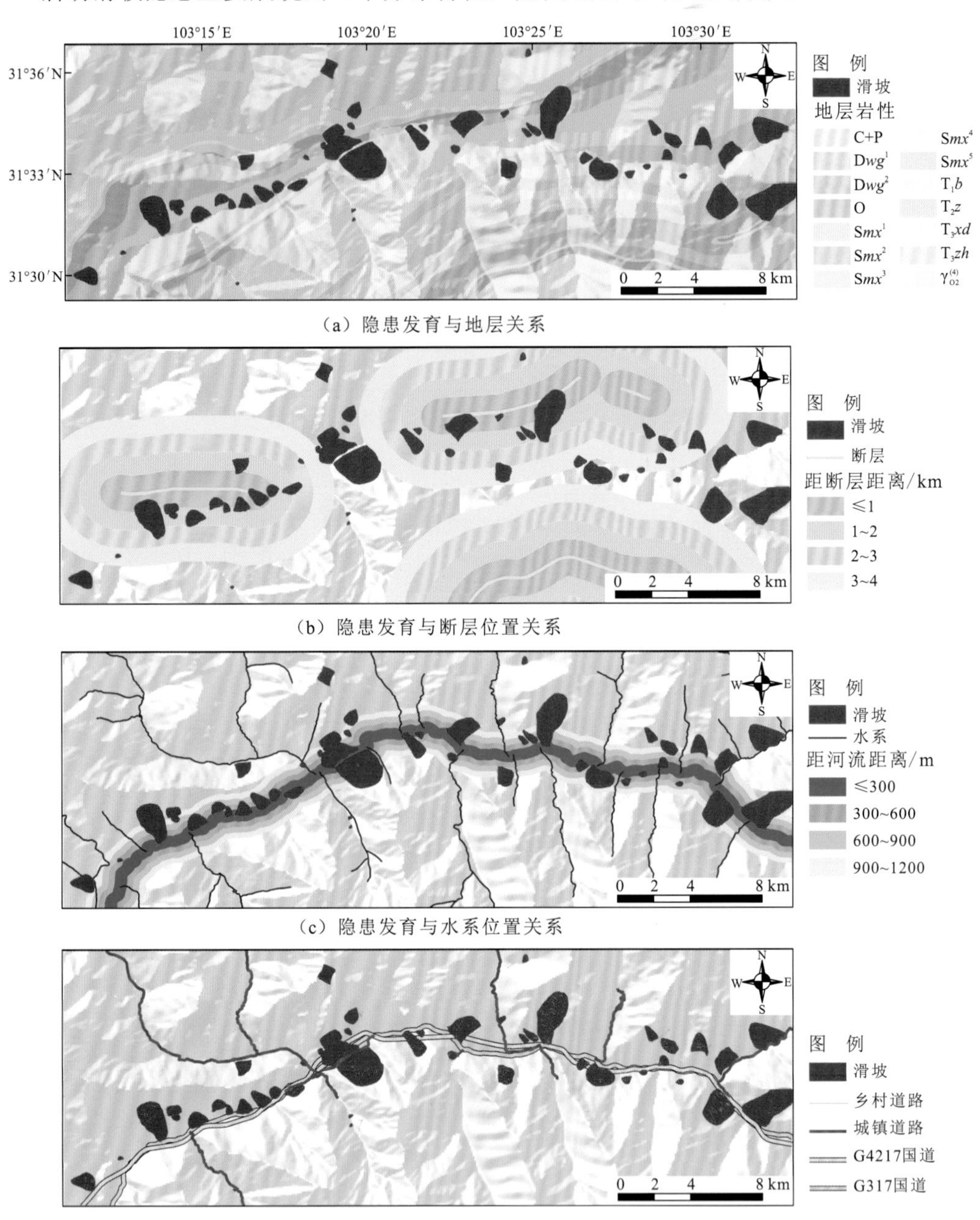


图 1.13 活动滑坡隐患分布特征

（1）滑坡隐患主要发育于著名的易滑地层和工程力学性质薄弱地层（李林 等，2008）：志留系茂县群（S*mx*）和泥盆系危关群（D*wg*）地层，岩性主要由碳质千枚岩、绢云千枚岩及千枚岩与软质岩或硬质岩互层，这些岩性具有良好的流变特性（李林 等，2008）和脆弱的工程地质性质（郭京平，2019）。因此，高度风化和易泥化的软质岩、软硬相间互层是活动滑坡隐患的显著岩性特征。

（2）53.19%的活动滑坡隐患发生在断层 3 km 范围内，3 处隐患直接被断层横切。因此，断层构造运动产生了破碎的岩石和发育的裂缝，为后期降雨入渗和斜坡变形运动创造了有利条件（Zhou et al.，2020；Tatard et al.，2010）。

（3）59.57%的活动滑坡隐患位于河流 100 m 范围内，1 处隐患的前缘浸没于河水中。因此，河水的切割、侵蚀产生了陡峭的临空面，地下水波动产生了动水压力，斜坡应力平衡被破坏（林荣福 等，2020；Zhou et al.，2014；Paronuzzi et al.，2013；Kohv et al.，2009）。

（4）82.98%的活动滑坡隐患分布于道路 100 m 范围内，26 处隐患的斜坡体上修建了密集的道路网。道路修建导致岩土体物质的松动和坍塌，加速了斜坡的运动（Alqadhi et al.，2022）。

在致灾特征方面，如表 1.4 和图 1.13 所示，由于独特的千枚岩岩性特征，千枚岩吸水后变得软化和泥化（郭京平，2019），产生软弱滑动面，所以所有活动滑坡隐患的形变均与降雨作用密切相关。此外，8 处隐患是在降雨和道路修建共同作用下发生运动，大型或特大型隐患的斜坡体上的道路沿线发育有多处小型滑塌，毁坏路基或护栏，阻断交通，威胁过往行人和车辆的安全。在 2019 年 4 月 15 日～2020 年 10 月 6 日监测期间，地震事件震级小，且发生位置远离薛城地区，因此与降雨和人类工程活动的作用比较，地震对滑坡隐患运动影响很小。

总之，在薛城地区，软质岩或者软硬相间岩组、构造运动、河流下切和侵蚀、降雨、地震、人类工程活动共同控制或诱发了活动滑坡隐患的运动形变。

### 1.3.6 薛城地区滑坡隐患野外调查验证

通过野外实地调查，对识别的活动滑坡隐患的正确性进行验证。沿 G317 国道选取 7 个区域开展野外调查验证，这些区域位置靠近道路、隧道、村庄、果园或农田，严重威胁人民生命与财产安全。所有 7 个区域通过野外调查均被成功验证为滑坡隐患，并均展现出明显的宏观变形迹象和特征，如图 1.14 所示，其中宏观形变迹象用箭头标识，活动滑坡隐患的边界和明显形变区域边界用线条圈出。

位于 DC01 区域的活动滑坡隐患 XC29 斜坡结构为陡倾逆向坡，主滑方向为 330°，斜坡体上分布下错台坎、地表裂缝，具有清晰的滑动边界和出露的后壁。滑坡堆积物主要成分为黄土和碎块石，物质结构松散，胶结性差，碎石岩性主要为高度风化的碳质千枚岩和石英岩。2020 年雨季的强降雨导致数处崩塌和路基塌陷，崩塌的巨石砸毁了下方的道路和护栏，使道路通行中断，并产生了一条深度为 12～15 m 的深沟。

位于 DC02 区域的活动滑坡隐患 XC36 斜坡结构为陡倾顺向坡，主滑方向为 155°。该隐患规模巨大、山体陡峭，前缘受到杂谷脑河强烈冲刷和侵蚀，明显形变区域形变速率超过−66 mm/a。滑坡堆积物主要为碳质千枚岩，结构松散，自 2020 年夏季以来，频繁有破碎岩体滚落，雨水携带破碎的岩土体物质顺着斜坡冲下，形成了泥石流。沿着杂谷脑河分布的前缘处多次发生岩土体崩塌事件。

图 1.14 野外实地调查区域和滑坡隐患照片

位于 DC03 区域的活动滑坡隐患 XC16 在斜坡上部展现出明显的宏观变形迹象，包括多个下错台坎、出露的后壁、长大的裂缝。2020 年夏季连续降雨后，出现了多处下错阶地和地表裂缝，伴随着频繁滚落的破碎块石。斜坡下部居民房屋的地面和墙壁也常见裂缝发育，道路损毁明显，包括开裂的地基和垮塌的路基。滑坡堆积物主要包括碎块石和黄土，碎石岩性主要为绢云千枚岩、碳质千枚岩和石英岩。

位于 DC04 区域的活动滑坡隐患 XC05 位于杂谷脑河北岸，滑动迹象明显，包括下错阶地和出露的岩壁，隐患最大形变速率出现在西北区域，形变速率达-50.07 mm/a。

位于 DC05 区域的活动滑坡隐患 XC40 曾是一处古滑坡堆积物，在九寨沟地震中再次诱发滑塌（解明礼 等，2020）。该滑坡边界清晰、滑带出露，发育下错台坎，前缘有大量堆积物。在监测期间，该滑坡仍处于缓慢蠕动形变中，最大形变速率达-55 mm/a。

位于 DC06 区域的活动滑坡隐患 XC06 是一处巨型隐患，斜坡高度为 1367 m。滑坡堆积物质松散破碎，物质成分主要为粉质黏土夹碎块石，碎石岩性主要为绢云千枚岩和石英岩。斜坡中部和下部变形明显，最大形变速率达-122 mm/a。在巨型滑坡体上发育有大量小型崩塌、道路裂缝、路基塌陷，2020 年夏季强降雨导致斜坡上出现多处小型坍塌和多间民房出现裂缝。

位于 DC07 区域的活动滑坡隐患 XC13 位于杂谷脑河南岸，是一处特大型隐患，斜坡体上至少发育 4 处小型滑坡。斜坡体形变特征明显，滑坡边界清晰，后壁出露，下错台坎发育，坡体上民房开裂严重，裂缝甚至贯通整面墙壁，道路开裂明显，地基塌陷严重，巨大地面裂缝最大宽度达 70 cm。当地村民陈述在 2008 年 $M_s$ 8.0 汶川地震后，该处隐患下部区域开始变形，在 2017 年 G4217 汶马高速公路隧道修建后，下部区域出现加剧变形。在监测期间，隐患下部区域变形明显，最大形变速率达-101.32 mm/a。

此外，为了说明提出的隐患识别判据的先进性和合理性，SBAS-InSAR 技术识别的一些典型活动形变区域如图 1.15 所示，InSAR 技术产生了大量虚警区域，图 1.15 仅展示了其中具有代表性的区域，在图 1.15 中，一共提取了 92 处活动形变区域，根据提出的隐患识别判据，其中 45 处没有被识别为活动滑坡隐患，称之为虚警区域，主要包括 3 种类型。

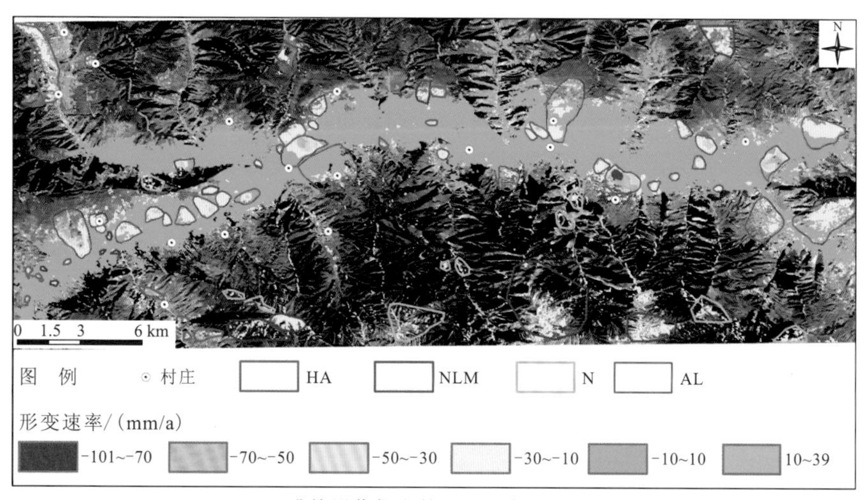


(a) 升轨影像提取的活动形变区域与类型

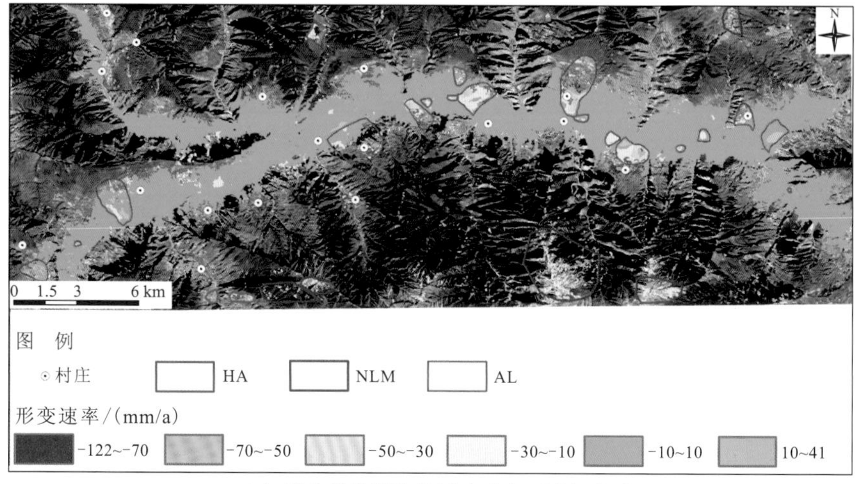


(b) 降轨影像提取的活动形变区域与类型

（c）活动形变区域叠加Sentinel-2多光谱影像

图 1.15 时序 InSAR 技术提取的活动形变区域与类型

HA 表示人类工程活动导致的虚警区域（地面沉降区域），NLM 表示缺乏滑坡微地貌特征的虚警区域，N 表示 InSAR 技术噪声产生的虚警区域，AL 表示识别的活动滑坡隐患，后同

（1）噪声：28.89%的虚警区域为 InSAR 技术固有局限性产生的噪声，这些虚警区域的形变缺乏明确的诱发因素，不符合隐患识别判据中的“致灾机制判据”。

（2）42.22%虚警区域实际上为人类工程活动，如建筑物修建或道路修建作用下的地表沉降，而不是沿斜坡的物质运移，不符合“微地貌判据”和“地形判据”。

（3）28.89%虚警区域没有呈现滑坡微地貌特征，如缺乏临空前缘，不符合“微地貌判据”。4 个代表性的虚警案例如图 1.16 所示。第一处虚警为沿山脊和山谷分布的 InSAR 噪声，第二处虚警为修建厂房和道路导致的地面沉降，第三处虚警为一座缺乏灾害微地貌特征的山体，第四处虚警为一处农田开垦产生的地面沉降。

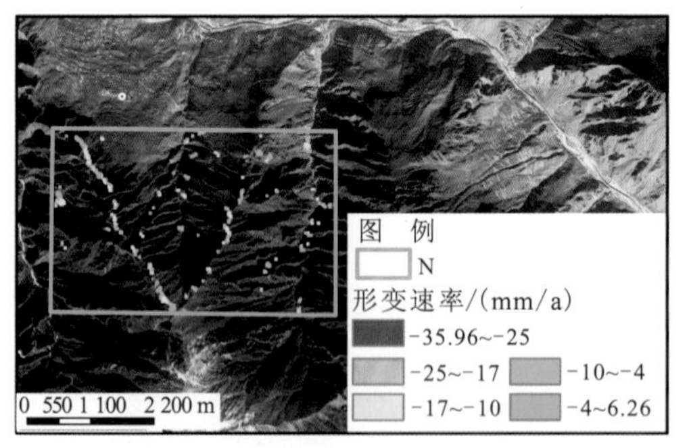

（a）噪声产生虚警的形变特征与遥感影像

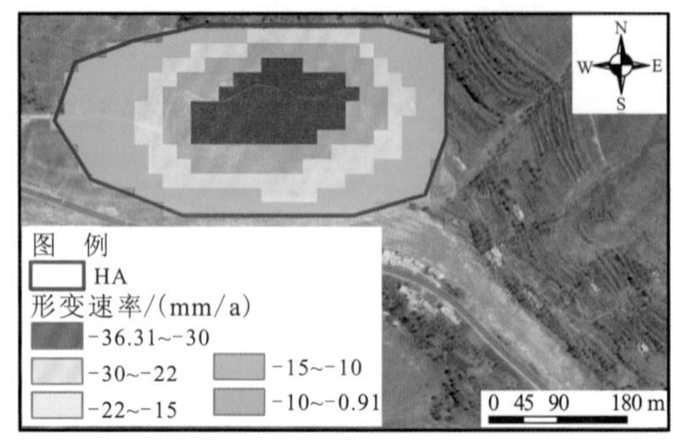


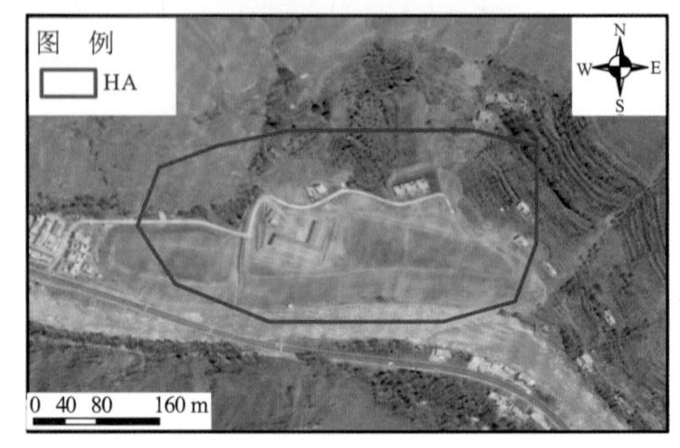


（b）人类活动导致虚警的形变特征与遥感影像

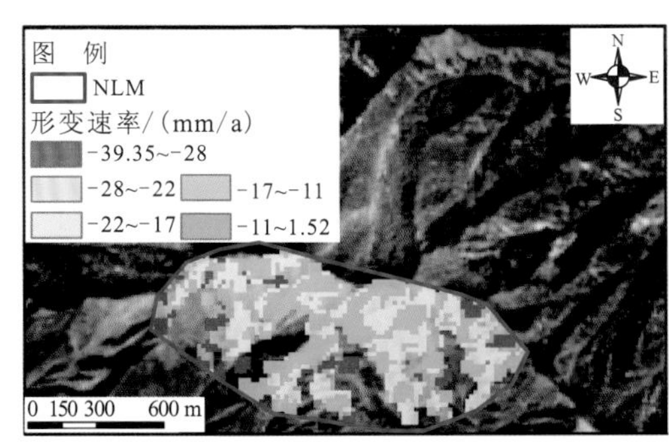


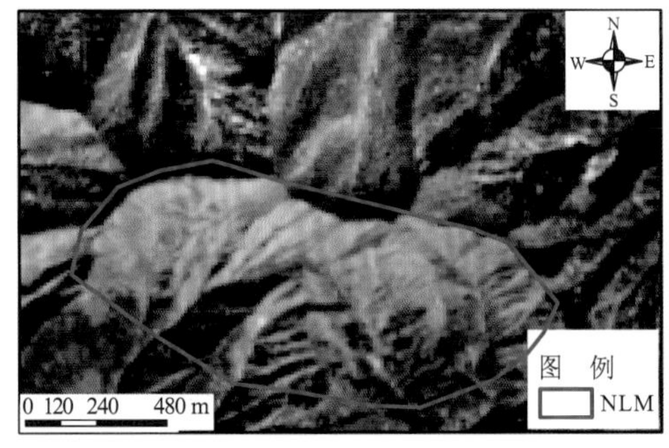


（c）无灾害微地貌类型虚警的形变特征与遥感影像

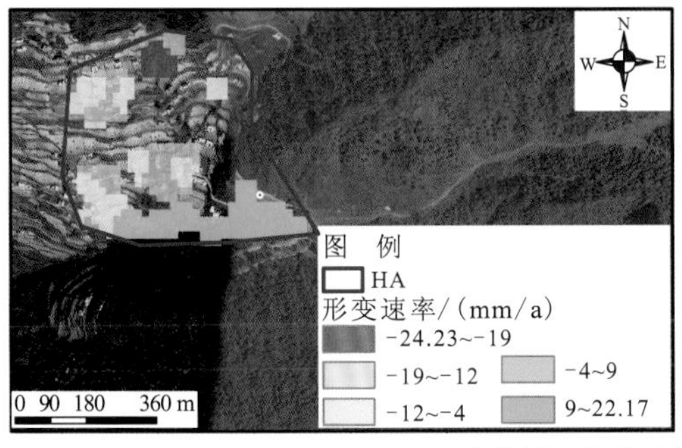


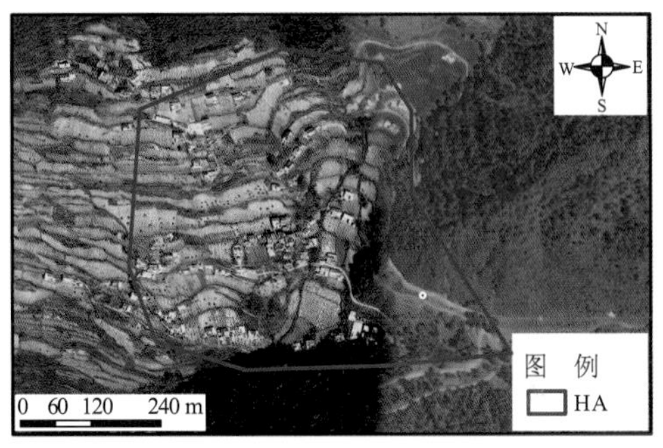


（d）人类活动导致虚警的形变特征与遥感影像

图 1.16　4 处典型虚警案例

## 1.3.7　薛城地区特大滑坡隐患形变模式与规律

对滑坡隐患形变破坏模式和形变规律的认知，能够为隐患及时、精准、有效防治提供重要的线索。以 2 处具有代表性的特大滑坡隐患为例，展示不同的形变破坏模式和形变规律。

### 1. 牵引-推挤复合式特大型滑坡隐患

活动滑坡隐患 XC06 是一处发育于杂谷脑河北岸的特大型隐患，面积为 2.83 km$^2$，坡体地形较陡峭，主要坡度在 15°～25° 变化，一些区域坡度在 35°～55° 变化。该隐患的前缘高度、后缘高度和斜坡高度分别为 12 m、1 379 m 和 1 367 m，为典型的高位滑坡隐患，具有巨大的重力势能，一旦失稳可能演变成高速远程滑坡，给坡体上密集分布的村庄房屋和道路，以及位于坡脚的村庄、G317 国道和 G4217 国道带来巨大的损失。此外，该隐患前缘距杂谷脑河约 20 m，因此失稳后可能导致涌浪灾害，甚至堵塞河道形成堰塞湖。隐患斜坡结构为陡倾顺向坡，斜坡体上堆积物成分主要为粉质黏土夹碎块石，物质结构松散。该隐患发育地层主要为志留系茂县群五组（S*mx*$^5$）和泥盆系危关群下组（D*wg*$^1$），岩性主要为碳质千枚岩、绢云千枚岩和深灰色绢云石英千枚岩，属软质岩，易于风化、泥化，发生形变（苟继松，2020）。

根据野外实地调查，平石头断层横切滑坡上部区域（林强，2016），有助于后缘区域拉裂破碎和形变运移，后缘发育的多条裂缝（罗剑，2015）为雨水入渗创造了有利条件。

在断层构造、破碎岩体和降雨入渗浸泡作用下，后缘部分缓慢蠕动形变，推挤滑坡体向下运移。杂谷脑河从滑坡前缘坡脚流过，在河水切割和侵蚀作用下（林荣福 等，2020；Kohv et al.，2009），前缘产生了陡峭临空面，应力平衡被破坏，失稳形变，发生崩塌、路基塌陷、道路损毁。因此，在河流侵蚀和地下水波动作用下，前缘牵拉滑坡体向下缓慢运动。滑坡体中部在后缘推挤和前缘牵拉作用下，变形蠕动，成为该隐患变形最剧烈的区域。因此，XC06 隐患的形变破坏模式为牵引-推挤复合式。

InSAR 形变监测展示了同样的形变破坏模式和形变规律。图 1.17 为 InSAR 提取形变特征与野外实地调查宏观形变迹象之间的对应关系。形变特征从升轨影像提取，其中 7 处形变明显区域被标上数字，并展示对应的野外地质调查照片，可见宏观形变迹象包括塌陷的路基、开裂的路面、路边的岩土体崩塌、小型滑坡、下错台坎等。为了更好地展示 XC06 隐患的形变破坏模式，该隐患被划分为后缘区域、中部区域和前缘区域 3 个部分，图 1.18 展示了不同区域形变特征的差异，累积位移形变测量从降轨影像中提取。根据 InSAR 形变监测，滑坡的中部和前缘形变明显，中部区域最大形变速率在升轨和降轨影像中分别达到-25.73 mm/a 和-122.47 mm/a，前缘区域最大形变速率在升轨和降轨影像中分别达到-24.33 mm/a 和-42.29 mm/a。在升轨影像提取的地表形变测量中，滑坡前

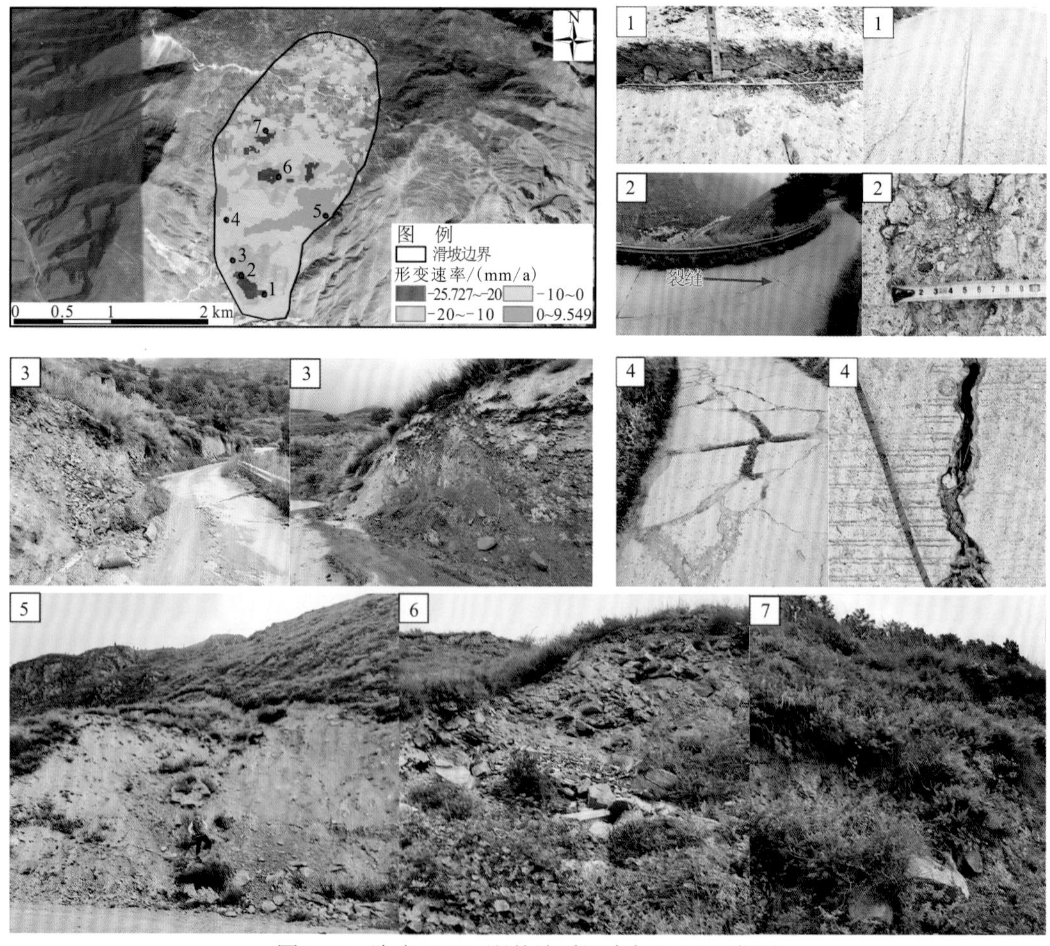


图 1.17 隐患 XC06 野外地质调查与 InSAR 监测

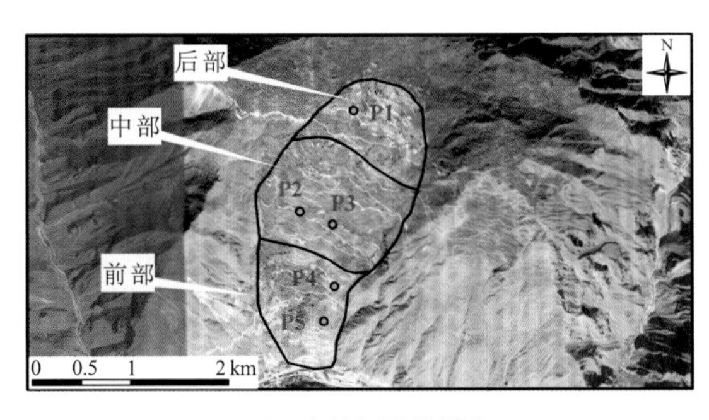


（a）3个局部区域划分

（b）3个局部区域的累积位移曲线

图 1.18　隐患 XC06 不同区域变形特征的差异

缘区域和中部区域均变形明显，而在降轨影像提取的地表形变测量中，滑坡中部比前缘区域具有明显更强烈的形变和运动。滑坡后缘区域持续变形，但形变强度低于前缘。如图 1.18 所示，位于滑坡中部区域的监测点 $P_2$ 和 $P_3$ 具有最快的形变速率，累积位移分别达到-84.26 mm 和-164.23 mm。位于滑坡前缘区域的监测点 $P_4$ 和 $P_5$ 同样变形明显，累积位移分别达到-78.93 mm 和-61.61 mm。位于滑坡后缘区域的监测点 $P_1$ 变形最缓慢。因此，InSAR 监测同样表明 XC06 是一处牵引-推挤复合式形变隐患，中部区域在前缘的牵拉和后缘的推挤作用下，形变速率最快，变形最剧烈。

XC06 隐患的运动形变是由降雨和道路修建共同作用导致的（表 1.4），图 1.19 和图 1.20 分别展示了降雨和道路修建对 XC06 隐患蠕动变形的作用。如图 1.19 所示，形变速率总体趋势与累积降雨量变化周期相同，5～10 月雨季变形加剧，11 月～次年 4 月的旱季变形减缓。降雨对滑坡形变的滞后作用主要是因为千枚岩独特的岩性特征，该类岩石

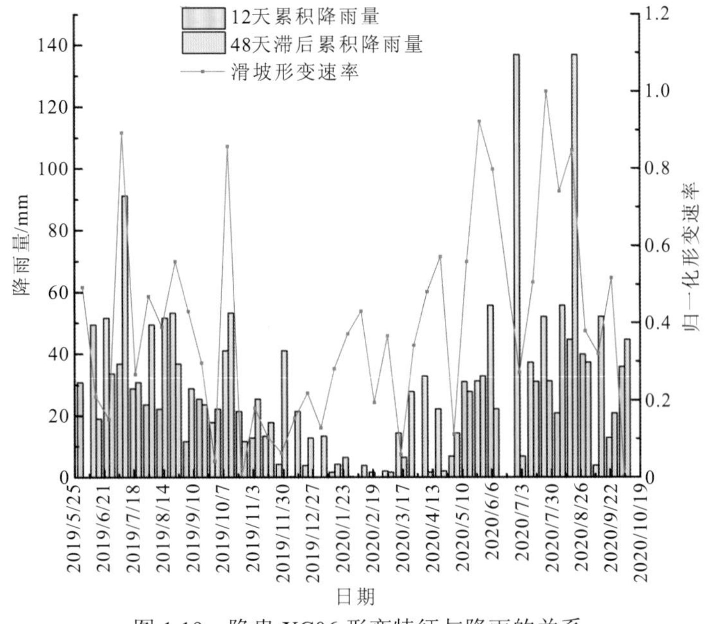


图 1.19　隐患 XC06 形变特征与降雨的关系

由于较高的颗粒密度具有弱透水性（林强，2016；李嘉鑫，2015；毛雪松 等，2011），雨水需要较长的时间才能入渗到斜坡深部并软化基岩。此外，XC06 隐患在旱季仍缓慢连续变形是因为道路修建的长期后效应。斜坡体上修建有密集的道路网，而道路对岩土体松动和破坏的影响具有长期和持续的后效应。如图 1.20 所示，越靠近道路，隐患明显形变区域的面积越大，岩土体应力平衡破坏越严重。

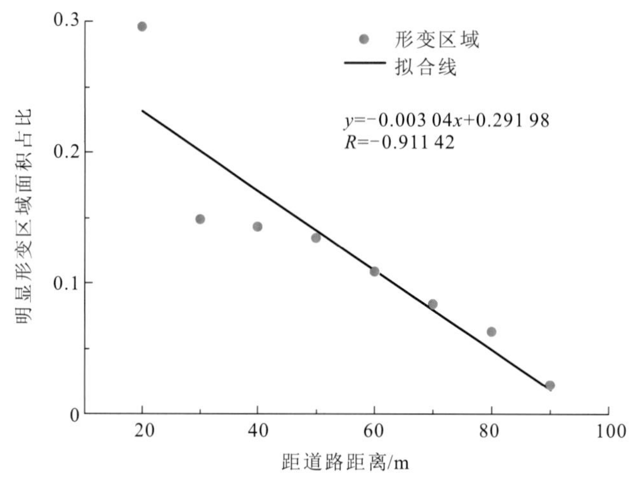


图 1.20　XC06 隐患形变特征与道路修建的关系

综上所述，XC06 隐患的形变破坏模式和形变规律总结如下。在前缘区域，杂谷脑河的下切和横向侵蚀作用冲走坡脚岩土体物质，产生临空前缘(林荣福 等，2020；Kohv et al.，2009），改变前缘应力分布。河流水位波动产生的动水压力降低了岩土体物质的抗剪强度和抗滑能力，破坏前缘应力平衡（Zhou et al.，2014；Paronuzzi et al.，2013）。道路修建松动了斜坡的岩土体物质，导致路基塌陷和路面开裂严重，降低了斜坡稳定性(Bergillos et al.，2018)，促进了前缘的运动形变。雨水通过产生的地面裂缝入渗，基岩千枚岩吸水后，软化和泥化(郭京平，2019)，导致前缘变形加剧。因此，在河流侵蚀、降雨和人类工程活动的共同作用下，前缘区域开始蠕滑运动，牵拉中部区域向斜坡下方运移。对于后缘区域，横切断层破坏岩体结构，导致岩体破碎，产生地表裂缝。雨水通过裂缝入渗，使岩土体饱水、容重增加，并且软化滑动面，降低岩土体抗剪强度（Zhou et al.，2020；Tatard et al.，2010），导致后缘区域失稳变形。道路修建破坏了岩体的完整性（Bergillos et al.，2018），进一步降低后缘区域的稳定性。因此，在构造运动、降雨和人类工程活动的共同作用下，后缘缓慢蠕动变形，推挤中部区域向斜坡下方运移。在前缘牵拉和后缘推动作用下，中部区域变形最剧烈，具有最快的形变速率。

### 2. 牵引-拉张式特大滑坡隐患

活动滑坡隐患 XC13 是位于杂谷脑河南岸的一处巨大隐患，面积为 1.24 km$^2$，斜坡结构为陡倾逆向坡，平均坡度为 24°，前缘高度、斜坡高度和后缘高度分别为 5 m、552 m 和 557 m，岩性以绢云千枚岩为主。XC13 隐患远离断层，距断层距离为 4.32 km，该隐患位置靠近国道和水系，距 G317 国道 99 m，距杂谷脑河 36 m，严重威胁位于坡脚的 G317 国道和 G4217 国道，危及斜坡体上的农田、道路和村庄，并且失稳后岩土体物质入河，可能引起涌浪灾害，或堵塞河道，产生堰塞湖。

为了更好地展示 XC13 隐患的形变破坏模式，将其分成 4 个区域：后缘区域、古滑坡区域、强烈人类工程活动区域、错台区域（石固林 等，2022），并根据石固林等（2022）提出的方法对滑坡隐患边界进行优化。强烈人类工程活动区域分布有密集的道路、农田和建筑物。错台区域是一块大范围下错凹形坡，具有陡峭的山坡、发育的临空面和多处出露的反倾岩层。根据野外地质调查，错台区域岩性主要为绢云千枚岩，具有低抗剪强度，易风化为碎块石（苟继松，2020），发育有多条地表大裂缝和严重的建筑物裂缝，并且这些拉裂缝在持续加宽变形。杂谷脑河冲刷和侵蚀 XC13 隐患的前缘区域，此外，G4217 汶马高速公路的修建，伴随着人工震动爆破和隧道开挖，前缘的岩土体物质变得破碎松动。大量入渗的雨水和基岩裂隙水不断渗出，沿山坡流向坡脚，当地专门修建了排水通道进行引流。以上人类工程活动和降雨破坏了前缘区域的稳定性，在重力作用下，错台区域向下滑动，在其与中部区域之间产生了裂缝（王东升 等，2011）。并且伴随着雨水渗入裂缝中，软化岩土体，错台区域变形加剧，从而导致中部区域和后缘区域应力卸荷（王东升 等，2011），牵拉中部和后缘部分缓慢变形。因此，该隐患的形变破坏模式为牵引-拉张模式。

InSAR 形变监测同样表明了牵引-拉张形变模式。XC13 隐患的形变速率如图 1.21 所示，背景影像为谷歌地球影像，野外地质调查宏观形变迹象如图 1.22 所示，不同部分的形变特征差异如图 1.23 所示。图 1.22 中 I 表示后缘区域，II 表示强烈人类工程活动区域，III 表示古滑坡区域，IV 表示错台区域，宏观形变迹象包括下错阶地、形变下错区域、出露的岩壁。错台区域和古滑坡的前缘区域变形明显，从升轨和降轨影像提取的错台区域最大雷达视线向形变速率分别为-101.32 mm/a 和-73.81 mm/a，提取的最大视线向累积位移分别为-151.33 mm 和-102.88 mm。如图 1.22 和图 1.23 所示，$Q_4$、$Q_5$、$P_4$ 和 $P_5$ 监测点位于错台区域，持续快速变形，累积位移分别为-140.81 mm、-76.5 mm、-28.02 mm 和–76.78 mm。监测点 $Q_2$、$Q_3$、$P_2$ 和 $P_3$ 位于滑坡中部区域，处于缓慢蠕滑阶段，$Q_2$ 和 $Q_3$ 的累积位移超过-30 mm。$Q_1$ 和 $P_1$ 监测点位于后缘区域，为 4 个区域中变形最缓慢的区域。因此错台区域和前缘变形最快、最剧烈，牵拉中部区域和后缘区域向斜坡下方运动。

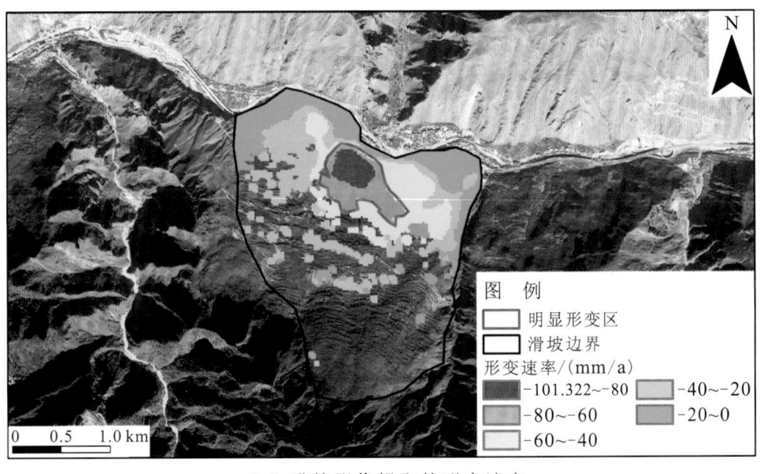

(a) 升轨影像提取的形变速率

（b）升轨影像提取形变特征的放大图

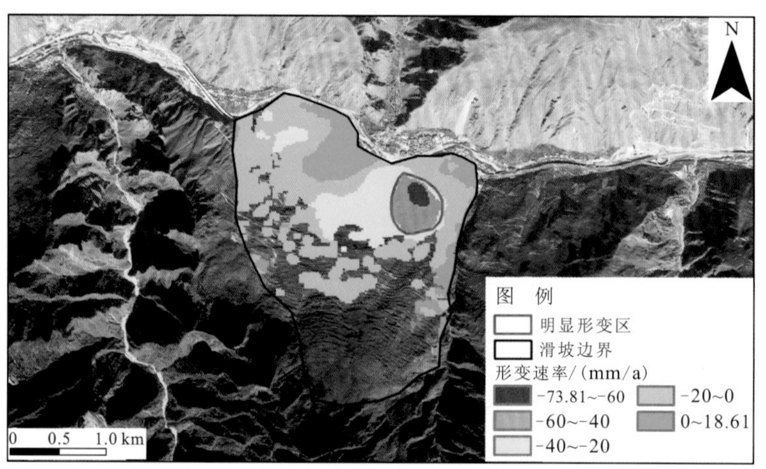

（c）降轨影像提取的形变速率

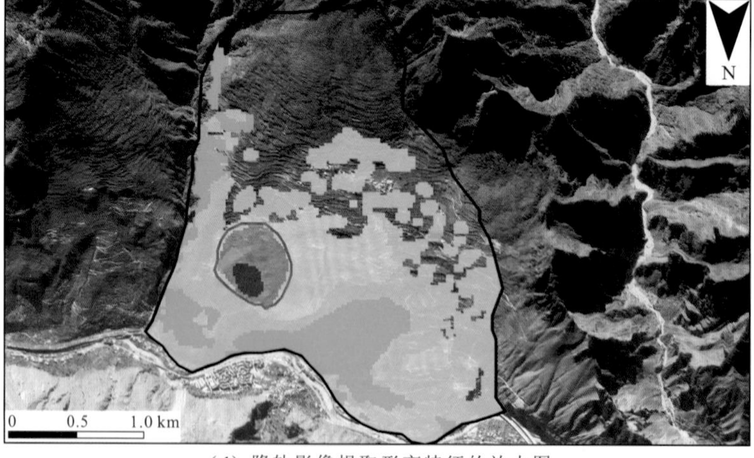

（d）降轨影像提取形变特征的放大图

图 1.21　XC13 隐患的 InSAR 监测形变特征

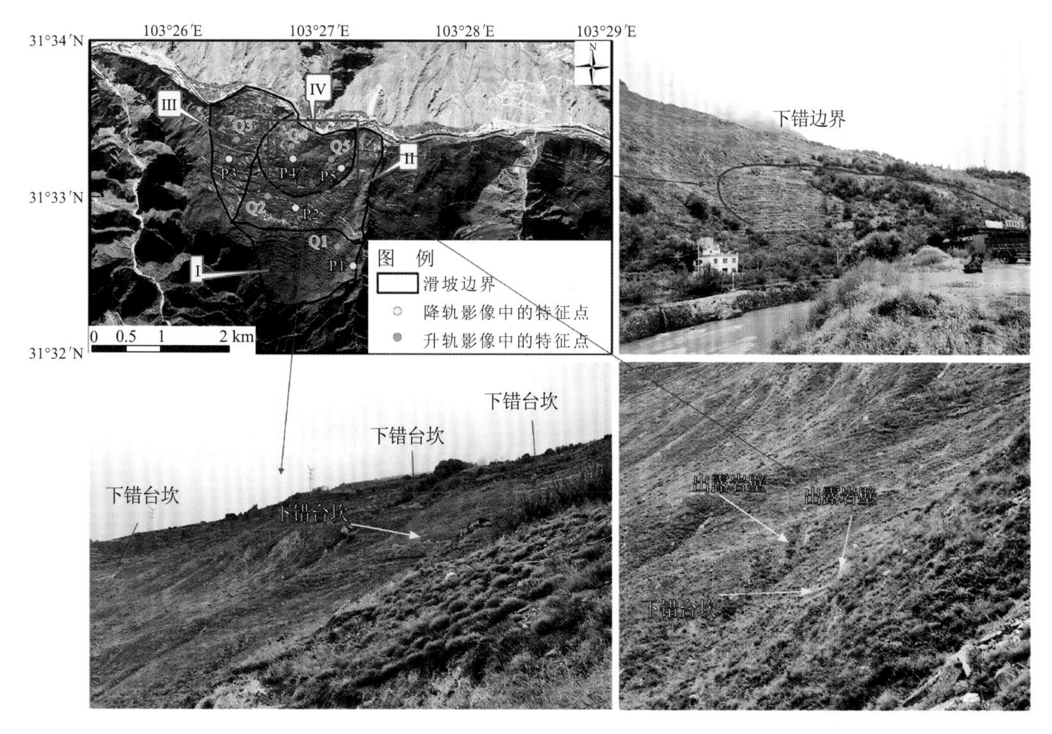


图 1.22 XC13 隐患的区域分割与错台区域野外实地调查照片

由表 1.4 可见，滑坡隐患 XC13 的形变主要是由降雨和道路修建诱发的。图 1.24 展示了隐患形变速率与降雨周期的同步性，图 1.25 展示了 XC13 隐患形变特征与道路修建的关联。XC13 隐患在雨季变形加剧，在旱季变形减缓，降雨作用的滞后性是因为基岩千枚岩独特的物理力学特性（林强，2016）。滑坡体上人类工程活动频繁且强烈，密集的道路网蜿蜒分布，越靠近道路，隐患稳定性越差，变形越剧烈。

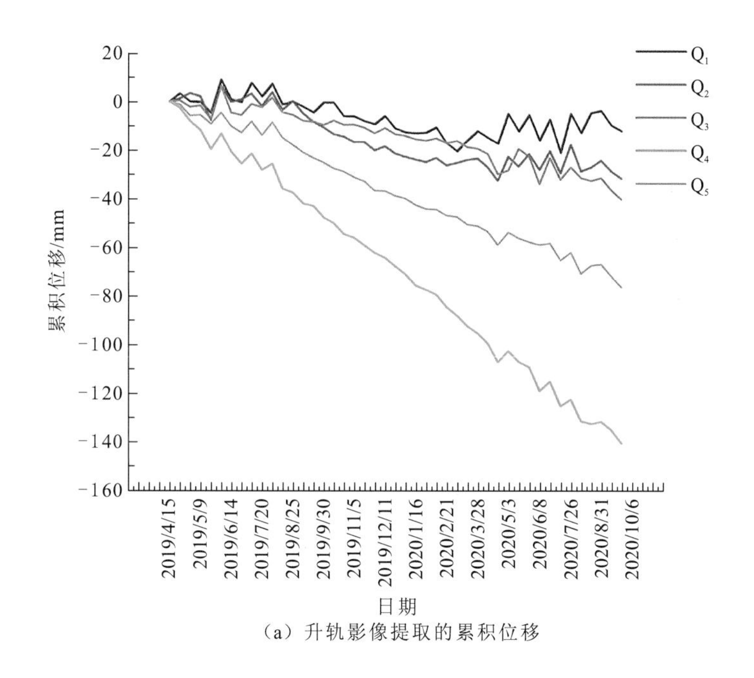


（a）升轨影像提取的累积位移

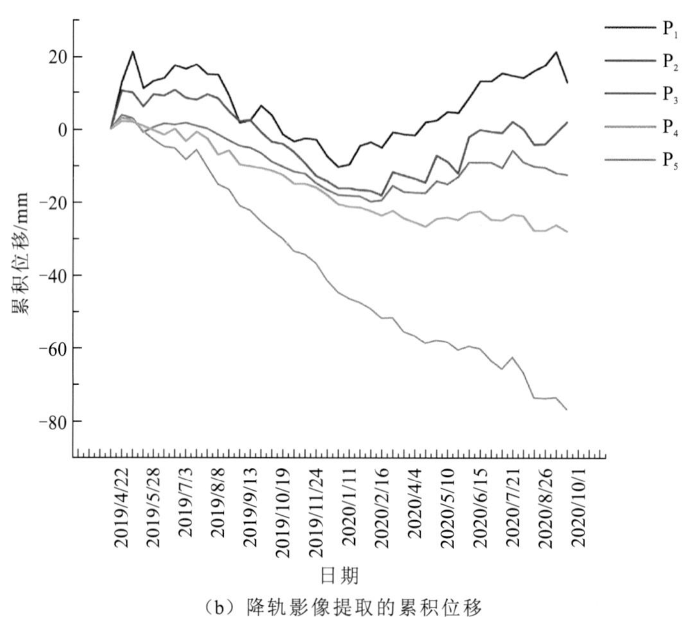


（b）降轨影像提取的累积位移

图 1.23　XC13 隐患不同区域形变特征的差异

综上所述，XC13 滑坡隐患的形变破坏模式和形变规律总结如下。杂谷脑河的下切和侵蚀作用，为前缘失稳变形创造了有利的条件（林荣福 等，2020；Kohv et al.，2009），前缘地区人工震动爆破、隧道开挖、道路修建加宽了地表的裂缝，加速了前缘形变。伴随着雨水通过裂缝渗入滑体物质，由于基岩千枚岩的弱透水性，大量地下水富集于岩土体物质内部，增加了滑体物质的容重（林强，2016），产生了软弱滑面，降低滑体物质与下伏软弱结构面之间的摩擦力，进一步加剧了前缘运移（张玉成 等，2007；Thomson et al.，1977）。因此，在河流侵蚀、降雨、人类工程活动的耦合作用下，前缘区域开始变形运动，牵拉中部和后缘区域沿斜坡向下缓慢蠕滑。

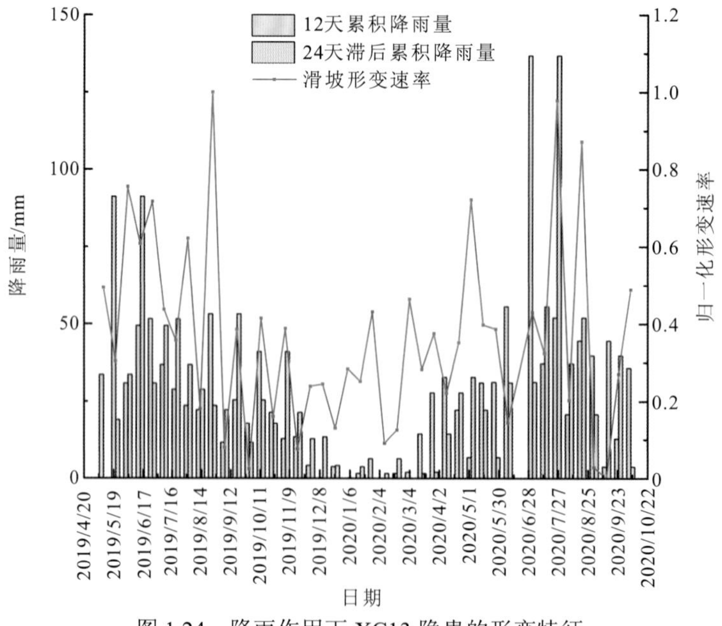


图 1.24　降雨作用下 XC13 隐患的形变特征

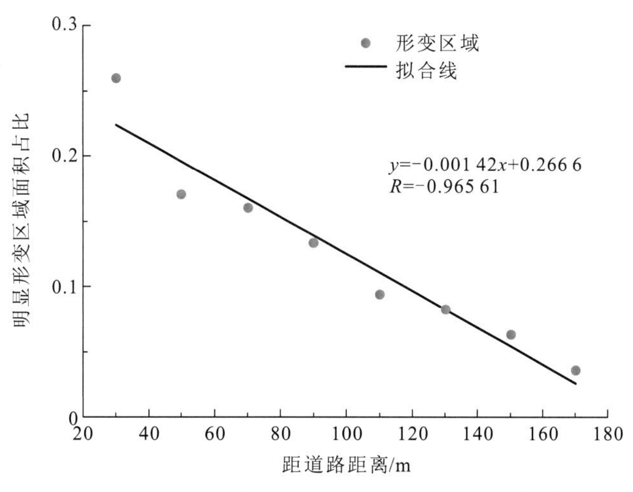

图 1.25　XC13 隐患形变特征与道路修建的关联

# 1.4　茂县地区高位滑坡隐患识别

高位滑坡隐患发育于高海拔斜坡上，一旦失稳具有突发性强、重力势能大、滑动距离远、运动速度快、动能巨大的特点，常常给人民生命财产和重要基础设施造成巨大的灾难性损失，因此亟须在早期变形阶段实现活动高位滑坡隐患的识别，并揭示其形变规律，从而有力支撑灾难性滑坡灾害的及时有效防治。茂县地区由于具有高山峡谷地貌，是高位滑坡隐患发育的代表性区域。采用地质、地形、地震、地理、气象、遥感、地面传感器等多源数据和时序 InSAR 技术，根据构建的活动滑坡隐患识别综合判据，开展茂县地区高位滑坡隐患识别研究，并揭示不同致灾机制下的形变规律，为高位滑坡的精准防治提供关键科学依据。

## 1.4.1　高位滑坡隐患含义

高位滑坡隐患是一类造成灾难性损失的特殊隐患，发育于地势高耸的斜坡上（王得双 等，2018），后缘位置海拔高、高程大（王运生 等，2009；穆鹏 等，2008），一旦失稳通常转化为高速远程滑坡，易产生具有损失放大效应的灾害链（吴建川 等，2020；Kang et al.，2018）。由于高位、人迹罕至、强隐蔽性和强突发性，高位滑坡隐患常常难以被提前发现，在城镇区域造成巨大损失，包括人员伤亡和重要基础设施损毁。例如，2017 年 6 月 24 日发生的茂县新磨滑坡，后缘高程约为 3 450 m，滑坡高度约为 1 120 m，高速远程运动后，摧毁了坡脚的新磨村，造成 83 人死亡（许强 等，2017；殷跃平 等，2017），掩埋道路约 1.5 km，堵塞河道约 1 km（许强 等，2017），直接经济损失达 1.78 亿元（据茂县县委统计数据）。新磨滑坡造成巨大损失与其高位发育特征密切相关。并且高位发育特征也给野外实地调查带来了巨大挑战，使得高位滑坡隐患具有强隐蔽性，导致隐患难以被提前发现。因此，亟须开展高位滑坡隐患早期识别研究，即在隐患的早期发育变形阶段发现和定位隐患位置，明确其致灾机制和形变演化规律，从而有效避免该类特殊隐患造成的巨大损失。

目前，还缺乏对高位滑坡和高位滑坡隐患准确的定义，表 1.5 列出了一些代表性高位滑坡灾害的地形特征，其中前缘（剪出口）高度为前缘与坡脚或河床之间的高差，后缘高度为后缘与坡脚或河床之间的高差，滑坡高度为前缘与后缘之间的高差。需要说明的是，黄泥坝子滑坡缺乏河床高程数据，因此列出的为前缘和后缘的绝对高程。可见典型高位滑坡隐患的后缘高出坡脚地面或河床通常不小于 450 m，即滑体重心位置高，前缘高程高于坡脚地面或河床，从而形成临空面。因此，高位滑坡隐患定义为：后缘高出坡脚地面或者河床不低于 450 m，前缘发育临空面，且临空面高于坡脚地面或河床的滑坡隐患。

**表 1.5　典型高位滑坡灾害规模与地形特征**

| 滑坡名称 | 发生年份 | 体积/（$\times10^4$ $m^3$） | 前缘高度/m | 滑坡高度/m | 后缘高度/m | 参考文献 |
|---|---|---|---|---|---|---|
| 查纳滑坡 | 1943 | 12 700 | 50 | 400 | 450 | 王得双等（2018） |
| 烂泥沟滑坡 | 1965 | 21 400 | 1 050 | 720 | 1 770 | 王得双等（2018） |
| 唐古栋滑坡 | 1967 | 9 020 | 110 | 970 | 1 080 | 王得双等（2018） |
| 头寨滑坡 | 1991 | 1 800 | 410 | 350 | 760 | 王得双等（2018） |
| 老金山滑坡 | 1996 | 43 | 560 | 190 | 750 | 王得双等（2018） |
| 易贡滑坡 | 2000 | 30 000 | 1 560 | 1 770 | 3 330 | 王得双等（2018） |
| 白什乡滑坡 | 2007 | 200 | 530 | 270 | 800 | 王得双等（2018） |
| 东河口滑坡 | 2008 | 1 000 | 270 | 200 | 470 | 王得双等（2018） |
| 二蛮山滑坡 | 2010 | 100 | 680 | 148 | 828 | 王得双等（2018） |
| 关岭滑坡 | 2010 | 175 | 250 | 230 | 480 | 郑光（2018）；Xing 等（2014）；殷跃平等（2010） |
| 黄泥坝子滑坡* | 2017 | 123 | 2 012 | 202 | 2 214 | 解明礼等（2020）；邵山（2018） |
| 新磨滑坡 | 2017 | 450 | 85 | 1 103 | 1 188 | 许强等（2017）；Fan 等（2017） |

注：* 表示滑坡的前缘高度和后缘高度均为绝对高程

高位滑坡由于具有巨大的破坏性、广阔的毁伤范围，吸引了许多科学家的关注，研究主要集中在两个方面。①单体高位滑坡的动力学特征分析和运动过程模拟研究，揭示高位滑坡滑动过程中携带大量碎屑块体，转换为碎屑流堆积的高速远程运动特征（吴建川 等，2020；Kang et al.，2018；殷跃平 等，2017；刘其琛 等，2015；Zhou et al.，2013）。②单体高位滑坡失稳机制研究，揭示强烈风化破碎的基岩和陡峭的地形是孕育高位滑坡的关键因素（Rodríguez-Peces et al.，2018；邵崇建 等，2017；吴俊峰 等，2012），高位滑坡可由降雨、地震、冻融循环、干湿循环、地下水作用诱发（Li et al.，2020；Wang et al.，2020；Roberti et al.，2017）。

目前对高位滑坡的研究主要关注单体滑坡，然而将单体滑坡的认知应用到其他高位滑坡时具有局限性，限制了人们对高位滑坡全面综合的理解，对不同致灾机制的活动高位滑坡隐患的认识能够提升人们对这一具有巨大破坏性的特殊类型滑坡的认知。此外，目前研究主要关注已经发生的高位滑坡，对潜在的高位滑坡隐患还缺乏详细的调查和研究。因为高隐蔽性和突发性，这类潜在隐患严重威胁社会和经济的可持续发展，只有实现高位滑坡隐患的早期识别，并认识其形变规律，才能够及时精准地采取防治措施，避免巨大的人员和经济损失。

针对目前研究的局限性，本节在高位滑坡易发地区——茂县地区开展高位滑坡隐患早期识别研究，揭示不同成灾机制的高位滑坡隐患形变规律，丰富对该特殊类型隐患致灾机制与形变演化特征的认识。

## 1.4.2 茂县地区工程地质特征

茂县地区的地震构造、地形、水系与道路分布特征如图 1.26 所示，茂县地区面积约为 3 903 km$^2$，位于我国著名的南北地震带上，地震活动频繁，伴随着地壳的抬升和震动（Wang et al.，2010）。茂县地区位于历史上多次大地震的震中地带或强震区，包括 1933 年

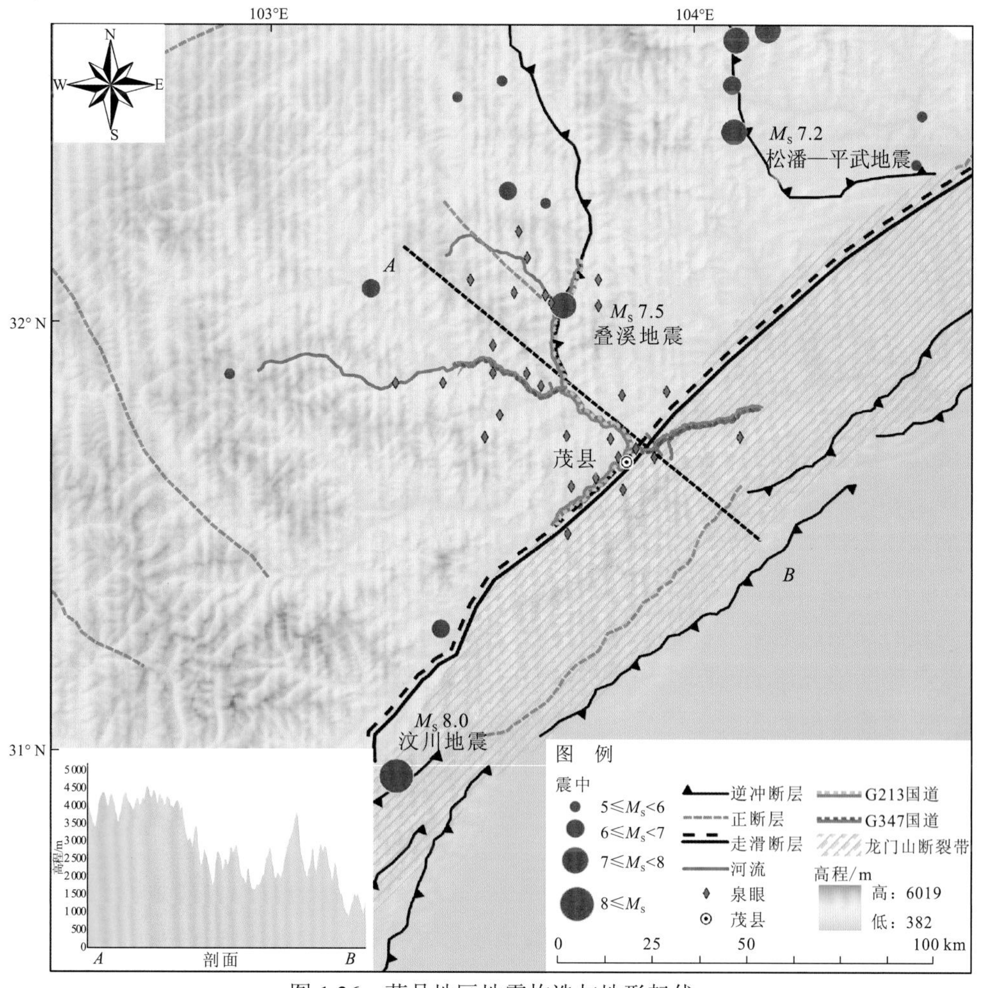


图 1.26 茂县地区地震构造与地形起伏

插图为 *AB* 剖面的巨大地形起伏

$M_s$ 7.5 叠溪地震、1976 年 $M_s$ 7.2 松潘—平武地震、2008 年 $M_s$ 8.0 汶川地震，以上地震在茂县地区的烈度均达到甚至超过 VI 度（Zhao et al.，2020；许强 等，2017）。茂县地区及周边区域发生的地震破坏了该地区岩体的完整性，导致一些岩体破碎，产生大量微裂隙，岩石渗透性增强，岩石的风化加速（金章东 等，2022），地下水的流向和流速等运移特征被改变（Liu et al.，2020），为高位滑坡隐患发育创造了有利条件。

茂县地区地质环境复杂，褶皱和断裂构造发育，主要断裂有茂汶断裂和岷江断裂（熊倩莹，2015）。茂汶断裂带为龙门山断裂带中的后山断裂带（廖炳勇 等，2019；刘海永 等，2016），志留系茂县群位于断裂带西北，岩体破碎，震旦系白云岩位于茂县地区西南，发育宽达 120 m 的破碎带（刘海永 等，2016；俞广，1993）。岷江断裂带的南部及其延伸穿过研究区（钱洪 等，1999），在两河口发育派生的节理和褶皱，并充填石英脉（司建涛 等，2008），在较场南侧岷江断裂出露良好，发育破碎带宽达 30～50 m，强烈挤压特征明显（钱洪 等，1999）。茂汶幅 H-48-02 1∶20 万地质图茂县地区出露地层主要包括泥盆系危关群（D*wg*），志留系茂县群（S*mx*），下三叠统菠茨沟组（$T_1b$）、中三叠统杂谷脑组（$T_2z$）和上三叠统侏倭组（$T_3zh$），岩性主要为千枚岩、千枚岩与灰岩互层、石英砂岩、变质砂岩及灰岩夹千枚岩，软质岩和软硬相间岩组是主要的工程岩组特征。

茂县地区位于成都平原向青藏高原过渡地带，地形起伏巨大，海拔为 900～5 000 m，高山峡谷地貌特征明显（丁军 等，2010），西北区域海拔高，山峰海拔可超 5 000 m，东南区域海拔低，河谷地带高程约为 900 m，北部区域分布岷山山脉，南部区域分布龙门山山脉（熊倩莹，2015）。

茂县地区气候为青藏高原东部季风气候，年均降雨量约为 484.1 mm，降雨量具有明显的季节性特征，每年约 91.8%的降雨集中于 4～10 月。茂县地区水流纵横，分布岷江和涪江两大水系，发育大小溪河 170 条，堰塞湖 32 个。茂县地区具有发达的水系和丰富的堆积层孔隙水与基岩裂隙水，富集地下水（熊倩莹，2015）。根据区域 1∶200 000 地质调查，茂县共有 47 处泉眼，径流速率可达 10 L/s。

茂县地区人类工程活动频繁且剧烈，G213 国道和 G347 国道横穿境内，并修建了大量的城镇道路与乡村道路，根据茂县人民政府发布的数据①，至 2021 年公路里程为 0.666 万 km，建有水库 5 座、水电站 59 座。山坡脚和山腰上均修建了大量建筑物，随着旅游业的发展，地质环境也受到了影响。

茂县地区地壳运动活跃、地质构造复杂、地质营力强烈、地形陡峭、地下水丰富，集中的季节性降雨和人类工程活动频繁为高位滑坡隐患发育提供了良好的孕灾和致灾条件，特别岷江流域是高位滑坡发生发育的典型区域。

### 1.4.3 茂县地区多源数据

采用 8 个多源数据集（表 1.6）提取地表形变特征、孕灾与致灾特征，开展高位滑坡隐患识别和隐患形变规律研究。

---

① 茂县基础设施发展情况，http://www.maoxian.gov.cn/mxrmzf/jcssfzqk/l_c.shtml [2022-12-22]

表 1.6　茂县地区多源时空数据

| 数据类型 | 数据 | 数据日期 | 空间分辨率或比例尺 | 数据来源 |
|---|---|---|---|---|
| 遥感影像 | Sentinel-1A 雷达影像 | 2018 年 4 月 20 日～2019 年 9 月 6 日 | 5 m×20 m | 欧洲航天局 |
| | 谷歌地球影像 | 2016 年 12 月 31 日 | 8 m | 谷歌地球 |
| 地形数据 | SRTM DEM | 2000 年 | 30 m | 美国地质调查局 |
| 地质数据 | 地质图 | 1975 年 | 1∶200 000 | 全国地质资料馆 |
| 基础地理数据 | 基础地理图 | 2017 年 | 1∶250 000 | 全国地理信息资源目录服务系统 |
| 地震数据 | 地震编目数据 | 2018 年 2 月～2019 年 9 月 | — | 中国地震局 |
| 气象数据 | CHIRPS 降雨数据 | 2018 年 4 月 20 日～2019 年 9 月 6 日 | 5 km | 加利福尼亚大学圣塔芭芭拉分校 |
| 地面专业监测数据 | GNSS 位移监测数据 | 2018 年 12 月～2019 年 9 月 | — | 深圳北斗云监测平台 |
| 历史滑坡数据 | 历史滑坡坐标数据 | 截至 2019 年 9 月 | — | 中国地质调查局<br>深圳北斗云监测平台 |

（1）历史滑坡编目数据和地面专业监测数据。收集了茂县 175 个历史地质灾害编目数据，包括 88 处滑坡、6 处崩塌、52 处不稳定斜坡和 29 处泥石流。历史滑坡编目数据用于与高位滑坡隐患识别结果进行比较，对隐患识别结果进行验证。此外梯子槽滑坡的地面传感器位移监测数据（来源于深圳北斗云监测平台）用于与时序 InSAR 技术提取的地表形变位移进行比较，验证 InSAR 提取的地表形变特征的准确性。

（2）Sentinel-1A 雷达影像。2018 年 4 月 20 日～2019 年 9 月 6 日共 34 景 C 波段（波长为 5.6 cm）Sentinel-1A 升轨雷达影像用于生成相位干涉图和提取地表形变特征。SAR 影像的分辨率为 5 m×20 m，幅宽为 250 km。

（3）SRTM DEM。DEM 数据用于构建地形特征因子，包括坡度和高程。

（4）地质图。松潘幅 I-48-32 1∶20 万地质图和茂汶幅 H-48-02 1∶20 万地质图用于分析基础地质、断层构造和泉眼分布特征，构建地层岩性、距断层距离、距泉眼距离因子。

（5）CHIRPS 降雨数据。气候危害组红外降水与站点（climate hazards group infrared precipitation with stations，CHIRPS）卫星降雨数据用于建立降雨因子，包括 2 天、3 天、4 天、7 天、12 天和 14 天累积降雨量，7 天最大降雨量和日降雨量。

（6）地震编目数据。地震数据用于构建地震动因子，包括峰值地面加速度（PGA）。地震数据来源于 2018 年 2 月～2019 年 9 月发生在茂县 400 km 范围内震级不小于 $M_s$ 3.0 的地震事件。

（7）基础地理图。采用 1∶25 万基础地理数据，图幅号为 H48C002001、H48C002002 和 I48C004002，提取道路和水系分布。

（8）谷歌地球影像。谷歌地球影像用于在基础地理数据基础上进一步细化道路网和水系网分布，建立距道路距离和距水系距离因子。

### 1.4.4 茂县地区孕灾与致灾因素建立

根据茂县地区工程地质特征和高位滑坡成因机制，建立控制和诱发高位滑坡隐患的 6 类影响因素，其中孕灾因素包括地质因素、地形因素、环境因素，致灾因素包括降雨因素、地震因素和人类工程活动因素，具体影响因素如表 1.7 所示。需要说明，地形因素包括高程和坡度，高程指标刻画了高位滑坡的位置特征。降雨因素包括 3 类指标：累积降雨量、日降雨量、7 天最大降雨量，由于降雨对滑坡发生发育具有累积效应和滞后性，累积降雨量指标包括 2 天、3 天、4 天、7 天、12 天和 14 天累积降雨量。茂县地区位于南北地震带上，受地震影响严重，多次地震波对斜坡的破坏具有叠加效应，地震波的累积作用对斜坡岩土体物质起到破坏和松动作用（许强 等，2017；殷跃平 等，2017；李忠生，2003）。因此，地震因素包括 2 类指标：累积 PGA 和 7 天最大 PGA，其中累积 PGA 包括 2 天、3 天、4 天、7 天、12 天和 14 天累积 PGA。

**表 1.7 茂县地区高位滑坡隐患发育的孕灾与致灾因素**

| 影响因素类型 | | 编号 | 影响因素 | 分级 |
|---|---|---|---|---|
| 孕灾因素 | 地形 | 1 | 高程 | 连续型 |
| | | 2 | 坡度/（°） | ①≤10；②10～20；③20～30；④30～40；⑤>40 |
| | 地质 | 3 | 地层岩性 | ①$T_3zh$；②$T_3xn$；③$T_2z$；④$T_1b$；⑤$P_3$；⑥$P_2$；⑦$\gamma_2$；⑧$\delta_2$；⑨O；⑩$O_2$；⑪ Ꞓ；⑫ $Ꞓ_1$；⑬$S_1$；⑭S$mx$；⑮$D_3$；⑯D$wg$；⑰D$yl$；⑱$\gamma_s^{1-2}$；⑲C+P；⑳C；㉑$Q_h$；㉒$Q_p$；㉓Z |
| | | 4 | 距断层距离/km | ①≤1；②1～3；③3～6；④>6 |
| | 环境 | 5 | 距泉眼距离/km | ①≤3；②3～6；③6～9；④>9 |
| | | 6 | 距水系距离/km | ①≤1；②1～2；③2～3；④>3 |
| 致灾因素 | 降雨 | 7 | 累积降雨量 | 连续型 |
| | | 8 | 日降雨量 | 连续型 |
| | | 9 | 7 天最大降雨量 | 连续型 |
| | 地震 | 10 | 累积 PGA | 连续型 |
| | | 11 | 7 天最大 PGA | 连续型 |
| | 人类工程活动 | 12 | 距道路距离/m | （1）≤20；（2）20～40；（3）40～60；（4）60～80；（5）80～100；（6）100～150；（7）>150 |

注：$T_3zh$ 为上三叠统侏倭组，$T_3xn$ 为上三叠统新都桥组，$T_2z$ 为中三叠统杂谷脑组，$T_1b$ 为下三叠统菠茨沟组，$P_3$ 为上二叠统，$P_2$ 为下二叠统，O 为奥陶系，$O_2$ 为中奥陶统，Ꞓ 为寒武系，$Ꞓ_1$ 为寒武系纽芬兰统，$S_1$ 为下志留统，S$mx$ 为志留系茂县群，$D_3$ 为上泥盆统，D$wg$ 为泥盆系危关群，D$yl$ 为泥盆系月里寨群，C+P 为石炭系—二叠系，C 为石炭系，$Q_h$ 为第四系全新统，$Q_p$ 为第四系更新统，Z 为震旦系。$\gamma_2$ 为元古代花岗岩，$\delta_2$ 为元古代闪长岩，$\gamma_s^{1-2}$ 为燕山—印支期花岗岩

### 1.4.5 茂县地区高位滑坡隐患识别

根据构建的活动滑坡隐患识别综合判据，开展茂县地区高位滑坡隐患识别。在提

取地表形变特征方面，SBAS-InSAR 技术提取的地表形变具有很好的空间连续性，PS-InSAR 技术采用具有高相干的矢量点，在确定形变点的位置精度和形变位移精度方面具有优势，本小节综合 SBAS-InSAR 和 PS-InSAR 技术的优势，采用 SBAS-InSAR 形变结果确定高位滑坡隐患的边界，采用 PS-InSAR 形变结果提取滑坡隐患的形变位移和形变速率。此外，在隐患识别综合判据方面，增加“高位”判据，即后缘高程不小于 450 m，前缘高程高于坡脚地面或河床，前缘临空面发育。

在 SBAS-InSAR 技术中，34 景雷达影像划分为 2 个影像集合，第一个影像集合覆盖时间线为 2018 年 4 月 20 日～2019 年 4 月 3 日，第二个影像集合覆盖时间线为 2019 年 1 月 9 日～2019 年 9 月 6 日。一共生成 287 个相位干涉图，垂直基线阈值为 2%，时间基线阈值为 180 天。采用 Goldstein 滤波方法提高相位图的信噪比和提升相干性。在 PS-InSAR 技术中，2018 年 8 月 30 日拍摄的雷达影像作为主影像，生成的 33 幅相位图划分为 25 km×25 km 的格网，重叠率为 30%，从而每个格网中均包括永久散射体点。

### 1. 地形可视性定量分析

茂县地区位于高山峡谷地区，巨大的地形起伏会在雷达影像上产生严重的几何畸变，还有一些区域的形变完全不能被雷达影像监测到，其中几何畸变包括透视收缩和叠掩（Colesanti et al.，2006；Kropatsch et al.，1990）。雷达视线向形变的地形可视性定量分析能够确定不受几何畸变影响的区域，即 InSAR 技术能够提取到有效形变的区域（Guo et al.，2021；Cigna et al.，2014）。采用 R 指数定量可视性分析方法（Cigna et al.，2014）识别没有几何畸变的好可视性区域，好可视性区域在雷达视线向上可获得有效形变（张毅，2018；Wasowski et al.，2014）。地形可视性分析 R 指数统计结果如图 1.27 所示，好可视性区域、透视收缩区域、叠掩区域和阴影区域面积分别为 1 990.53 $km^2$、1 366.05 $km^2$、429.33 $km^2$ 和 117.09 $km^2$，分别占茂县地区面积的 51%、35%、11%和 3%。

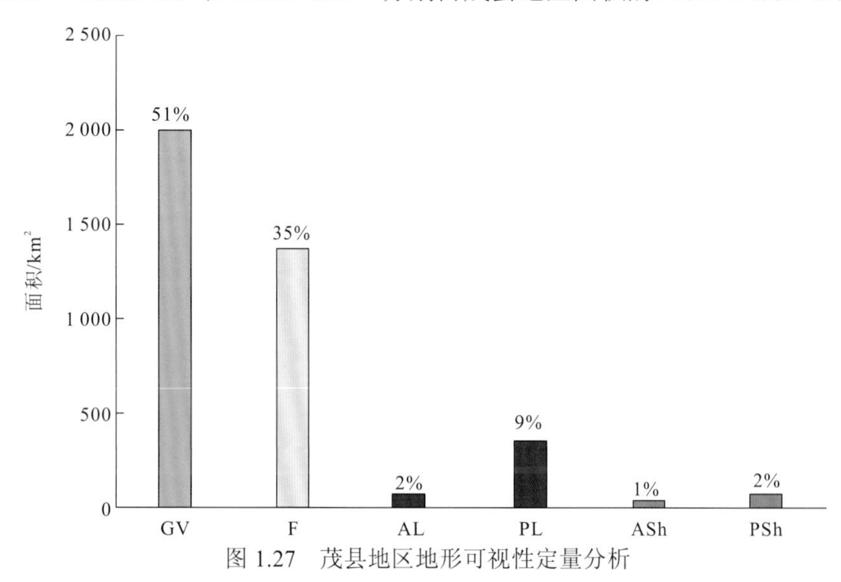


图 1.27　茂县地区地形可视性定量分析

GV 表示好可视性区域，F 表示透视收缩区域，AL 表示主动叠掩区域，PL 表示被动叠掩区域，ASh 表示主动阴影区域，PSh 表示被动阴影区域

## 2. 活动高位滑坡隐患识别

将地形可视性定量分析结果与时序InSAR技术提取的形变测量结果进行掩膜，仅保留地形好可视性区域的形变测量值和隐患识别结果。一共识别出19处高位滑坡隐患，根据历史灾害数据验证，12处为历史灾害隐患，7处为新识别的灾害隐患，如图1.28所示，其中已知滑坡为历史高位滑坡隐患，新滑坡为新识别的高位滑坡隐患。HL-3、HL-7和HL-17（HL表示高位滑坡隐患）这3处隐患的灾害微地貌特征如图1.29～图1.31所示，背景影像为谷歌地球影像。HL-3隐患为凹形坡，平均坡度为40°，地表径流冲刷剥蚀作用明显，岩土体流失严重，坡体上裂缝、冲沟发育，隐患前缘临空，前缘距坡脚地面高度为288 m，岩土体处于不稳定状态。HL-7隐患为凸形坡，后缘距坡脚地面高度为572 m，受地表径流侵蚀严重，坡体发育2条大型冲沟，前缘发育陡峭临空面，坡度达36°，监测期间岩土体变形明显。HL-17隐患为直线形坡，前缘和后缘距坡脚地面高度分别为80 m和660 m，坡体发育多条冲沟，包括大型冲沟，滑坡岩体破碎，沿道路两侧发育多处岩土体崩塌堆积，处于不稳定状态。

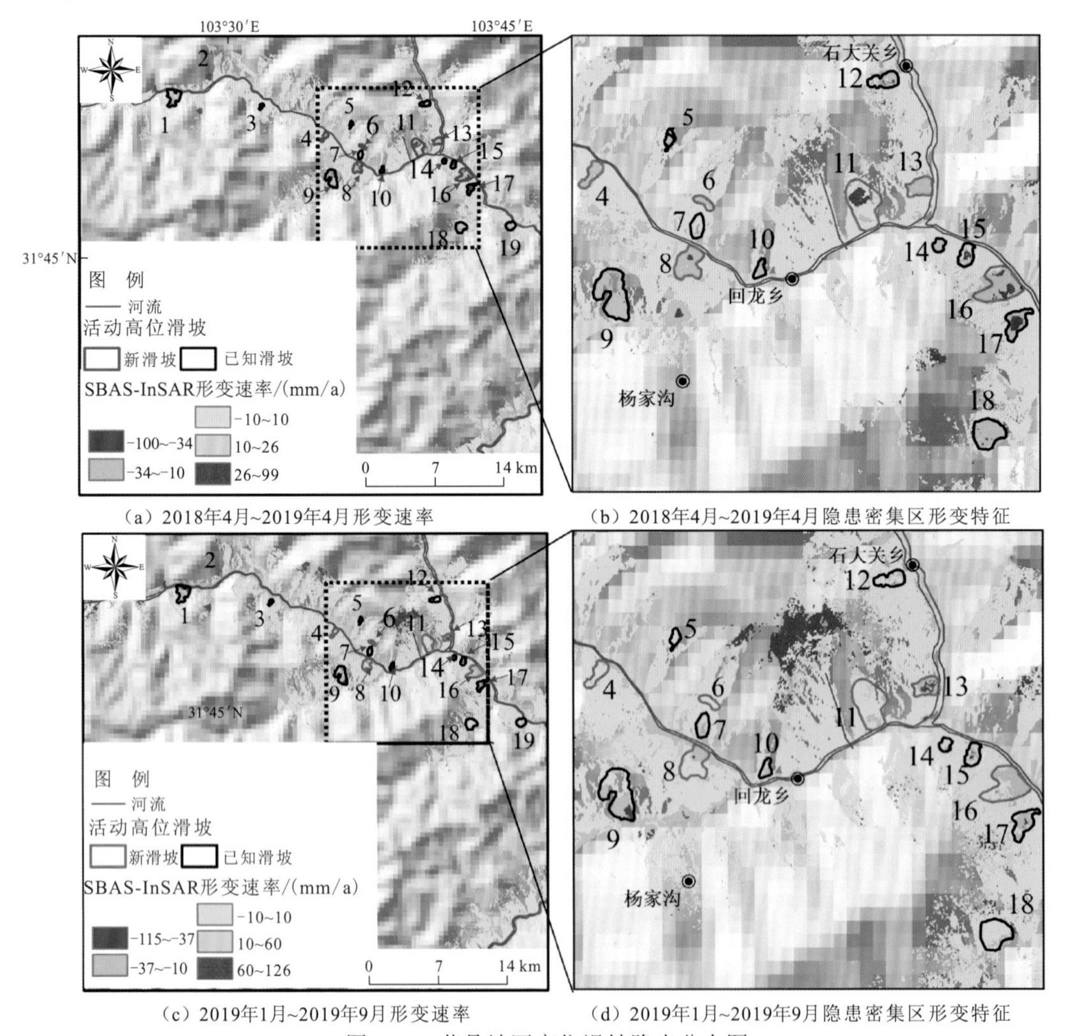


（a）2018年4月~2019年4月形变速率　（b）2018年4月~2019年4月隐患密集区形变特征

（c）2019年1月~2019年9月形变速率　（d）2019年1月~2019年9月隐患密集区形变特征

图1.28　茂县地区高位滑坡隐患分布图

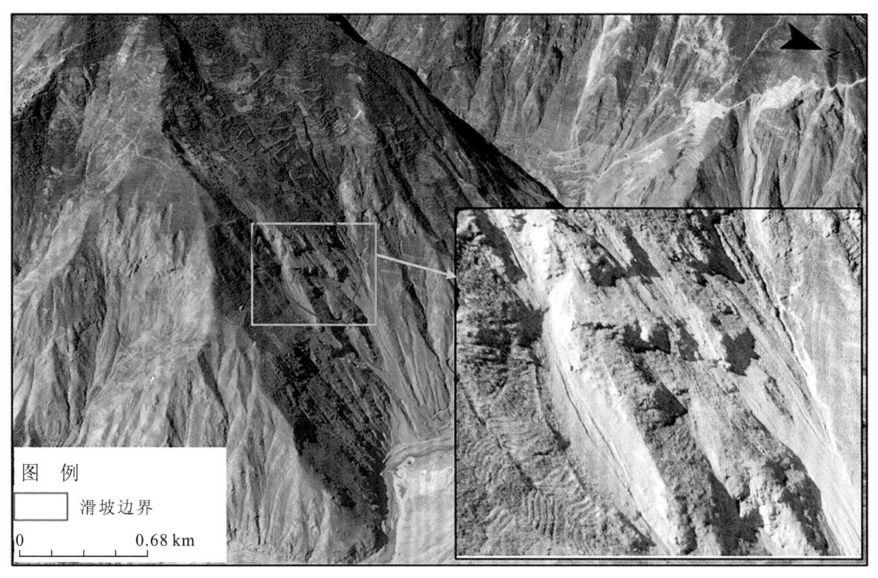

图 1.29　HL-3 隐患微地貌特征

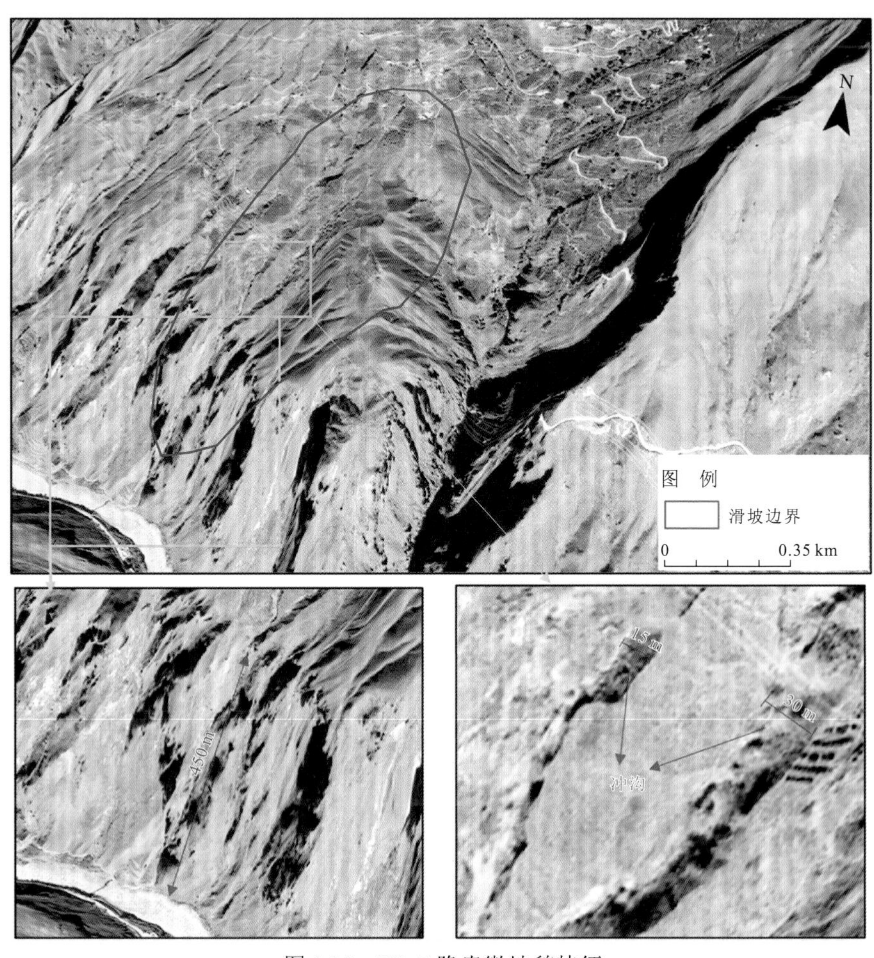

图 1.30　HL-7 隐患微地貌特征

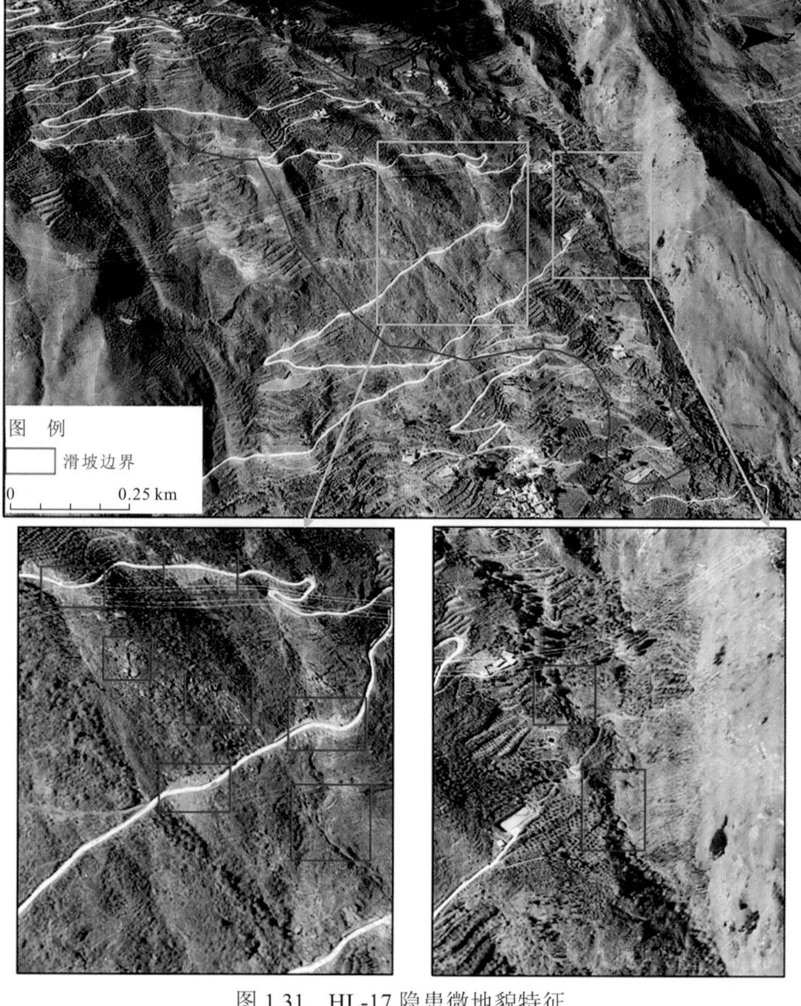


图 1.31 HL-17 隐患微地貌特征

茂县地区 19 处高位滑坡隐患发育的地质环境特征如表 1.8 所示，所有隐患的斜坡高度均大于 250 m，后缘距坡脚地面或河床高度均不低于 450 m。虽然 HL-8 和 HL-19 隐患的前缘距坡脚地面的高度分别为 9 m 和 5 m，但斜坡高度分别达 721 m 和 529 m。因此，所有隐患均具有明显的高位特征，一旦失稳，后缘岩土体物质将会远程滑移，产生大动能和高速率，导致灾难性损失和毁伤。

**表 1.8 茂县地区高位滑坡隐患发育的地质环境特征**

| 隐患序号 | 类型 | 前缘高度/m | 斜坡高度/m | 后缘高度/m | 岩性 | 距断层距离/km | 距水系距离/km | 距泉眼距离/km |
|---|---|---|---|---|---|---|---|---|
| HL-1 | 历史隐患 | 11 | 766 | 777 | M，S | 0.13 | 0.02 | 5.62 |
| HL-2 | 新隐患 | 328 | 293 | 621 | M，S | 0.91 | 0.63 | 5.81 |
| HL-3 | 历史隐患 | 288 | 493 | 781 | PSL | 4.62 | 0.56 | 0.49 |
| HL-4 | 新隐患 | 24 | 711 | 735 | PSL | 7.21 | 0.04 | 2.94 |
| HL-5 | 历史隐患 | 613 | 449 | 1 062 | PSL | 4.43 | 1.90 | 1.35 |

续表

| 隐患序号 | 类型 | 前缘高度/m | 斜坡高度/m | 后缘高度/m | 岩性 | 距断层距离/km | 距水系距离/km | 距泉眼距离/km |
|---|---|---|---|---|---|---|---|---|
| HL-6 | 新隐患 | 478 | 301 | 779 | PSL | 5.89 | 1.52 | 1.50 |
| HL-7 | 历史隐患 | 264 | 308 | 572 | PSL | 5.93 | 0.16 | 1.97 |
| HL-8 | 新隐患 | 9 | 721 | 730 | PSL | 8.64 | 0.02 | 2.92 |
| HL-9 | 历史隐患 | 14 | 966 | 980 | PSL | 10.47 | 2.21 | 5.60 |
| HL-10 | 历史隐患 | 29 | 424 | 453 | PSL | 5.94 | 0.15 | 2.60 |
| HL-11 | 新隐患 | 128 | 771 | 899 | PSL | 2.59 | 0.02 | 2.93 |
| HL-12 | 历史隐患 | 283 | 553 | 836 | PSL | 0.81 | 0.20 | 5.92 |
| HL-13 | 新隐患 | 15 | 491 | 506 | PSL | 0.44 | 0.04 | 5.42 |
| HL-14 | 历史隐患 | 186 | 264 | 450 | PSL | 2.55 | 0.20 | 5.95 |
| HL-15 | 历史隐患 | 31 | 460 | 491 | PSL | 2.91 | 0.02 | 7.68 |
| HL-16 | 新隐患 | 13 | 736 | 749 | PSL | 4.70 | 0.05 | 8.83 |
| HL-17 | 历史隐患 | 80 | 580 | 660 | PSL | 5.67 | 0.19 | 8.92 |
| HL-18 | 历史隐患 | 113 | 568 | 681 | PSL | 5.63 | 2.91 | 5.07 |
| HL-19 | 历史隐患 | 5 | 529 | 534 | PSL | 1.19 | 0.04 | 8.28 |

注：HL 表示高位滑坡隐患，M 表示变质砂岩，S 表示板岩，PSL 表示千枚岩夹砂岩与灰岩

识别的 19 处高位滑坡隐患主要具有 4 个分布特征，如图 1.32 所示。

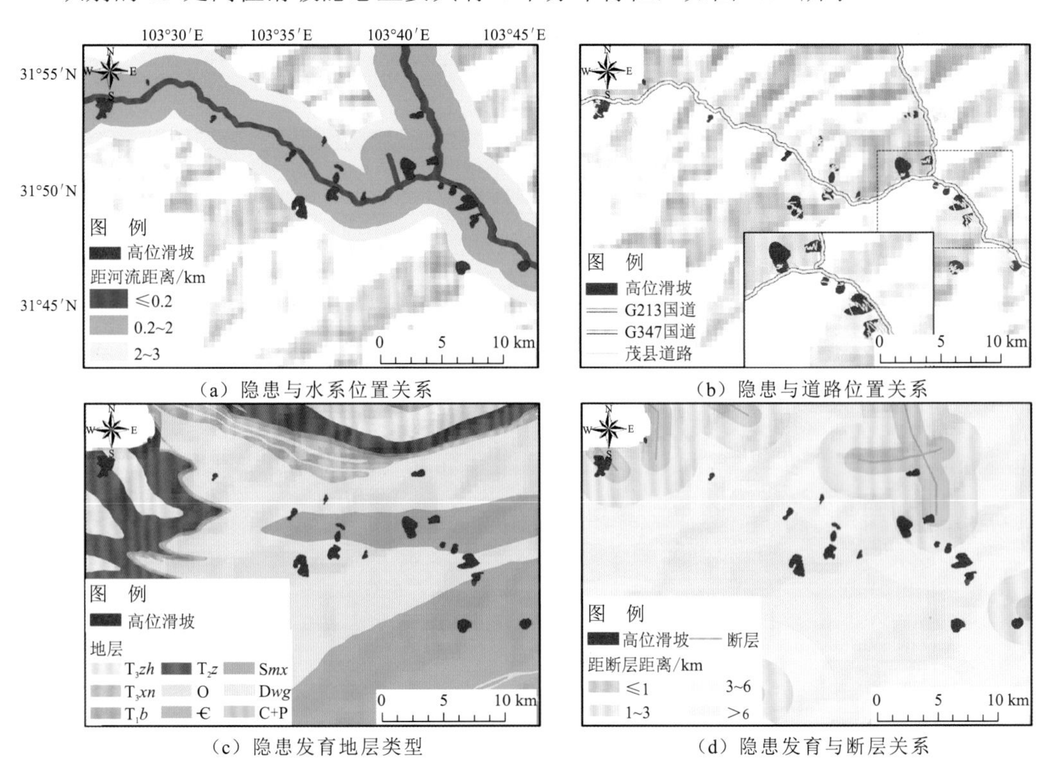


(a) 隐患与水系位置关系

(b) 隐患与道路位置关系

(c) 隐患发育地层类型

(d) 隐患发育与断层关系

图 1.32 茂县地区高位滑坡隐患分布特征

（1）隐患主要分布于黑水河和岷江两岸，其中 13 处隐患发育于距水系 200 m 以内区域，因此河流的冲刷和剥蚀是高位滑坡隐患发育的重要地质环境控制因素。

（2）绝大部分隐患在 G213 国道或 G347 国道沿线或邻近区域发育，大部分隐患滑坡体上修建了村道，甚至村道密集蜿蜒分布于有些隐患的斜坡体上。因此，人类工程活动，特别是道路修建对隐患运动形变起到了重要的诱发作用。

（3）19 处隐患发育于泥盆系危关群（D*wg*）、志留系茂县群（S*mx*）或中三叠统杂谷脑组（$T_2z$），这些地层的岩性主要为绢云千枚岩、碳质千枚岩、砂质千枚岩、千枚岩夹砂岩、石英砂岩。千枚岩与砂岩为软质岩，遇水易软化和泥化，工程地质稳定性差（刘泽 等，2019）。因此，软弱岩层是高位滑坡隐患发育的先决地质条件。

（4）16 处隐患发生于距断层 6 km 以内区域，其中 8 处位于距断层 3 km 以内区域。因此，地震和断层构造导致岩体破碎和岩体深部节理裂隙发育，为高位滑坡隐患发育创造了有利的地质条件。

茂县地区梯子槽滑坡安装了 5 处 GNSS 地面监测传感器，将 PS-InSAR 技术提取的形变位移与 GNSS 监测的形变位移进行比较，验证 PS-InSAR 提取形变特征的可靠性，如图 1.33 所示。时序 InSAR 技术提取的位移测量值与 GNSS 监测的位移值具有很好的一致性，5 处监测点中最小均方根误差（root mean square error，RMSE）值为 6.68 mm，最大 RMSE 值为 10.1 mm，5 处监测点的决定系数 $R^2$ 均大于 0.96，最大 $R^2$ 达 0.99。

### 3. 新发现的高位滑坡隐患示例

HL-16 隐患是一处新发现的大型高位滑坡隐患，位于沟口镇岷江西岸，变形区域面积达1.46 km$^2$，滑坡体上人类工程活动频繁，包括修建蜿蜒盘旋的道路和散落分布的房屋建

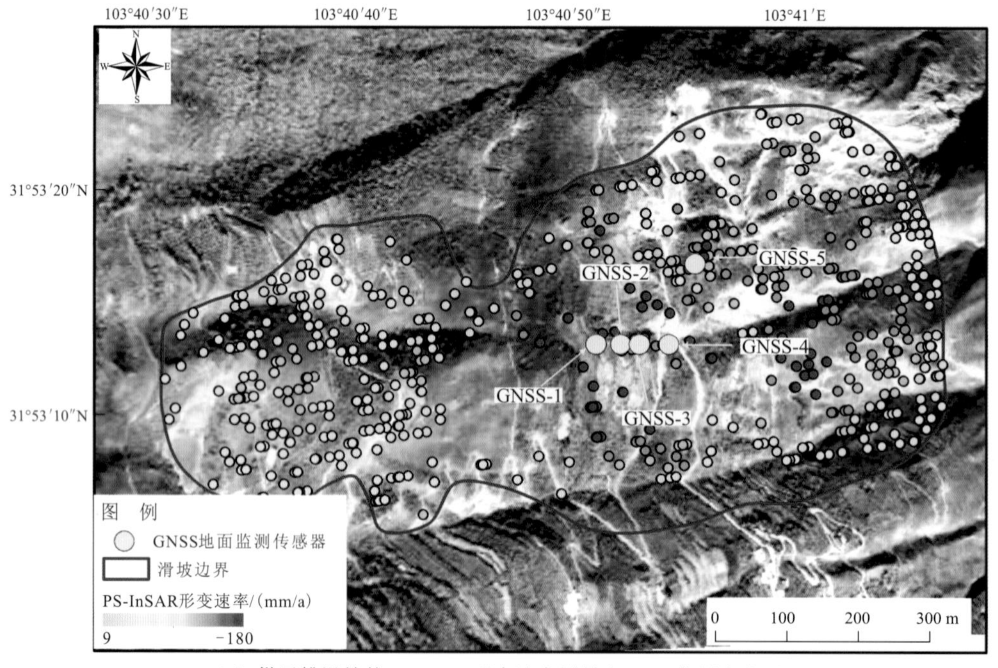


（a）梯子槽滑坡的PS-InSAR形变速率测量和GNSS监测点位置

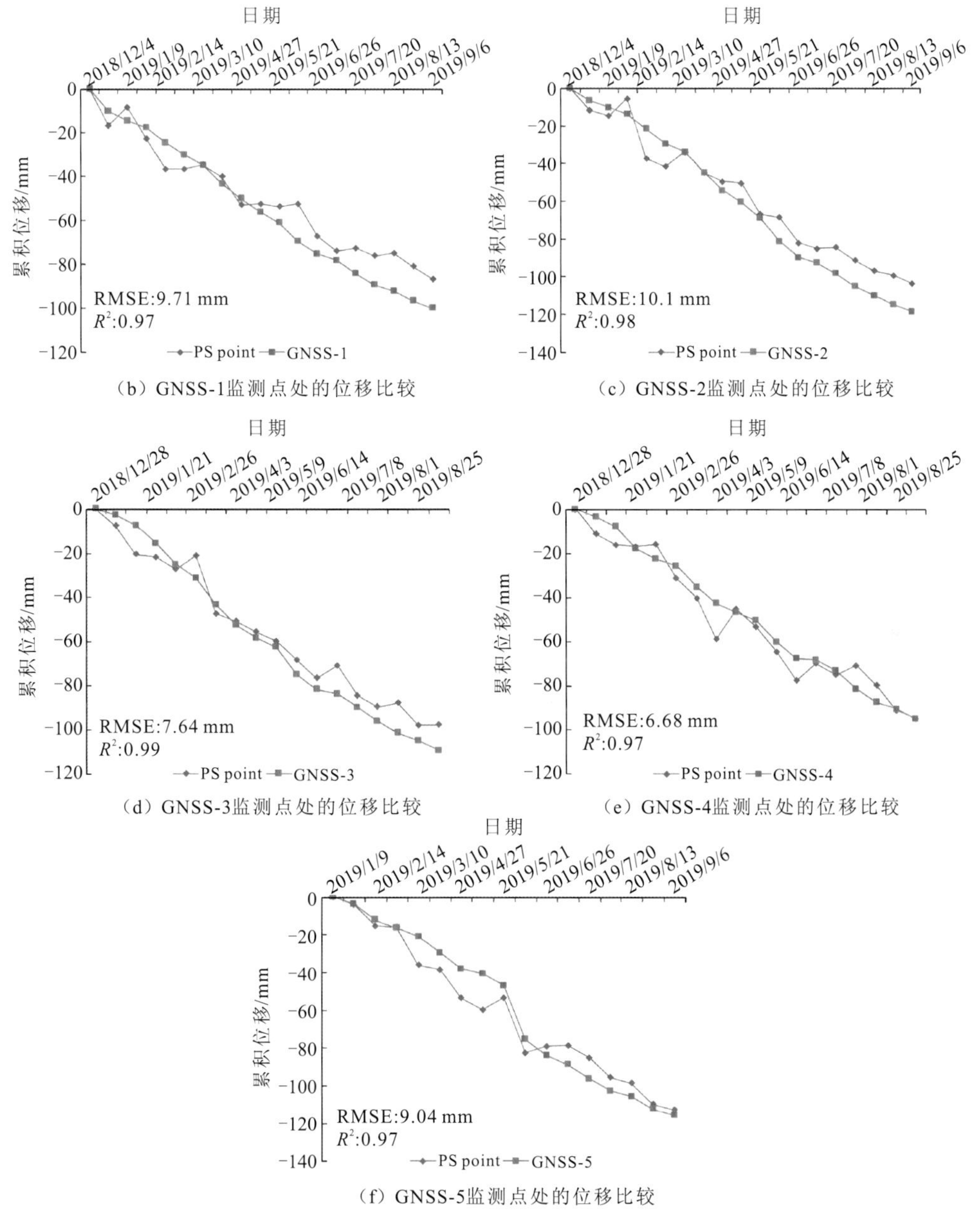


（b）GNSS-1监测点处的位移比较

（c）GNSS-2监测点处的位移比较

（d）GNSS-3监测点处的位移比较

（e）GNSS-4监测点处的位移比较

（f）GNSS-5监测点处的位移比较

图 1.33　PS-InSAR 形变量与 GNSS 形变量比较

PS point 表示永久散射体点

筑。该隐患一旦失稳将危及坡体上的房屋和居民，以及坡脚的 G347 国道和过往车辆，同时可能形成涌浪次生灾害危及岷江对岸的房屋和居民。HL-16 隐患规模巨大，并对人民生命财产与重要线性工程造成严重威胁，将其选为案例，分析其形变特征和形变模式。

HL-16 隐患的前缘高度、斜坡高度和后缘高度分别为 13 m、736 m 和 749 m，形变区域可划分为上部（Zone I）和下部（Zone II）两个区域，如图 1.34（a）所示。上部形变区域斜坡较陡峭，平均坡度约为 31°，下部区域为人类工程活动频繁区域，削坡建房和削坡修路现象较显著，道路网较密集。下部区域在监测期间的累积位移总体上超过

-30 mm，明显形变区域的面积和形变位移均超过上部区域，因此该隐患运动模式为牵引形变。下部区域在重力作用下向斜坡下方运动，导致上部区域岩土体卸荷，牵拉上部区域一起向下运移。此外，下部区域包括 2 处明显形变子区域，如图 1.34（b）所示，背景影像为谷歌地球影像，在 2 处子区域的中部均出现了最大形变量，形变位移达-65 mm。然而，在下部区域的坡脚处，形变位移低于-30 mm，因此下部区域形变模式为推挤运动。以子区域②为例，由于频繁的人类工程活动，密集修建的道路网，居民房屋对坡顶重力加载，对斜坡体上岩土体稳定性造成破坏，斜坡中后部开始出现明显形变，推挤斜坡下方岩土体运移，形成了推挤形变模式。

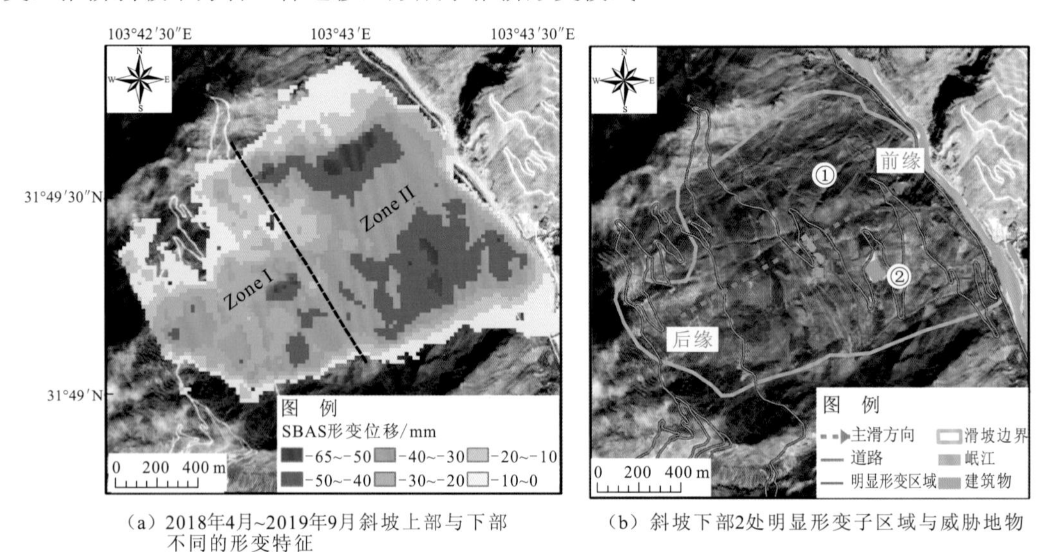


（a）2018年4月~2019年9月斜坡上部与下部不同的形变特征　（b）斜坡下部2处明显形变子区域与威胁地物

图 1.34　HL-16 隐患的形变破坏模式和威胁的人类工程设施

## 1.4.6　茂县地区高位滑坡隐患孕灾与致灾特征

高位滑坡隐患发育是由地质环境因素控制和致灾因素诱发的。地质环境因素的控制作用如图 1.35 所示，每处隐患的地质环境控制因素特征如表 1.8 所示。

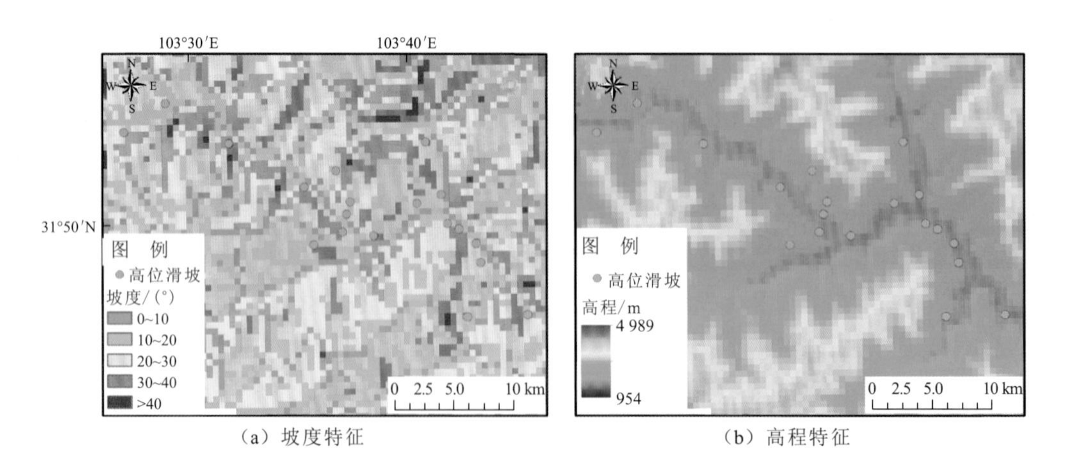


（a）坡度特征　（b）高程特征

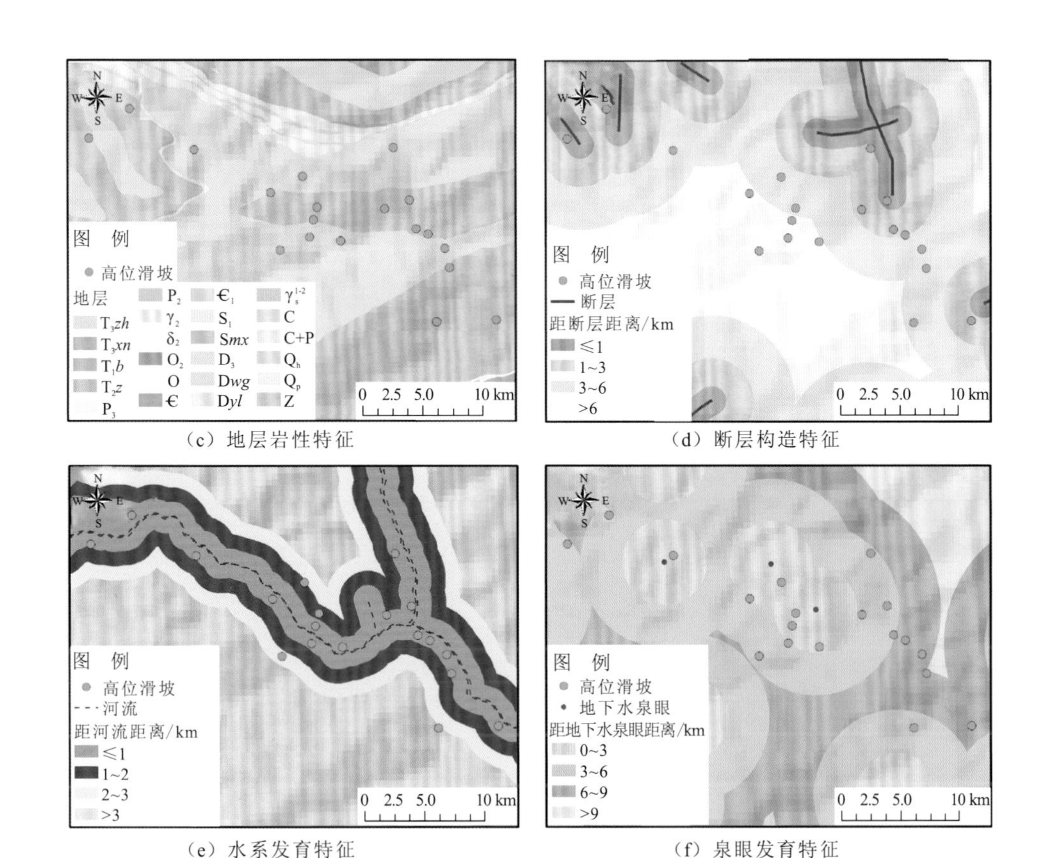

（c）地层岩性特征 （d）断层构造特征

（e）水系发育特征 （f）泉眼发育特征

图 1.35 茂县地区高位滑坡隐患的地质环境特征

（1）地形因素：高程表明隐患的位置，坡度反映滑坡体的陡峭程度和临空面的发育程度。海拔高、斜坡高度大且地形陡峭，滑坡隐患的重力势能就大（王得双 等，2018），越有利于高位滑坡隐患的发育。

（2）岩性因素：茂县的工程岩组主要为软质岩、软硬相间互层，为典型的易滑地层。软质岩和软硬相间岩层的抗剪强度低，在构造运动、河水冲刷侵蚀和风化作用下，容易发育软弱夹层，产生软弱滑面（刘泽 等，2019），从而孕育高位滑坡隐患。

（3）断层构造因素：越靠近断层，岩体越破碎，岩体深部节理裂隙越发育，从而斜坡稳定性越差，在外力作用下越容易变形运动（Zhou et al.，2020；Tatard et al.，2010）。

（4）水系发育因素：河流的冲刷和下切作用改变坡脚形状，产生临空面，同时使临空面逐渐变陡峭（林荣福 等，2020；Kohv et al.，2009）。此外河水入渗坡体形成地下水，浸泡软化岩土体，随着地下水位的变化，产生动水压力（Kohv et al.，2009；Yalcinkaya et al.，2003），当斜坡内的地下水位高于河流水位时，形成向坡体外的水力梯度，破坏坡脚应力平衡和稳定性。

（5）地下水排出口（泉眼）分布因素：泉眼位置反映地下水的空间流动特征和地下水的排泄路径（严东东 等，2019；严旭德，2015）。泉眼附近的岩土体物质与地下水密切接触，在长期的水渗入作用下，含水量高，甚至处于饱水状态。在水动力作用下，软弱岩层进一步软化，岩体物质抗剪强度逐渐降低（严东东 等，2019），导致高位斜坡失稳运动，形成高位滑坡隐患。

茂县高位滑坡隐患发育主要有 3 类致灾因素：降雨、地震和人类工程活动（道路修建），如图 1.36 所示。

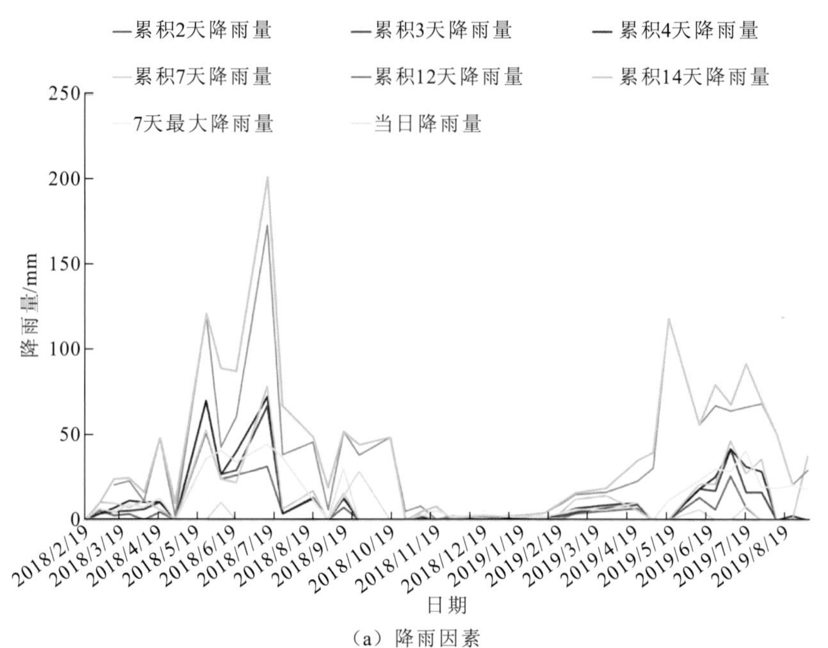


（a）降雨因素

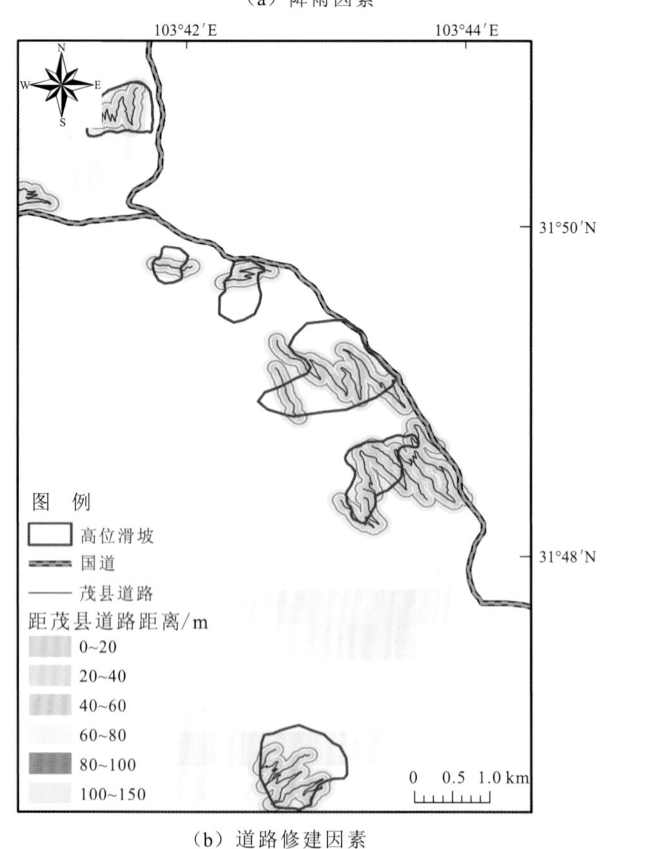


（b）道路修建因素

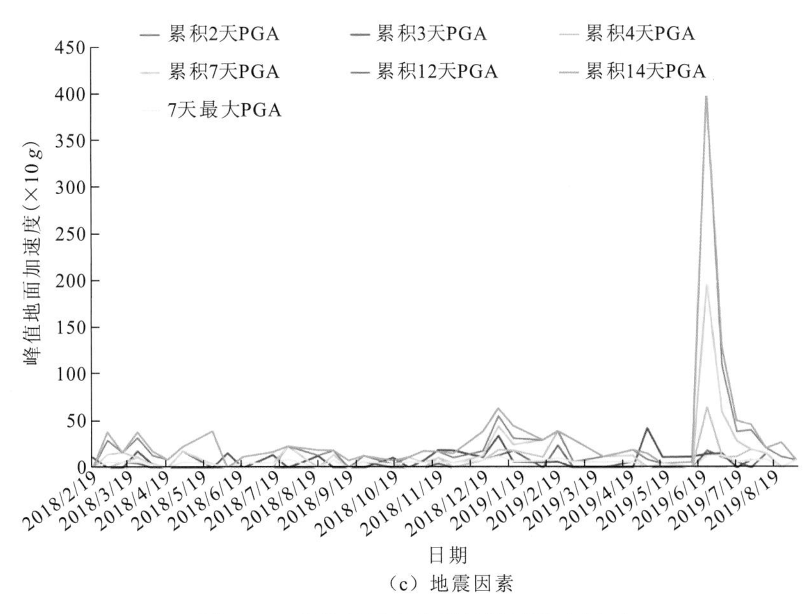

（c）地震因素

图 1.36　茂县地区高位滑坡隐患致灾因素

（1）降雨因素：茂县降雨具有明显的季节性特征，主要集中于 5～10 月，因此降雨作用下，17 处高位滑坡隐患在雨季出现形变加剧的特征。

（2）道路修建因素：道路网蜿蜒盘绕在大部分高位滑坡隐患坡体上，削坡修路破坏了岩土体的应力平衡和稳定性，诱发了岩土体物质运移，形成高位滑坡隐患。

（3）地震因素：2019 年 6 月多次 $M_S$ 3.0 以上的小型地震发生在茂县周边的宜宾市，因此累积 PGA 在 6 月出现了明显峰值，导致 9 处隐患在 6 月形变增强。

### 1. 地震诱发的高位滑坡隐患

地震诱发的高位滑坡隐患通常位于陡峭山坡上，陡峭地形和高海拔对地震波具有放大效应（Zhao et al.，2018a；Wang et al.，2011；Lee et al.，2010），地震过程中，高位陡峭斜坡的岩土体物质更容易破碎和松动，从而发育高位滑坡隐患。识别的 19 处高位滑坡隐患中，HL-2 和 HL-3 为地震诱发的隐患，前缘高度分别为 328 m 和 288 m，平均坡度分别为 38° 和 40°，具有明显的高位陡峭发育特征。

以 HL-3 隐患为例说明地震诱发隐患的形变特征和致灾机制，其地质环境和形变特征如图 1.37 所示，底图为谷歌地球影像。HL-3 隐患位于黑水河南岸，距离断层约 4.62 km，距离黑水河约 0.56 km，G347 国道从坡脚穿过。平均坡度、前缘高度、斜坡高度分别为 40°、288 m 和 493 m，重力势能大。HL-3 隐患发生在泥盆系危关群（D*wg*）地层，岩性主要为千枚岩夹灰岩与砂岩为主，为软硬相间岩层。HL-3 隐患邻近区域 490 m 处发育有 1 处泉眼，根据地质图，该泉眼最大径流模数达 10 L/s·km$^2$，该斜坡岩体富含基岩裂隙水，具有良好的供水和储水条件。在地下水渗流和排泄过程中，岩体与地下水发生了密切的物理和化学作用，化学和物理作用转换成了力学作用（邓华峰，2010），促使斜坡体物质变形运移。滑坡体中下部区域受到严重的风化和地表径流侵蚀，松散的岩体物质为地表水和地下水的入渗提供了有利的前提条件。

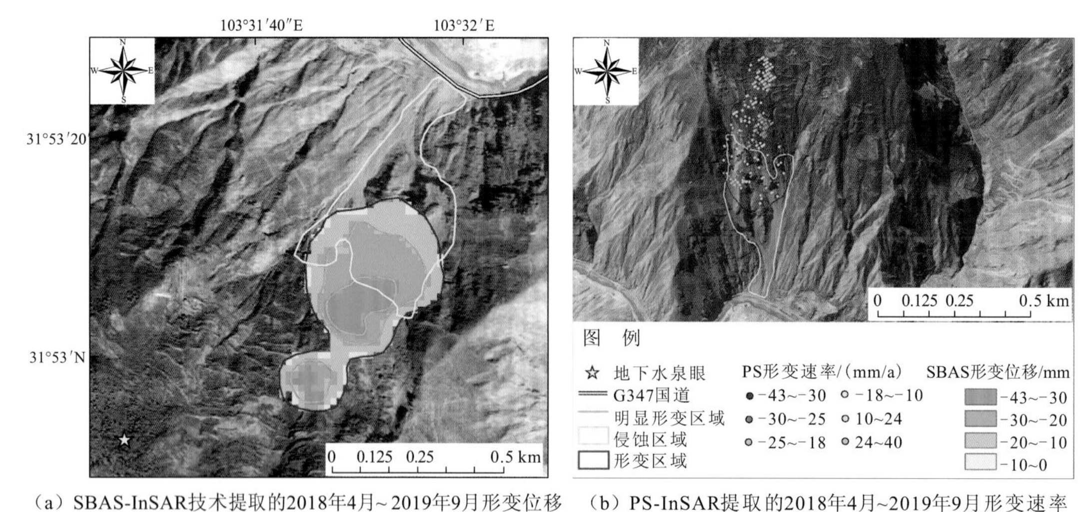


（a）SBAS-InSAR技术提取的2018年4月~2019年9月形变位移　（b）PS-InSAR提取的2018年4月~2019年9月形变速率

图 1.37　地震诱发高位滑坡隐患 HL-3 的地质环境和形变特征

HL-3 隐患明显形变区域的最大形变位移达-43 mm，位于滑坡的中部区域，大部分滑坡区域形变位移超过-20 mm，呈现明显形变特征。隐患形变速率与地震作用的关系如图 1.38 所示，形变速率与 PGA 均规范化到 0～1。地震发生后 48 天的 7 天累积 PGA 与 HL-3 隐患的形变速率变化具有良好的同步性。地震作用的滞后性是由于地震对斜坡稳定性的影响存在长期累积效应。在多次地震累积的震动作用下，岩体变得松动和破碎，后期地表水入渗和地下水位的波动逐渐促使岩体失稳和形变，发育成滑坡隐患。2018 年 4～12 月，地震事件较少，HL-3 隐患的形变速率也较小；2019 年 1 月后，地震频率和数量增加，HL-3 隐患的形变速率也明显增加。由于该隐患靠近泉眼发育，含丰富的基岩裂隙水，其形变是地震和地下水侵蚀共同作用的结果。

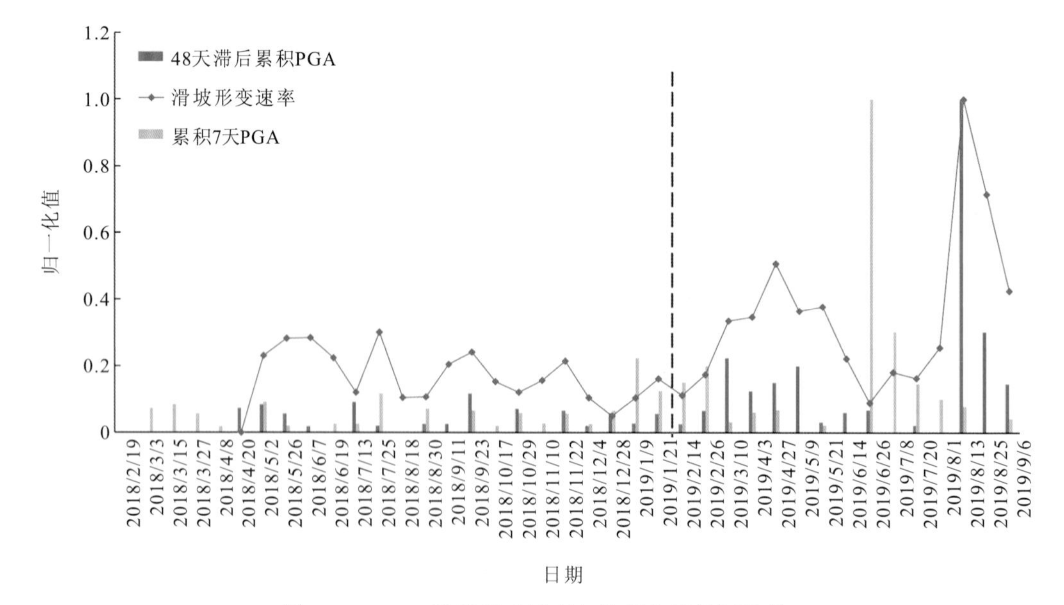


图 1.38　HL-3 隐患运动形变与地震作用的同步性

总之，HL-3 隐患在地下水和地震共同作用下运动形变。其位于高海拔陡峭山坡上，特殊地形放大了地震波的反射和散射作用（Lee et al.，2010），在多次地震累积作用下，岩体逐渐变得松动和破碎，黏聚力减小。风化作用和地表径流的冲刷侵蚀加剧了斜坡表面岩体的破碎，裂缝、冲沟发育，地表径流从岩体裂缝入渗，以及地下水的排泄和渗入，使岩体中形成了丰富的基岩裂隙水。地下水软化岩体，增加滑体物质容重和孔隙水压力，降低了岩体物质的抗滑能力和斜坡的稳定性。当岩体内部与水的力学、物理和化学作用破坏了应力平衡（邓华峰，2010），斜坡开始运动变形，从而发育了 HL-3 高位滑坡隐患。

### 2. 降雨诱发的高位滑坡隐患

19 处高位滑坡隐患中有 17 处隐患由降雨诱发，降雨与人类工程活动联合诱发，降雨与地震耦合诱发，或者降雨、地震与人类工程活动共同诱发。这些隐患的基岩主要为千枚岩，在降雨冲刷和入渗作用下，发生软化泥化（孔祥菊，2011），产生形变。

以 HL-7 隐患为例说明降雨诱发高位滑坡隐患的形变特征与致灾机制，其地质环境特征和形变特征如图 1.39 所示，底图为谷歌地球影像。HL-7 隐患位于黑水河北岸，覆盖面积为 0.53 km$^2$，前缘高度、斜坡高度、后缘高度、平均坡度分别为 264 m、308 m、572 m 和 28°。该隐患微地貌特征如图 1.30 所示，前缘发育陡峭临空面，坡度为 36°，临空面坡面长度约为 450 m。坡面受地表径流冲刷剥蚀严重，风化作用明显，冲沟和裂缝发育，在隐患中心区域发育有 2 条长大冲沟，一条冲沟长 165 m，最大宽度达 60 m，另一条冲沟长 136 m，最大宽度达 30 m。HL-7 隐患发育于志留系茂县群（S*mx*），岩性主要为千枚岩夹灰岩与砂岩，岩性结构软弱，遇水易软化变形。

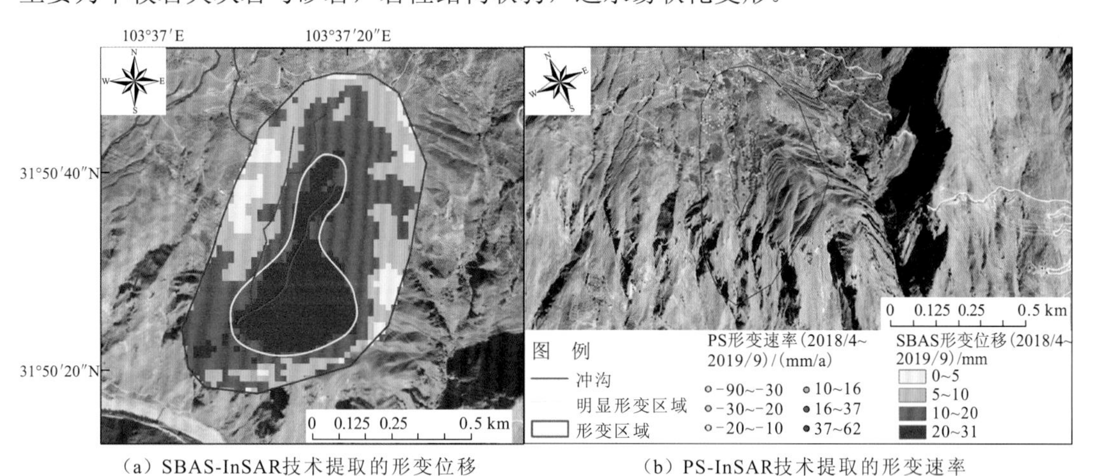

（a）SBAS-InSAR技术提取的形变位移　　（b）PS-InSAR技术提取的形变速率

图 1.39　HL-7 隐患地质环境特征与形变特征

HL-7 隐患形变主要集中于冲沟发育的区域，最大形变位移达 31 mm。图 1.40 展示了 HL-7 隐患形变速率与降雨量变化的密切关联，该隐患形变速率与降雨事件后 48 天的 14 天累积降雨量的变化具有同步性。图 1.40 中形变速率与累积降雨量均归一化到 0～1。降雨作用的滞后性来源于降雨入渗岩体和软化千枚岩需要一定时间周期。千枚岩具有较高的颗粒密度和弱透水性（李嘉鑫，2015；毛雪松 等，2011），因此降雨渗透速率较慢。

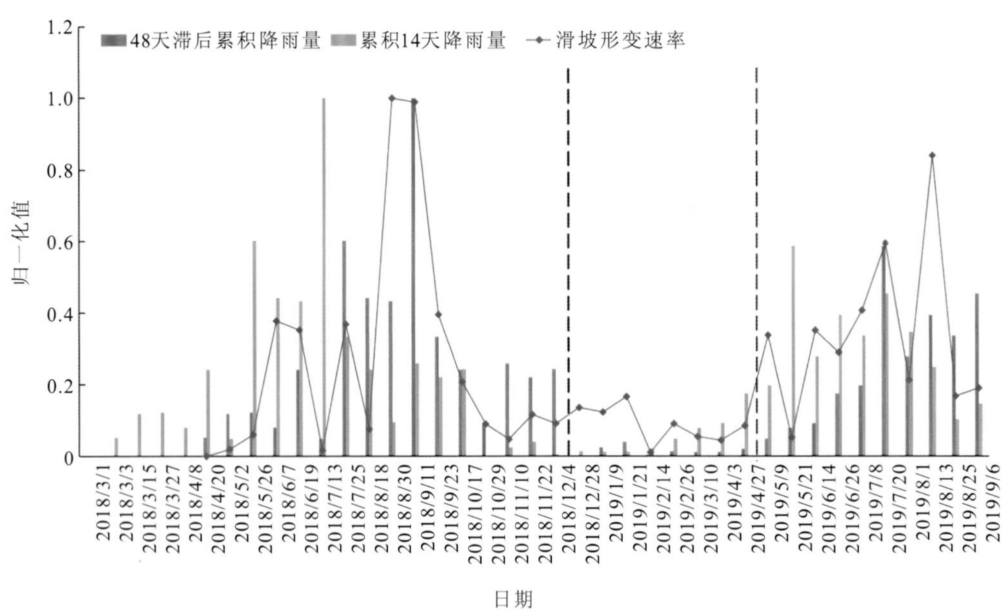

图 1.40　HL-7 隐患形变速率与降雨量变化的同步性

总之，HL-7 高位滑坡隐患的形变失稳与降雨作用密切相关。由于风化作用和雨水的冲刷侵蚀，坡面发育多条长大冲沟和裂缝。雨水从裂缝入渗基岩，千枚岩缓慢吸水饱和，滑体物质容重增加，岩体抗剪强度下降，产生滑动面，入渗雨水和地下水对滑面进一步润滑，岩土体失稳形变。当旱季来临，岩土体中含水量减少，达到新的应力平衡，岩土体形变减少，滑体恢复基本稳定。

### 3. 人类工程活动诱发的高位滑坡隐患

7 处高位滑坡隐患主要由人类工程活动诱发，同时也受到地震和（或）降雨的共同作用，人类工程活动主要体现为削坡修路。这些隐患的岩性主要为千枚岩夹灰岩与砂岩，前缘高度差异显著，最小为 9 m，最大为 613 m，前缘发育高度与人类工程活动的分布位置相关。

以 HL-17 隐患为例展示人类工程活动诱发高位滑坡隐患的形变规律和致灾机制，其地质环境特征与形变特征如图 1.41 所示，底图为谷歌地球影像。HL-17 隐患发育于岷江西岸，平均坡度为 25°，前缘高度、斜坡高度与后缘高度分别为 80 m、580 m 和 660 m，重力势能大。岷江与 G213 国道从坡脚穿过，斜坡体上修建了密集的道路网，滑体范围内乡道总长度达 38.18 km，沿道路两侧岩体破碎，多处位置发生崩塌。此外，坡面雨水冲刷侵蚀严重，冲沟发育，岩性为志留系茂县群千枚岩，在降雨作用下变形明显，因此该隐患由人类工程活动和降雨共同诱发。

HL-17 隐患明显形变区域面积达 52 800 $m^2$，形变位移超−60 mm，位于道路网的区域形变最明显，最大位移达−80 mm。该隐患变形与道路修建的关系如图 1.42 所示，可见明显形变区域的面积与距道路距离具有强线性相关性，即距道路最近的区域，形变越明显，距道路越远的区域，形变减缓。此外，HL-17 隐患形变与降雨量的关系如图 1.43 所示，其中降雨量与形变速率均归一化到 0～1。该隐患形变速率与降雨后 48 天的 14 天累

(a) SBAS-InSAR技术提取的形变位移　　(b) PS-InSAR技术提取的形变速率

图 1.41　HL-17 隐患地质环境特征与形变特征

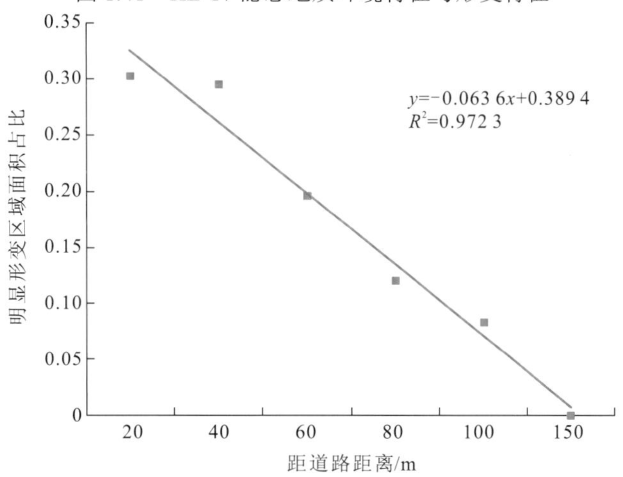


图 1.42　道路修建对 HL-17 隐患形变的致灾作用

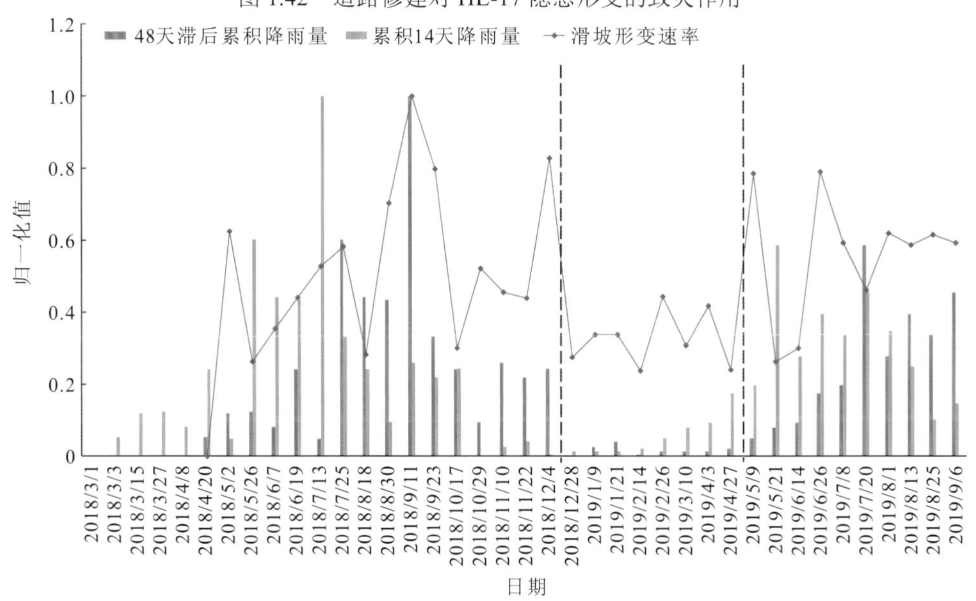


图 1.43　HL-17 隐患形变与降雨量变化的同步性

积降雨量的变化具有同步性，雨季形变加剧，旱季形变减缓，雨季形变是由降雨和人类工程活动共同致灾诱发的，旱季的缓慢蠕滑与道路修建对坡体破坏的持续影响有关。因此，削坡修路诱发了 HL-17 隐患的连续形变，雨季降雨进一步加剧了形变运动。

总之，HL-17 高位滑坡隐患形变运动是由人类工程活动与降雨共同作用诱发的。斜坡体上密集的道路修建破坏了岩体的完整性，岩体应力平衡破坏，发生破碎坍塌，坡脚岩土体卸荷，HL-17 隐患发生形变位移。降雨从破碎的节理面入渗，软化千枚岩，增加坡体自重，坡面在降雨冲刷剥蚀作用下，冲沟发育，进一步降低了岩体的稳定性。在雨水浸泡和地下水波动作用下，HL-17 隐患形成软弱滑面，岩体摩擦力减小，抗剪强度降低，形变加剧。

# 第 2 章　城镇地区危险人工边坡自动识别

随着城镇化进程的加快，人们削坡建房、削坡修路，产生了大量高陡人工边坡。这些边坡岩土体结构完整性被破坏，稳定性差，在降雨、地震、冰雪冻融、坡顶工程建设加载等外力作用下，易变形失稳，演化成滑坡、崩塌、泥石流等地质灾害，严重阻碍城镇智慧化建设和社会经济可持续发展。因此，危险人工边坡作为城镇地区发育的独特重要的地质灾害类型之一，亟须对其开展早期识别，从而实现及时有效的防治，从源头上降低地质灾害的风险，规避灾害的巨大损失，并且为指导人类工程活动进程和城镇化发展提供关键科学依据。

山地城镇地域广阔，山路崎岖难行，人工边坡众多，野外地质调查费时费力，经济成本高，难以查清查全。此外，大部分城镇区域植被茂密，目前应用于大尺度区域隐患识别的 InSAR 技术容易失相干，不能准确提取边坡隐患，从而难以在大部分城镇区域推广应用。因此亟须研究在广袤城镇地区自动识别众多微小人工边坡的普适性方法，从而及时发现威胁人民生命财产和重要基础设施的危险人工边坡。本章提出一种耦合变化检测和深度学习的危险人工边坡自动识别方法，成功应用于河北涉县、邢台、宽城地区，介绍研制的危险人工边坡自动识别软件系统，揭示危险边坡发育特征和成因。本章研究工作为植被茂密、地形陡峭的广大城镇地区的危险人工边坡自动识别提供了新思路。

## 2.1　河北省三地区工程地质特征

危险人工边坡指山体开挖或工程弃渣堆积形成的人工边坡，且威胁人民生命财产安全或重要基础设施运营。对河北省地质灾害发育的涉县、邢台和宽城三个广袤城镇地区开展危险人工边坡自动识别。涉县地区和邢台地区位于太行山东麓，宽城地区位于燕山山脉东段，三个地区山地丘陵发育。

### 2.1.1　涉县地区工程地质特征

涉县地区出露地层从老到新包括太古宇和新元古界震旦系。太古宇为灰黑、黑色片麻岩，为结晶结构，与上覆岩层呈不整合接触。矿物成分主要为黑云母、角闪石和斜长石。该古老地层出露面积小，仅出露于张家庄村北。新元古界震旦系包括串岭沟组和常州沟组。串岭沟组由肉红、紫红与白色石英砂岩，灰绿与黄绿页岩组成，发育粒屑结构，岩石构造包括细块状和层理状构造，矿物成分主要包括高岭石、石英、长石、云母等。常州沟组岩性主要为浅肉红、紫红铁质石英砂岩、长石石英砂岩、黄绿色砂质页岩，为粒屑结构，呈层状、块状构造，矿物成分主要包括长石、石英等。

涉县地区地质构造为华夏构造体系，地质构造运动活跃，主要包括长亭至土木河断裂、圣寺驼断裂群、符山环状断裂构造、涉县断裂。长亭至土木河断裂近南北走向，为正断层，长度逾 20 km，倾角为 70°～85°。圣寺驼断裂群包括 6 条近东北走向的正断层，长度为 6～8 km 不等，以向西倾斜为主。符山环状断裂构造为系列弧形断裂构造，面积达 138 $km^2$。涉县断裂为断层面倾向西北的正断层，其中部被东西向断裂错断（刘红耀 等，2019）。涉县断裂长约 40 km，倾角为 65°～85°，破碎带宽度超 200 m，在清漳河附近发育有大规模基岩破碎带、断层崖、断裂沟谷（周月玲 等，2020）。

涉县为全山区县，太行山脉在研究区内盘亘，海拔为 203～1 562.9 m，平均海拔约 1 000 m，地势西北高东南低。西北区域山高沟深，沟谷与河流纵横分布，梯状山峰海拔多超过 1 000 m。东南区域主要为荒山秃岭，分布 V 形峡谷，为低山区域，山峰海拔主要在 500～1 000 m。清漳河谷地自西北向东南贯穿涉县地区，地区中部为黄土岗地，海拔为 500～700 m，为断陷盆地。

涉县地区水系发育，主要横亘 3 大河流：清漳河、浊漳河与漳河，3 条河流在境内全长分别为 61 km、21 km 和 31 km。地下水丰富，储水量约 1 亿 $m^3$，主要为大气降水补给，主要包括 3 类地下水类型：岩溶裂隙水、闪长岩体基岩风化裂隙水、第四系河床河漫滩卵砾层孔隙水。涉县地区为暖温带半湿润大陆性季风气候，年均降雨量约为 540.5 mm，降雨主要集中在 7 月和 8 月（刘红耀 等，2019）。

根据《邯郸市地质灾害防治规划（2005—2020 年）》，采矿活动与地下水开采引发地质灾害现象突出。矿山固体废弃物堆放易人工诱发地质灾害隐患，滑坡、崩塌、泥石流等突发性灾害威胁或危害邯长铁路、G309 国道和 G234 国道等重要线性工程。此外，根据《涉县 2020 年地质灾害防治方案》，山区道路交通建设（如太行山高速等新修建的交通干线沿线）、水利基础设施建设、城镇建设、农村农民建房等工程建设过程中的不当开挖、填方，易诱发地质灾害隐患。

### 2.1.2　邢台地区工程地质特征

邢台地区地层从老到新主要包括新太古界赞皇群（Ar）、中元古界长城系（Ch）、下古生界寒武系（Є）与奥陶系（O）、上古生界石炭系（C）与二叠系（P）、新生界古近系（E）、新近系（N）与第四系（Q）（李磊，2013）。岩性主要包括片麻岩岩组、石英砂岩岩组、页岩岩组、碳酸盐岩岩组、松散岩岩组。其中，片麻岩岩组发育片麻理、片理，风化严重，节理裂隙发育，是发育滑坡和泥石流的主要工程岩组。此外，松散岩岩组以冲洪积物和残坡积物为主，结构松散，地面水入渗后易吸水饱和，稳定性差，也是孕育滑坡和泥石流灾害的工程岩组类型（刘玉平 等，2006）。

邢台地区位于环太平洋地震构造带，隶属华北地震区，地震频繁，断裂构造发育，纵横交错分布，主要包括邢台—安阳断裂、沧州—大名深断裂、百尺口断裂、明化镇断裂、威县断裂、隆尧断裂、巨鹿断裂、南宫断裂、大营断裂、石关断裂等（李磊，

2013）。在地质构造影响带内，断裂面与构造裂隙面发育，岩体破碎、易风化（刘玉平 等，2006）。

邢台地区地形起伏大，西部、中部和东部分别为太行山区、丘陵和华北平原，地貌复杂多样，地貌自西向东包括中山区、低山区、丘陵区、山前倾斜平原区。其中，中山区海拔在 1 000～1 822 m，山势陡峭，陡崖、峭壁发育，沟谷切割强烈，切割深度达 400～600 m，谷坡坡度为 35°～70°，中山区为滑坡、崩塌、泥石流的高发区。低山区海拔通常在 500 m 以上，区内新构造运动强烈，主要岩性为片麻岩、片岩、板岩、大理岩等各类变质岩，变质岩易风化形成风化壳，沟谷发育有第四系松散堆积物，该区为地质灾害的易发区（刘玉平 等，2008，2006）。

邢台地区属暖温带亚湿润季风气候，全年 75%～80%的降雨集中在 6～9 月。邢台地区河流发育，除卫运河外，其他河流均属于海河流域黑龙港和子牙河两大水系。水文地质方面包括岩溶水水文地质区和第四系孔隙水水文地质区。西部灰岩裸露与浅埋区发育碳酸盐岩，产生溶孔、溶隙、溶洞，为地表径流和雨水入渗产生岩溶水创造了良好的储存空间和运移通道。第四系孔隙水水文地质区的浅层地下水主要为大气降水和灌溉回归入渗补给，深层地下水因为超量开采，形成了区域降落漏斗（赵婕 等，2017）。

邢台地区人类工程活动剧烈。一方面，修路、建房、拓耕、矿山开采开挖山体坡脚，产生临空面，形成危险人工边坡，演化成滑坡、崩塌、泥石流等地质灾害；另一方面，水库、水渠等水利工程的修建，通过地表水入渗和库水波动，使岩土体饱水、容重增加、抗滑力下降，从而诱发地质灾害。因此，人类工程活动现场往往既是地质灾害的诱发源，又是灾害的补给源（袁宗强 等，2013；刘玉平 等，2008）。

### 2.1.3 宽城地区工程地质特征

宽城地区地层出露较齐全，分布从老到新包括古太古界、中太古界迁西群（$Ar_2qn$），新太古界单塔子群（$Ar_3dn$）、双山子群（$Ar_3sh$），中元古界长城系（Ch）、蓟县系（Jx），新元古界青白口系（Qb），古生界寒武系（∈）、奥陶系（O）、石炭系（C）与二叠系（P），中生界侏罗系（J）、白垩系（K），新生界第四系（Q）等（盛龙 等，2014）。宽城地区主要岩性包括斜长角闪岩、斜长片麻岩、斜长变粒岩、石英砂岩、粉砂岩与页岩互层、粉砂质页岩、白云岩、石灰岩、长石砂岩、粉砂岩、细砂岩、中粗粒砂岩、火山碎屑岩、砂砾岩等，岩浆活动以花岗岩体为主。

宽城地区断裂和褶皱构造强烈复杂，断裂构造主要发育于古生界和元古宇区域，以北东向断裂与近东西向断裂为主，褶皱构造以复式褶皱为主，主要发育于中生界侏罗系火山岩分布区，古生界和新元古界分布区域（盛龙 等，2014）。断裂构造包括长虫山逆断层、大马沟后山逆断层（盛龙 等，2014）、东西向兴隆—喜峰口—青龙深大断裂、晚期北东向喜峰口—下板城—凌源大断裂等（叶广利，2012）。

根据《宽城满族自治县“十四五”土壤、地下水和农村生态环境保护规划》（下称《规划》），宽城地区呈现自然地形，平均海拔为 300～500 m，最高点为都山，海拔为 1 846.3 m，最低处为黄土坡，海拔为 197 m。地势东北高、西南低，为山地丘陵地貌，包括中山、低山、丘陵、河谷阶地 4 种地貌类型。

根据《规划》，宽城地区属暖温带大陆性季风气候，全年降雨约 80%集中于 6～8 月，秋季多暴雨。境内水系发育，滦河、瀑河、青龙河、长河纵贯全县，总流域面积为 66 452.1 $hm^2$，修建有潘家口水库，水库水面总面积为 74 $km^2$。宽城地区属高山水文地质亚区，包括两类地下水类型：基岩裂隙水和松散岩类孔隙水。基岩裂隙水赋存于岩浆岩、变质岩、碎屑岩裂隙中，一般裂隙发育深度较浅，赋水性较差。松散岩类孔隙水为宽城主要的地下水类型，分布于山间盆地、洼地，河谷，沟谷中，赋存于第四系砾石、砂石、卵石层中。

宽城地区人类工程活动强烈。G508 国道、S356 省道和 S355 省道等主要交通干线横穿区域内；区域内矿产资源丰富，包括金、铁、煤、铜、锌、高岭土等各类矿产，因此采矿业发达；此外，地下水水质较好，因此地下水开采较频繁。由于频繁的人类工程活动和集中的暴雨，宽城地区成为河北省地质灾害隐患较发育的地区。

综上所述，河北省三地区地质环境复杂、地质构造活跃、褶皱断裂发育、地形陡峭，多山地丘陵，岩体节理裂隙较发育、易风化。区域内人类工程活动频繁且剧烈，包括矿产和地下水的开采，道路铁路修建、城镇建设扩张、水利基础设施建设，形成陡峭临空面，产生大量危险人工边坡，一旦失稳将诱发滑坡、崩塌、泥石流等地质灾害，严重影响城镇可持续发展。河北省三地区的道路与水系分布如图 2.1 所示，区域边界为山谷和山脊地形线，其中图 2.1（a）底图来自天地图平台，遥感影像为高德影像；与人类工程活动有关的滑坡和崩塌灾害主要与道路修建和建筑物建设有关。

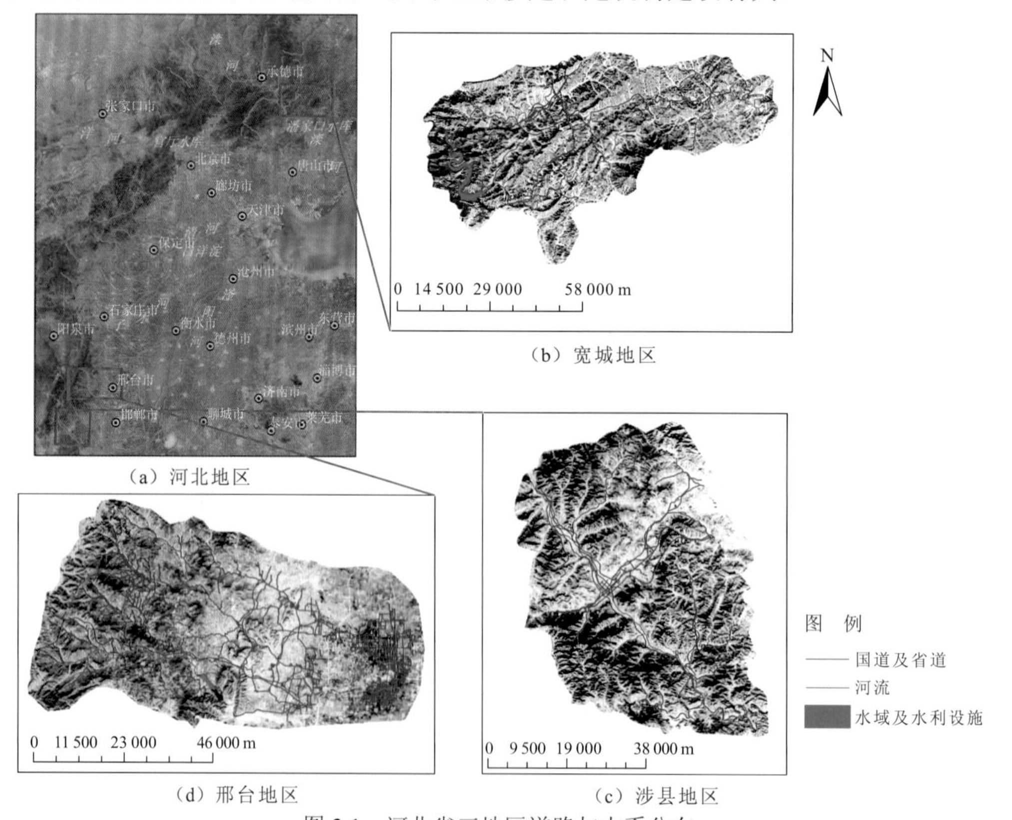

（a）河北地区

（b）宽城地区

（c）涉县地区

（d）邢台地区

图 2.1 河北省三地区道路与水系分布

## 2.2　河北省三地区危险人工边坡自动识别

采用高分辨率遥感影像和 DEM 数据，构建自动变化检测算法和卷积神经网络（convolutional neural network，CNN）算法，耦合变化检测和深度学习，开展地表覆被自动变化检测、人类工程活动区域识别、危险人工边坡自动识别，综合遥感影像和野外实地调查对识别结果进行验证，揭示人工灾害隐患的发育特征和成因。

### 2.2.1　地表覆被自动变化检测

采用的多源时空数据如表 2.1 所示，其中多时相高分二号影像用于：①开展 2016～2020 年地表覆被自动变化检测，反映人类工程活动演化特征；②提取 2016 年与 2020 年的孕灾与致灾因素，包括归一化植被指数（normalized vegetation index，NDVI）和土地利用，反映孕灾环境与致灾因子变迁特征。DEM 数据用于提取地形因素，包括高程和坡度因素，反映孕灾环境特征。

**表 2.1　河北省三地区多源时空数据**

| 数据类型 | 数据 | 数据日期 | 空间分辨率/m | 数据来源 |
| --- | --- | --- | --- | --- |
| 遥感影像 | 高分二号影像 | 2016 年 4 月 5 日；2016 年 4 月 20 日；2016 年 5 月 15 日；2020 年 4 月 23 日；2020 年 4 月 28 日 | 1 | 中国资源卫星数据与应用中心 |
| 地形数据 | NASA DEM | 2018 年 9 月 12 日 | 30 | NASA |

注：NASA（National Aeronautics and Space Administration）为美国国家航空航天局

地表覆被变化自动检测技术路线如图 2.2 所示，包括三个步骤：①变化检测特征集建立；②变化检测深度学习模型构建与训练；③地表覆被变化自动提取。从 2016 年和 2020 年的高分遥感影像构建变化检测特征集，将特征集输入深度学习模型中，从而自动提取 2016～2020 年的地表覆被变化。

1. 变化检测特征集构建

建立 2016 年与 2020 年的变化检测特征集，反映地表的变化特征。变化检测特征集包括三类特征：①光谱特征，反映地物类型的变迁；②NDVI，反映植被覆盖特征的变化；③变化强度特征，反映空间邻域上地物的变化特征（张鑫龙 等，2017）。

变化强度特征由改进的稳健变化向量分析（robust change vector analysis，RCVA）算法提取的变化强度图来构建。RCVA 算法在减少配准误差方面有显著优势，能够有效提高变化检测的精度。变化强度图生成是采用 $2w+1$（$w$ 为窗口长度度量）大小的移动窗口来提取空间邻近像元的光谱特征变化，包括两个步骤（张鑫龙 等，2017）。

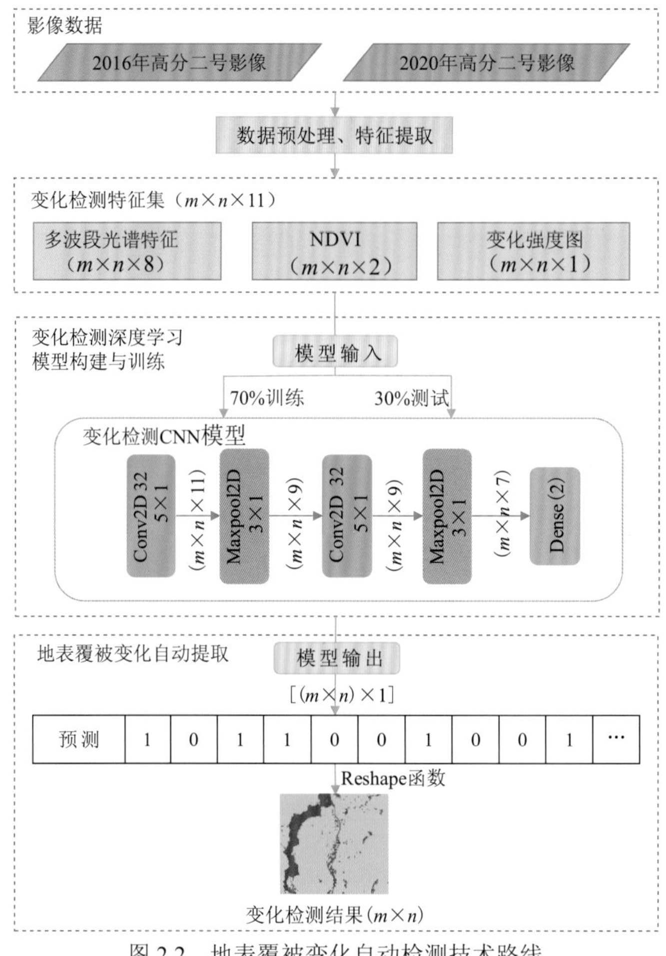


图 2.2　地表覆被变化自动检测技术路线

**1）差异影像计算**

对于变化后影像 $x_2$ 中的每一点 $x_2^i(j,k)$（$i=1, 2, \cdots, I$，式中 $I$ 为遥感影像的波段个数），计算变化前影像 $x_1$ 的对应点 $x_1^i(j,k)$ 的空间邻近像元，即 $2w+1$ 窗口内像元与 $x_2^i(j,k)$ 的光谱差异值，其中最小差异值的差异影像 $d_1(j,k)$（张鑫龙 等，2017）为

$$d_1(j,k)=\min_{(p\in[j-w,j+w],\ q\in[k-w,k+w])}\left\{\sqrt{\sum_{i=1}^{I}\left[x_2^i(j,k)-x_1^i(p,q)\right]^2}\right\} \tag{2.1}$$

对于变化前影像 $x_1$ 中的每一点 $x_1^i(j,k)$（$i=1, 2, \cdots, I$，式中 $I$ 为遥感影像的波段个数），计算变化后影像 $x_2$ 的对应点 $x_2^i(j,k)$ 的空间邻近像元，即 $2w+1$ 窗口内像元与 $x_1^i(j,k)$ 的光谱差异值，其中最小差异值的差异影像 $d_2(j,k)$（张鑫龙 等，2017）为

$$d_2(j,k)=\min_{(p\in[j-w,j+w],\ q\in[k-w,k+w])}\left\{\sqrt{\sum_{i=1}^{I}\left[x_1^i(j,k)-x_2^i(p,q)\right]^2}\right\} \tag{2.2}$$

**2）变化强度图计算**

对于每个像素 $x(j,k)$（$j=1, 2, \cdots, m$；$k=1, 2, \cdots, n$；$m\times n$ 为遥感影像大小）计算变

化强度 $D(j,k)$（张鑫龙 等，2017）为

$$D(j,k)=\begin{cases}d_2(j,k), & d_1(j,k)\geqslant d_2(j,k)\\ d_1(j,k), & d_1(j,k)<d_2(j,k)\end{cases} \tag{2.3}$$

则集合$\{D(j,k)\ (j=1,2,\cdots,m;\ k=1,2,\cdots,n)\}$为变化强度图。

2. 变化检测深度学习模型构建与训练

采用 CNN 算法构建变化检测深度学习模型，算法关键机制主要包括局部连接、权值共享、池化（Lecun et al.，1998），以提高变化检测精度和效率。局部连接又称稀疏联通性，是指卷积层的节点仅与前一层中的部分节点相连，即只学习局部特征，从而减少网络参数量，提高网络学习的效率（Goodfellow et al.，2016；Lecun et al.，1998）。权值共享指卷积核中的权值进行共享，即固定卷积核、滤波器共享，从而有效减少网络中参数的数量，实现轻量网络，提高网络的计算能力（Lecun et al.，2013，1998）。池化的作用是在特征聚合的时候，降低特征图的维度，但保留大部分重要特征信息，从而有效克服过拟合问题，提高网络的泛化性能和计算效率（Liu et al.，2016；Lecun et al.，1998）。

构建的变化检测 CNN 包括输入层、2 层卷积层、2 层池化层和 1 层全连接层。输入层为变化检测特征集，共 11 个特征，包括 8 个光谱特征、2 个 NDVI 特征与 1 个变化强度特征，因此输入层大小为$m\times n\times 11$。第一层与第二层卷积核大小均为$5\times 1$，分别提取浅层变化时空特征和深层变化语义特征；在每一层卷积层后均连接 1 层最大池化层，在学习和保留主要变化特征的同时，提升模型的尺度不变性和旋转不变性，防止模型过拟合（Liu et al.，2016；Lecun et al.，1998）。在每一层池化层后添加一层 Dropout 层，随机丢弃一些神经元不参与特征传播，从而提升模型泛化能力，提高模型的预测精度（Hinton et al.，2012）。全连接层将卷积层学习到的变化特征映射到变化样本标记空间，采用带退出策略的 Softmax 函数计算每个像素为变化区域的概率，进而获得变化（值为 1）和未变化（值为 0）的变化检测结果。此外，在卷积层使用非线性激活 ReLU 函数，可以增强网络各层之间的非线性关系，有效缓解梯度消失问题，加快网络收敛速度，ReLU 函数表达式（Nair et al.，2010）为

$$\mathrm{ReLU}(x)=\begin{cases}x, & x\geqslant 0\\ 0, & x<0\end{cases} \tag{2.4}$$

将 11 个变化检测特征输入变化检测 CNN 模型，70%的样本用于训练，30%的样本用于测试，优化参数，获得最优检测模型。

3. 地表覆被变化自动提取

从河北省三地区遥感影像中构建变化检测特征，将三地区的变化检测特征输入最优检测模型中，即可自动提取三个地区的地表覆被变化。

### 2.2.2 人类工程活动区域识别

人类工程活动体现为土地利用的变化，如矿山开采、城镇建设、交通建设和水利

建设等活动通常会开挖山体，破坏山体植被覆盖，改变土地利用类型；农林业活动一般为砍伐森林和开发梯田等，也会对植被造成破坏，形成土地利用类型的变迁。因此，将地表覆被变化检测结果与2020年土地利用分类结果进行耦合分析，将建筑用地、交通建设用地、水域及水利设施用地、农业用地、林业用地等地类中地表覆被变化的区域确定为人类工程活动区域。2020年土地利用分类是耦合多尺度分割算法（Trimble，2011）和分类回归树（classifieation and regression tree，CART）算法（Breiman et al.，1984）实现的。采用河北省三地区的高分二号遥感影像，利用多尺度分割算法，将三地区影像分割为不同形状、不同尺寸的单元，采用CART算法，实现每个单元的自动分类，从而得到河北省三地区的土地利用自动分类结果。将土地利用分类结果与三地区的变化检测结果进行耦合叠置，提取人类工程活动区域。

### 2.2.3 危险人工边坡自动识别方法

在提取的人类工程活动区域开展人工边坡自动识别，由于识别的边坡位于人类活动区域内，所以存在威胁的人类活动要素，如交通要道、建筑物、农田、经济林地、水利设施等，属于危险人工边坡。

1. 危险人工边坡识别指标集建立

根据人工边坡的孕灾和致灾特征，构建能够反映人工边坡发育与发展特征的指标集作为识别指标集，包括光谱、NDVI、地表覆被变化、土地利用类型、高程、坡度等指标，具体为2016年与2020年高分遥感影像光谱特征（8个指标）和NDVI（2个指标）、2020年土地利用类型、2016～2020年地表覆被变化（变化检测结果）、高程、坡度，一共14个识别指标。

（1）高分遥感影像光谱特征：遥感影像光谱特征表征了人工边坡的表观特征，高切坡形成的裸露岩土体具有特殊的光谱特征。

（2）NDVI 指标：植被根系对岩土物质具有锚固作用，且冠层能够遮挡雨水入渗岩土体，因此没有植被覆盖的裸露边坡更容易发生水土流失，演化成滑坡灾害（刘辰光，2021）。NDVI反映地表植被覆盖信息，表征不稳定人工边坡形变运移导致的裸地面积的扩大。

（3）地表覆被变化指标：地表覆被变化指示了人工开挖山体或堆积固体废弃物形成高陡边坡对应的地表覆被变化过程。

（4）土地利用类型指标：土地利用类型反映人类工程活动的类型、工程活动的位置和区域。河北省三地区的滑坡、崩塌、泥石流隐患主要发生于交通干线和建筑物区域，在林地、农田和水利设施区域较少发生。

（5）地形指标：危险人工边坡和灾害隐患通常发育于陡峭斜坡上，即发育于坡度大于10°且高于地面（可形成重力势能，产生破坏）的区域（Kohv et al.，2009；廖代强 等，2003）。

在宽城、涉县、邢台地区分别选取三个区域，展示构建的危险人工边坡识别指标集，如图2.3～图2.5所示。

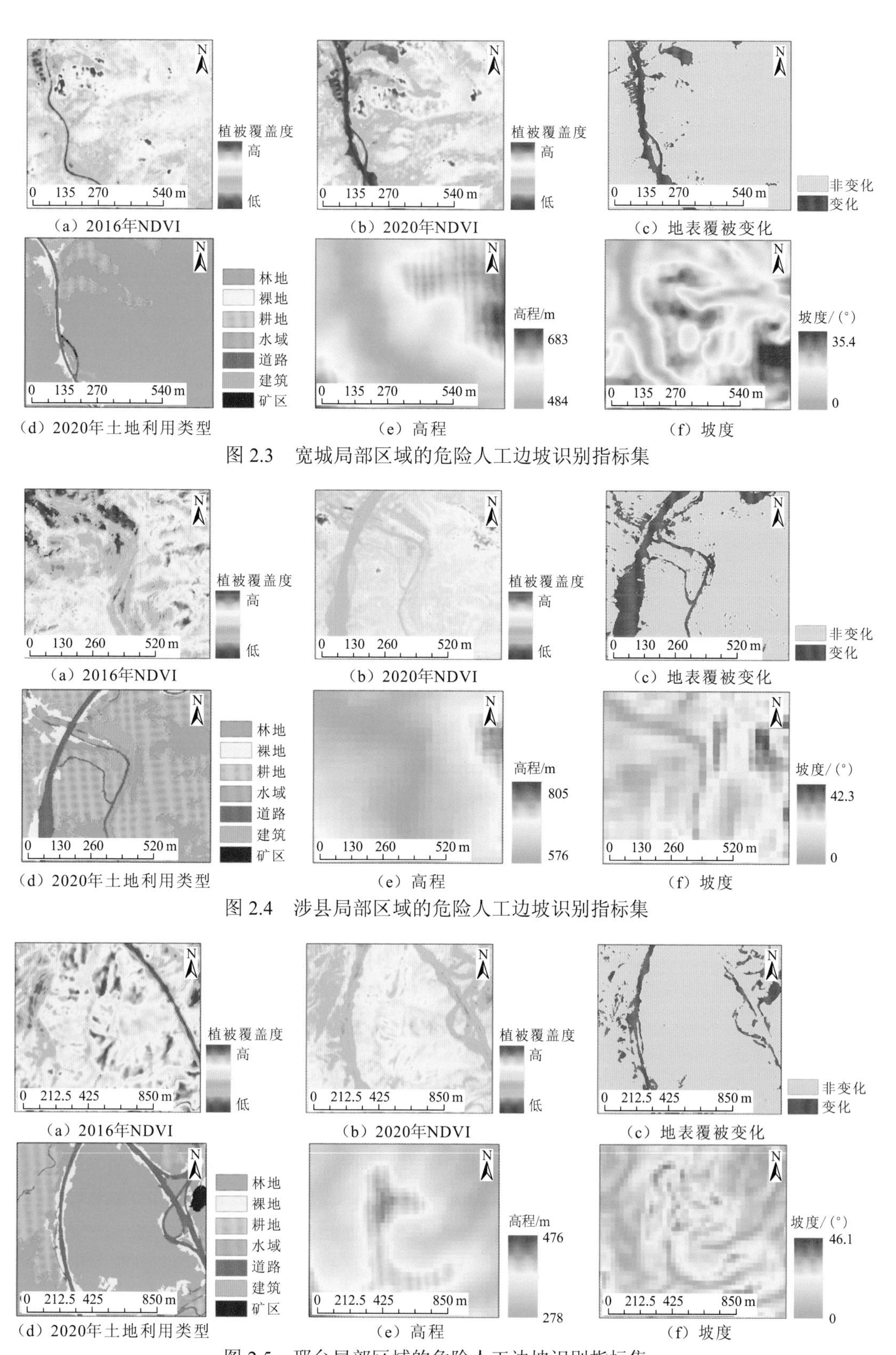


图 2.3 宽城局部区域的危险人工边坡识别指标集

图 2.4 涉县局部区域的危险人工边坡识别指标集

图 2.5 邢台局部区域的危险人工边坡识别指标集

## 2. 危险人工边坡深度学习自动识别

根据构建的 14 个人工边坡识别指标集，建立基于 CNN 的自动识别模型，实现危险人工灾害隐患的自动识别，并采用数学形态学方法对识别结果进行优化，提高识别精度。危险人工边坡深度学习自动识别技术路线如图 2.6 所示。

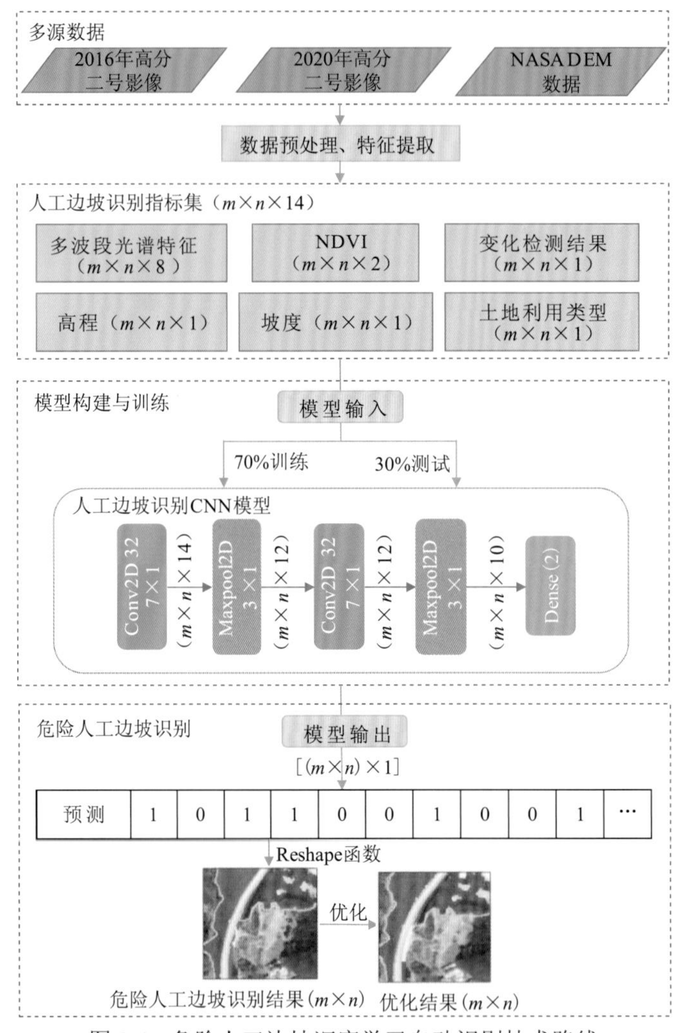


图 2.6　危险人工边坡深度学习自动识别技术路线

危险人工边坡识别 CNN 模型包括输入层、2 层卷积层、2 层池化层和 1 层全连接层。输入层为构建的人工边坡识别指标集，共 14 个指标，因此输入层大小为 $m \times n \times 14$。第一层与第二层卷积核大小均为 $7 \times 1$，分别提取人工边坡的浅层空间特征与深层语义特征，在卷积层中使用 ReLU 激活函数，引入非线性特征，并加快网络收敛；在每一层卷积层后连接最大池化层和 Dropout 层，提取人工边坡的关键特征，并抑制噪声传播，提升模型泛化性能。全连接层将卷积层学习到的人工边坡特征映射到样本标记空间，采用 Softmax 函数计算每个像素属于危险人工边坡的概率，进而得到所属类别：危险人工边坡（值为 1）和非危险人工边坡（值为 0）的识别结果。

为了保证识别的人工边坡区域具有良好的连续性，同时消除无物理意义的破碎、孤立小区域，采用二值数学形态学开运算（Serra，1982）对 CNN 识别模型的输出结果进行优化。

**1）腐蚀运算**

对 CNN 深度学习的人工边坡识别结果进行腐蚀运算（Serra，1982）：

$$\boldsymbol{A}-\boldsymbol{B}=\{(x,y)\mid \boldsymbol{B}_{x,y}\subseteq \boldsymbol{A}\} \tag{2.5}$$

式中：$-$ 为腐蚀运算符号，表示用卷积模板 $\boldsymbol{B}$ 对识别结果 $\boldsymbol{A}$ 进行腐蚀处理，计算 $\boldsymbol{B}$ 覆盖区域内的像素最小值，赋值给模板 $\boldsymbol{B}$ 的原点，即像元$(x, y)$。腐蚀运算可消除破碎无意义的孤立目标。

**2）膨胀运算**

对腐蚀运算的输出结果进行膨胀运算（Serra，1982）：

$$\boldsymbol{A}\oplus \boldsymbol{B}=\{(x,y)\mid \boldsymbol{B}_{x,y}\cap \boldsymbol{A}\neq\varnothing\} \tag{2.6}$$

式中：$\oplus$ 为膨胀运算符，表示用卷积模板 $\boldsymbol{B}$ 对二值数据 $\boldsymbol{A}$ 进行膨胀处理，将卷积模板 $\boldsymbol{B}$ 的元素与 $\boldsymbol{A}$ 的像元进行“与”运算，如果均为 0，则 $\boldsymbol{A}$ 中目标像元$(x, y)$的值为 0，否则值为 1；即计算模板 $\boldsymbol{B}$ 覆盖区域内 $\boldsymbol{A}$ 像素点的最大值，将最大值赋值给 $\boldsymbol{B}$ 的原点，即像元$(x, y)$。膨胀运算可以填充识别结果中的空洞，消除孤立噪声，优化识别结果的连续性。膨胀运算的输出结果即为最终的危险人工边坡识别结果。

从河北省三地区的高分遥感影像与 DEM 数据，提取构建人工边坡识别指标集；将三个地区的识别指标集数据输入 CNN 识别模型，获得危险人工边坡的初步识别结果；采用数学形态学进行优化，消除空洞、孤立噪声，使得识别结果连续化、物理意义明确化，从而获得三地区的危险人工边坡识别结果，生成危险人工边坡分布图。

此外，危险人工边坡识别结果的定量精度评价采用精确率（precision，$P$）（Zhu，2004）和 $F1$ 分数（Rijsbergen，1979）两项指标。精确率 $P$ 的计算公式为

$$P=\mathrm{TP}/(\mathrm{TP}+\mathrm{FP}) \tag{2.7}$$

式中：TP 为正确识别危险人工边坡的数量；FP 为错误识别人工边坡的数量； $P$ 为精确率，即在识别结果中正确识别的危险人工边坡占比。

$F1$ 分数值的计算公式为

$$F1=2\frac{PR}{P+R} \tag{2.8}$$

式中：$R$（recall）表示召回率，计算公式为

$$R=\frac{\mathrm{TP}}{\mathrm{TP}+\mathrm{FN}} \tag{2.9}$$

式中：FN 为正确识别的非人工边坡数量。

河北省三地区的危险人工边坡自动识别结果如图 2.7 所示，底图为 2020 年的高分二号遥感影像，其中图 2.7（a）～（c）为邢台地区危险人工边坡，图 2.7（d）～（g）为涉县地区危险人工边坡，图 2.7（h）～（l）为宽城地区危险人工边坡。采用三维谷歌地球影像目视验证和野外实地调查验证的方式，对识别的人工边坡开展精度评价，识别精

确率为 91.9%，$F1$ 分数值为 93.6%，共正确识别出危险人工边坡 134 处。选取典型危险人工边坡在三维谷歌地球影像上进行展示，如图 2.8 所示，其中边坡编号与图 2.7 中的编号对应。此外，选取典型危险人工边坡，采用三维谷歌地球影像与野外调查照片进行对照显示，如图 2.9 所示，第一行和第三行为三维谷歌地球影像，第二行和第四行为对应的野外拍摄照片，可见，有些危险人工边坡已修建了护坡。

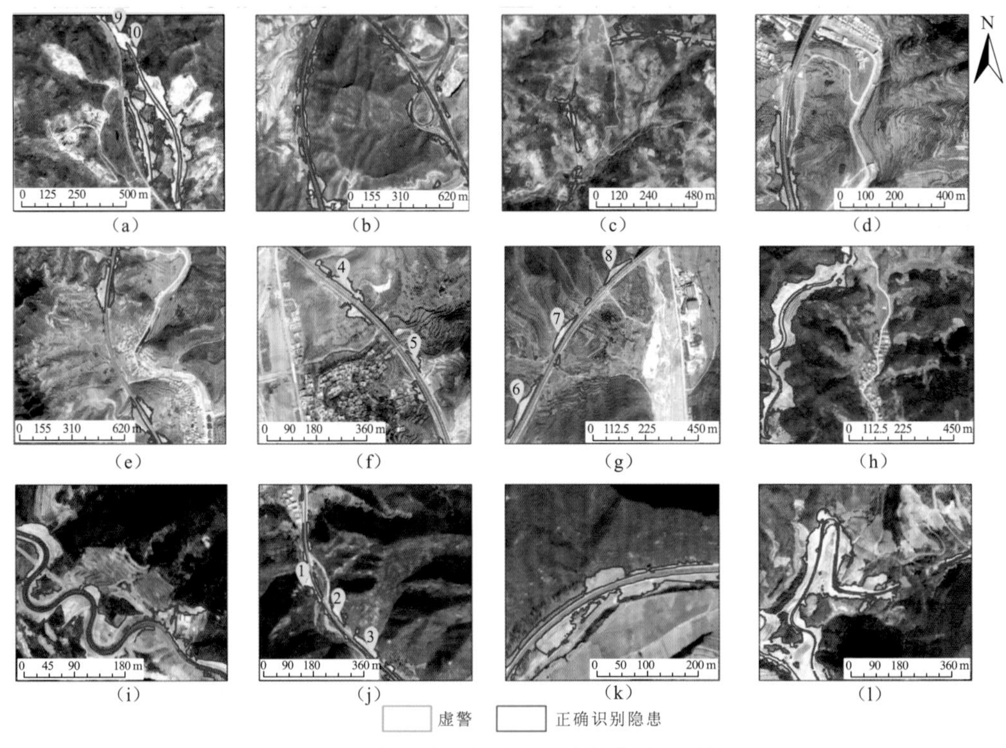


图 2.7 河北省三地区危险人工边坡自动识别结果

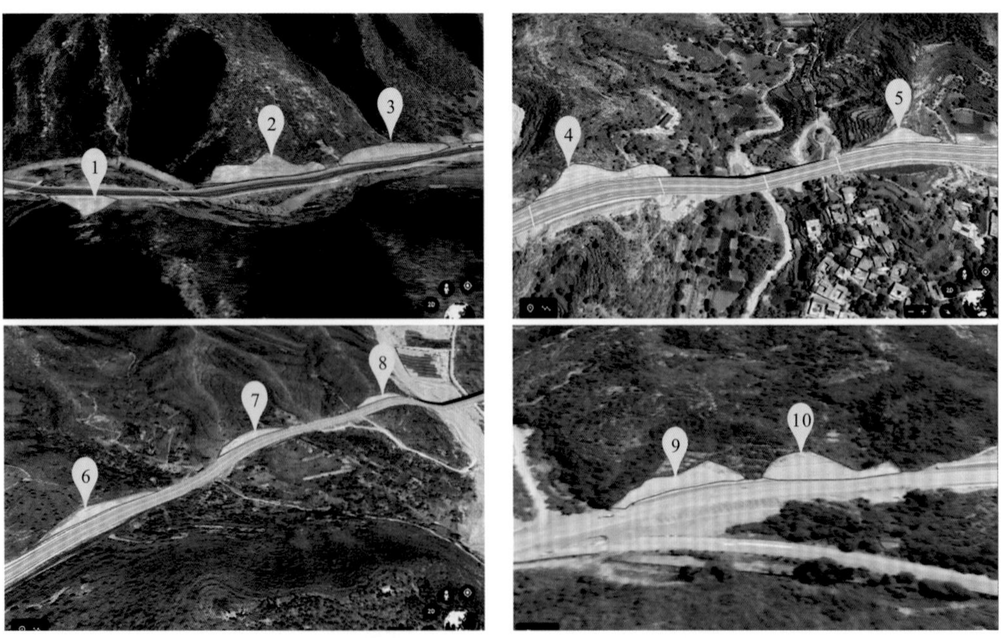

图 2.8 典型危险人工边坡的三维谷歌地球影像

图 2.9　单体危险人工边坡的三维谷歌地球影像和野外实地调查照片

根据自动识别结果和野外实地调查验证结果，河北三地区的危险人工边坡均由交通干线修建和城镇建设开挖山体产生，边坡坡度均大于 10°。工程建设和城镇扩张中，开挖山体坡脚，破坏植被，形成高陡人工切坡，临空面发育，降低岩土体稳定性，这些边坡在持续性降雨、二次人类工程活动、地震等外力作用下，易失稳滑动，演化成地质灾害。这些危险边坡主要分布于省道和县道的山区路段两侧，部分位于山区乡道和居民房屋建筑物附近，直接威胁交通干线、通行车辆、房屋建筑和人民生命安全。

根据产生危险边坡的人类工程活动类型和是否修建了护坡，对识别的边坡进行分类统计，如图 2.10 所示。97%的危险边坡（即 130 处边坡）位于道路两侧，3%的危险边坡（即 4 处边坡）位于城镇建筑物附近。72%的危险边坡未修建护坡和开展治理工作，仅 28%的边坡修建了护坡。河北三地区大规模的交通建设产生了大量危险边坡，建议在山体开挖前着重评估地质稳定性，若开挖后形成高陡切坡，建议加强监测，开展风险评估，对高风险的边坡应及时进行治理或防护。

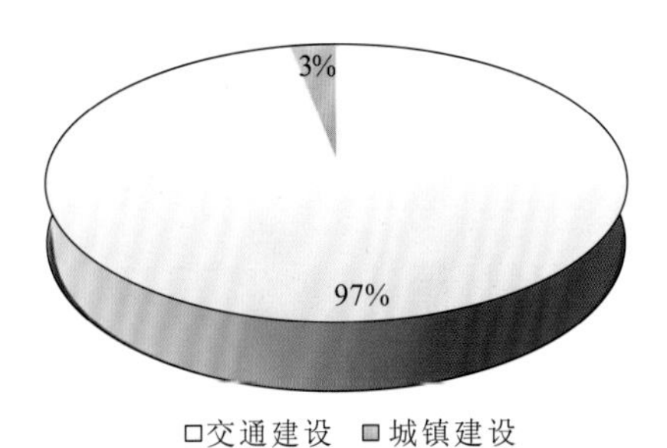


（a）不同类型人类工程活动产生的危险人工边坡占比

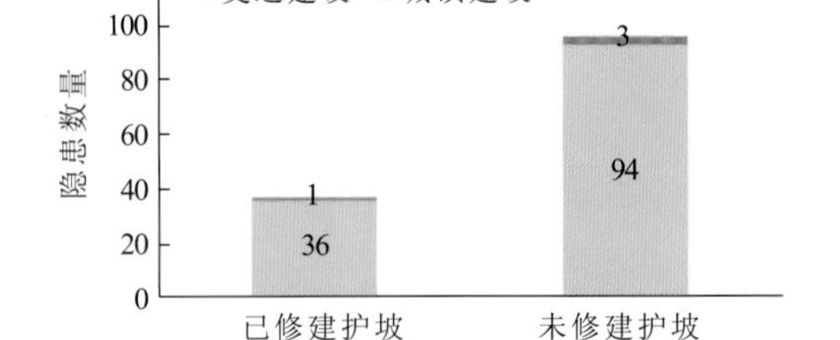


（b）修建护坡统计

图 2.10　河北三地区危险人工边坡统计

将基于 CNN 模型的危险人工边坡自动识别结果与基于两种经典机器学习算法的自动识别结果进行比较，采用准确率（accuracy）、精确率（precision）、*F*1 分数、Kappa 系数、均方根误差（RMSE）5 个指标对模型的性能和精度开展定量评估，3 个模型的识别验证精度如图 2.11 所示，可见，CNN 算法的边坡识别精度明显优于随机森林（random forest，RF）（Breiman，2001）和梯度提升决策树（gradient boosting decision tree，GBDT）（Friedman，2001）两种经典机器学习算法的识别结果。

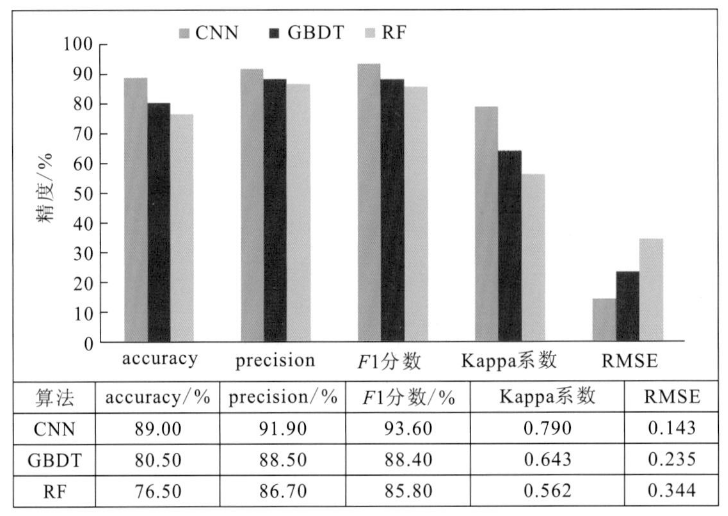


| 算法 | accuracy/% | precision/% | *F*1分数/% | Kappa系数 | RMSE |
|---|---|---|---|---|---|
| CNN | 89.00 | 91.90 | 93.60 | 0.790 | 0.143 |
| GBDT | 80.50 | 88.50 | 88.40 | 0.643 | 0.235 |
| RF | 76.50 | 86.70 | 85.80 | 0.562 | 0.344 |

图 2.11　3 种算法危险人工边坡识别精度比较

需要说明的是，本节提出的耦合变化检测和深度学习的危险人工边坡识别新思路可以取得较准确的识别结果，具体原因如下。

（1）变化检测技术能够发现人类工程活动导致的地表覆被变化地区，如削坡建房、削坡修路产生的山体开挖和堆填加载区域，为人工边坡识别提供了有效靶区。

（2）变化检测和土地利用类型的耦合叠置分析，可以确定人类工程活动的区域，在人类工程活动区域开展人工边坡识别，识别的边坡具有明确的威胁或危害人工要素目标，具有危险性。

（3）危险人工边坡识别指标集是根据边坡发育与发展的表观特征、孕灾环境特征和致灾机制，综合边坡的运动性（裸地面积的扩张）、对植被的破坏、地形的控制作用和人类工程活动的诱发作用而构建的，取得了较高的识别精度。提出的危险人工边坡识别新方法不仅可用于河北三地区，由于该方法的普适性，也可应用于其他广阔的山区城镇，实现广袤区域大量危险人工边坡的快速自动识别和提取。

## 2.3　危险人工边坡自动识别系统

地质灾害隐患自动识别系统基于 Windows 10 操作系统和 PyCharm 编程软件，主要使用 Python 语言、PyQt5 图形用户开发界面、QGIS 标准 Python 应用程序接口（application programming interface，API）和深度学习库 TensorFlow 开发，系统由河北省地质环境监测院与中国地质大学（武汉）联合研发。

### 2.3.1　总体架构

系统主要实现了危险人工边坡孕灾与致灾因子提取、高分辨率遥感影像自动变化检测、土地利用分类、危险人工边坡自动识别、识别结果优化、危险边坡数据统计等功能，软件系统总体架构如图 2.12 所示，工作流程如图 2.13 所示，主要运行界面如图 2.14 所示。

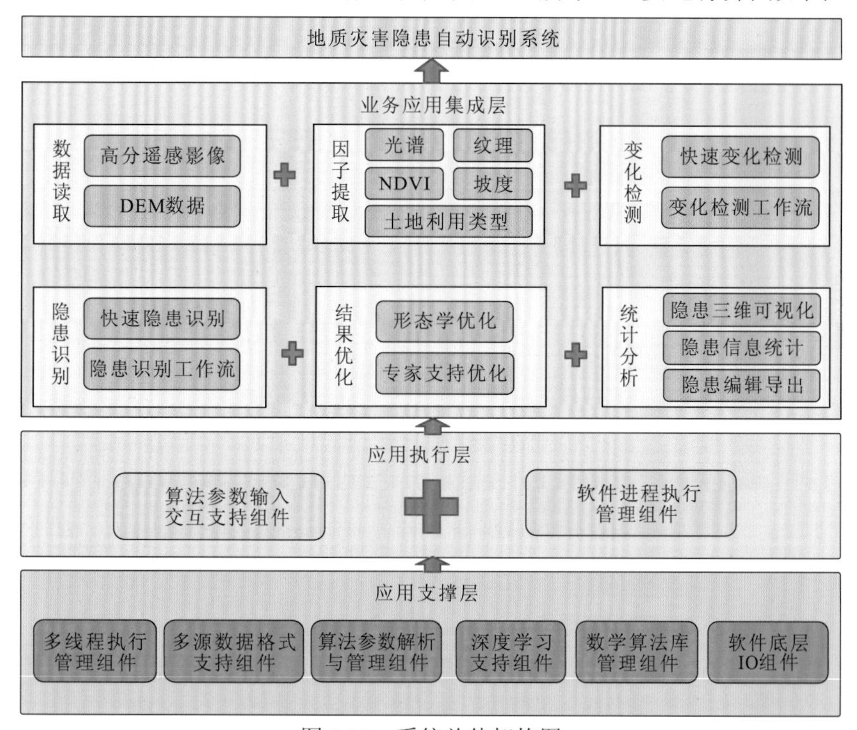


图 2.12　系统总体架构图

为实现高效运行，软件系统采用分层的架构设计，分为 3 层，分别是应用支撑层（底层）、应用执行层（中层）和业务应用集成层（上层）。应用支撑层通过数据格式支持、多线程执行管理、参数解析与管理、深度学习支持、数据驱动和数学算法库管理组件，实现对多源数据的读取、处理、分析、存储、输出和可视化的支持。各种处理算法实现多线程管理，各线程之间独立并行地执行任务，提高计算机系统的利用率，提升系统响

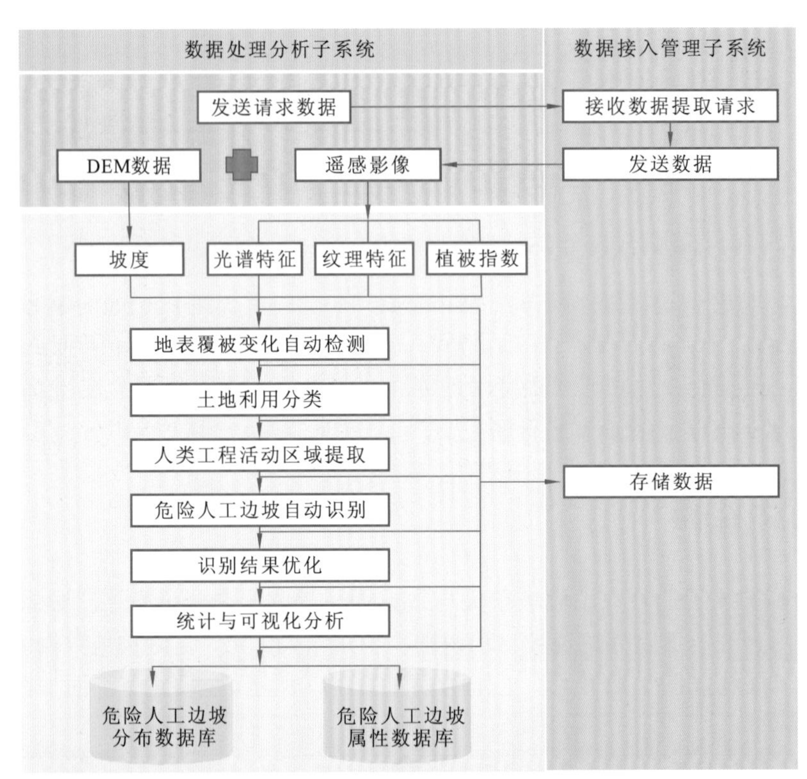

数据处理分析子系统
数据接入管理子系统
发送请求数据
接收数据提取请求
DEM数据
遥感影像
发送数据
坡度
光谱特征
纹理特征
植被指数
地表覆被变化自动检测
土地利用分类
人类工程活动区域提取
存储数据
危险人工边坡自动识别
识别结果优化
统计与可视化分析
危险人工边坡
分布数据库
危险人工边坡
属性数据库

图 2.13　系统工作流程

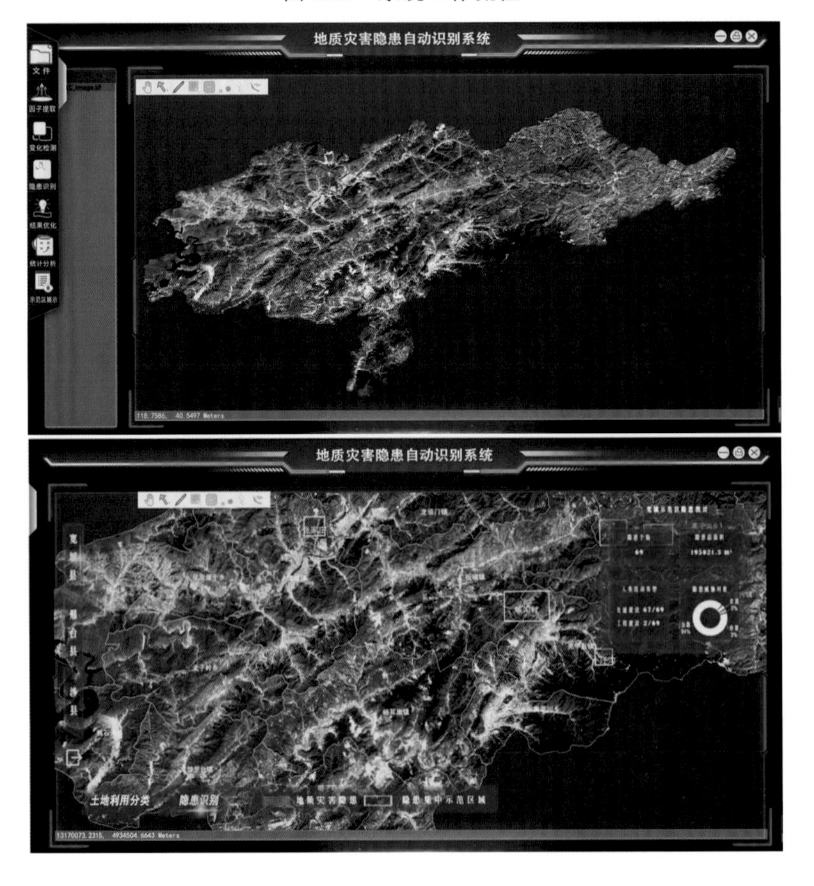

地质灾害隐患自动识别系统
地质灾害隐患自动识别系统
土地利用分类
隐患识别

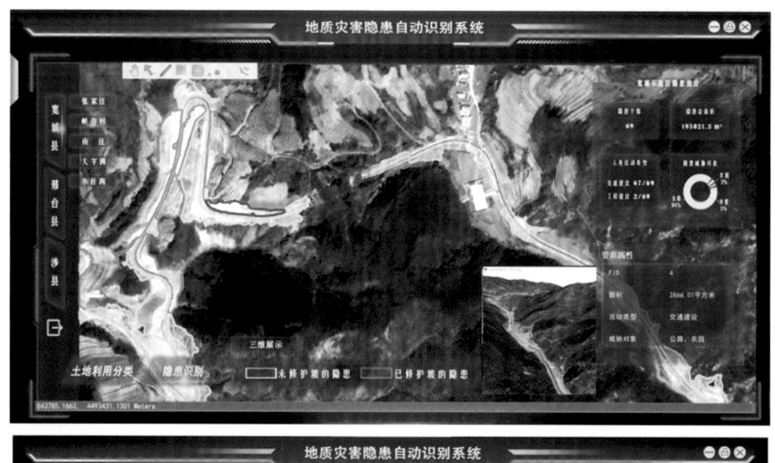


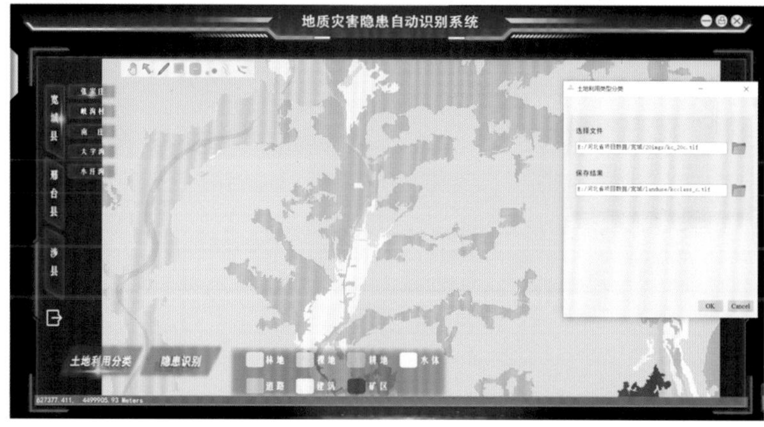


图 2.14　系统主要运行界面

应效率。应用执行层采用图形界面搭建统一的软件集成运行环境，集成调用算法参数交互功能和进程执行管理功能（宋子尧，2017），实现人机交互和可视化分析。业务应用集成层实现应用功能的集成、流程化和体系化，支撑业务应用体系。

## 2.3.2　功能模块

地质灾害隐患自动识别系统主要包括 7 个功能模块：①数据读取与显示模块；②因子提取模块；③变化检测模块；④危险人工边坡识别模块；⑤结果优化模块；⑥统计与分析模块；⑦示范区展示模块。

### 1. 数据读取与显示模块

数据读取与显示功能主要实现栅格和矢量数据的读取，实现遥感影像与 DEM 数据的读取和显示。数据读取与显示模块主要支持的功能有：①栅格数据和矢量数据的读取和显示；②栅格数据和矢量数据的叠置分析和空间分析；③数据属性显示与编辑；④数据交互分析；⑤图层的控制和管理，包括图层的缩放、隐藏、显示顺序设置等。栅格数据和矢量数据的读取、显示和属性编辑功能界面如图 2.15 所示。

（a）栅格数据读取与显示功能界面

（b）矢量数据读取与编辑功能界面

图 2.15　栅格数据与矢量数据读取、显示和属性编辑功能界面

### 2. 因子提取模块

因子提取功能主要实现人工边坡发育发展的孕灾因子与致灾因子的自动提取，包括光谱、纹理、坡度、植被指数和土地利用类型等。因子提取模块主要支持的功能有：①从遥感影像中提取光谱特征、纹理特征、NDVI 特征；②土地利用分类；③从 DEM 数据中提取坡度和高程因子；④因子图显示与分析。土地利用分类功能界面如图 2.16 所示。

### 3. 变化检测模块

变化检测功能主要实现地表覆被变化自动检测，包括快速变化检测功能和完整变化检测工作流功能，变化检测工作流可以定制模块和算法开展检测，根据多时相高分遥感影像，自动提取变化强度特征，结合提取的影像光谱特征和 NDVI 特征，构建深度学习模型，实现地表覆被变化自动检测。变化检测模块包括两个子功能模块：①快速变化检测功能模块，直接采用系统预先训练集成的深度学习模型实现自动变化检测；②变化检测完整工作流功能模块，用户可以通过自动化方法选择样本，选择变化强度特征提取方法，设置模型参数，建立和训练自己的深度学习模型，实现变化自动检测。此外，变化检测模块还支持变化检测结果的数学形态学自动优化和专家支持优化。

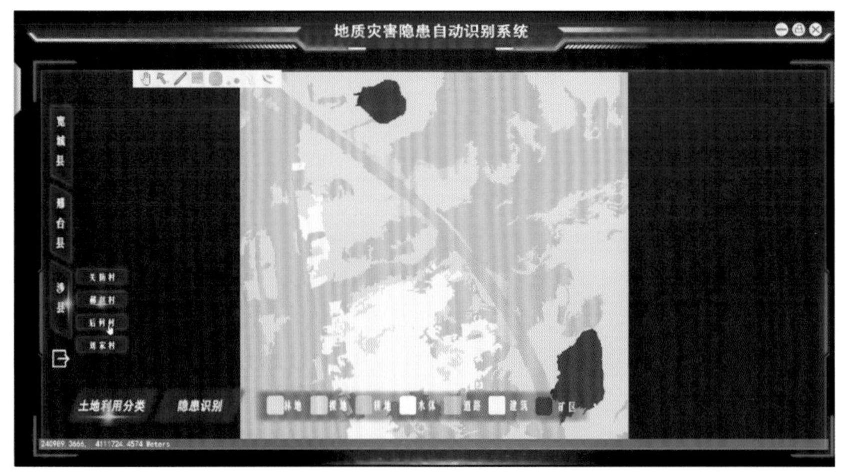


图 2.16　土地利用分类功能界面

### 4. 危险人工边坡识别模块

危险人工边坡识别功能主要实现大尺度区域危险人工边坡自动识别，包括快速隐患识别功能和完整隐患识别工作流功能，其中完整隐患识别工作流可以通过用户定制模块和算法开展隐患自动识别。根据构建的识别指标集，采用深度学习模型，实现大尺度区域危险人工边坡自动识别。危险人工边坡识别模块包括两个子功能模块：①快速自动识别模块，直接采用系统设计训练完成的模型快速实现危险人工边坡自动识别；②识别完整工作流模块，用户可以定制深度学习模型，包括自动选择样本和设置模型参数，训练和建立自己的深度学习模型，实现危险人工边坡自动识别。

### 5. 结果优化模块

结果优化功能主要实现对危险人工边坡自动识别结果的优化，包括自动优化功能和基于专家知识的编辑优化功能。结果优化模块包括两个功能子模块：①数学形态学一键自动优化模块，采用数学形态学的腐蚀和膨胀运算，有效去除识别结果中的噪声、无物理意义的破碎区域和虚警区域，提升识别结果的连续性、准确性和合理性；②专家支持优化模块，根据专家知识和经验，采用系统中的编辑工具，对识别结果进行添加、删除、移动、形状修改、属性编辑等处理，优化识别结果。

### 6. 统计与分析模块

统计与分析功能主要实现对危险人工边坡属性信息的统计、分析、编辑和输出。对广袤地区识别的大量危险人工边坡进行统计、分析、属性编辑和输出，其中属性信息主要包括危险人工边坡的数量、面积、类型、威胁对象、人类工程活动特征等信息，既包括大尺度区域大量边坡的综合统计分析，也包括单体边坡的具体统计分析，从而深化对危险人工边坡分布特征和发育发展机制的认识。

### 7. 示范区展示模块

示范区展示功能主要实现对应用示范区危险人工边坡识别结果的展示、属性信息统计与分析、三维可视化等功能。以河北省三地区灾害隐患发育的 12 个村庄区域为应用示范区，展示土地利用类型、危险人工边坡识别与分布、边坡属性特征统计与分析功能，并进行危险人工边坡的三维可视化漫游和浏览。以 3 个村庄区域为例，展示危险人工边坡识别结果，如图 2.17 所示。

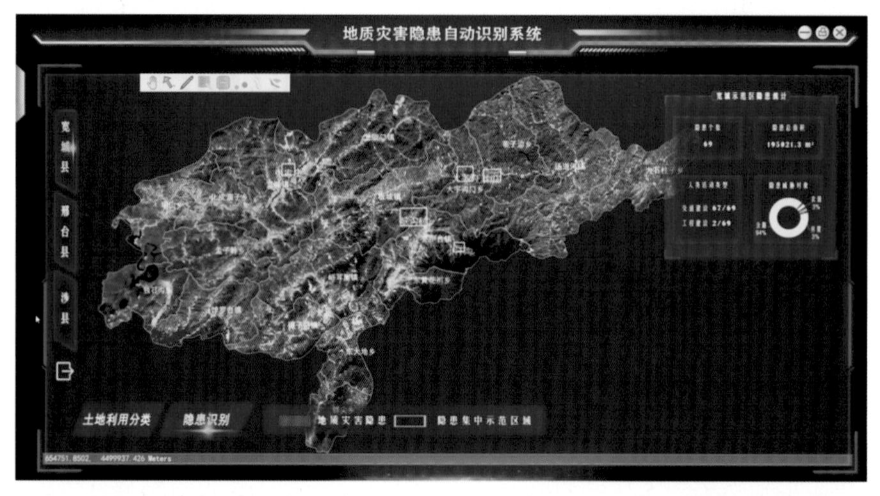


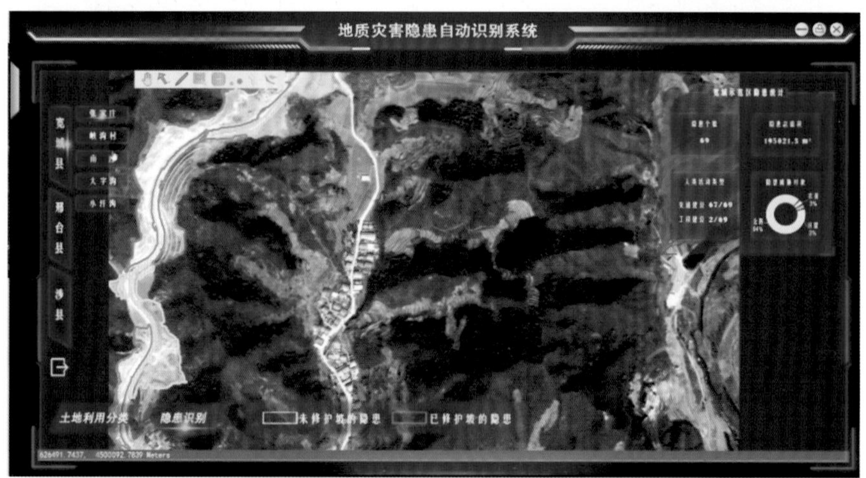

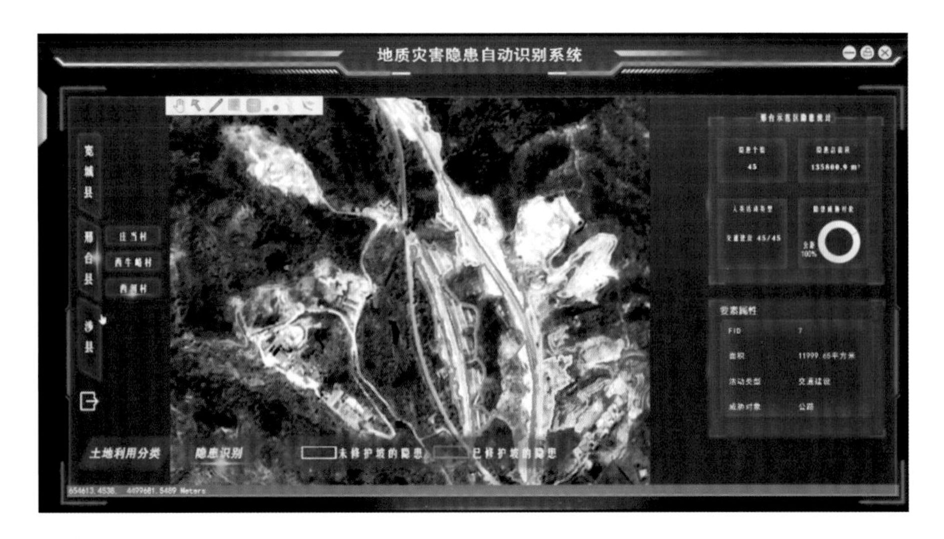
地质灾害隐患自动识别系统
宽城县
邢台县
沙县
土地利用分类
隐患识别
未修护坡的隐患
已修护坡的隐患
要素属性
FID
7
面积
11999.65平方米
活动类型
交通建设
威胁对象
公路
654613.4538, 4499681.5489 Meters

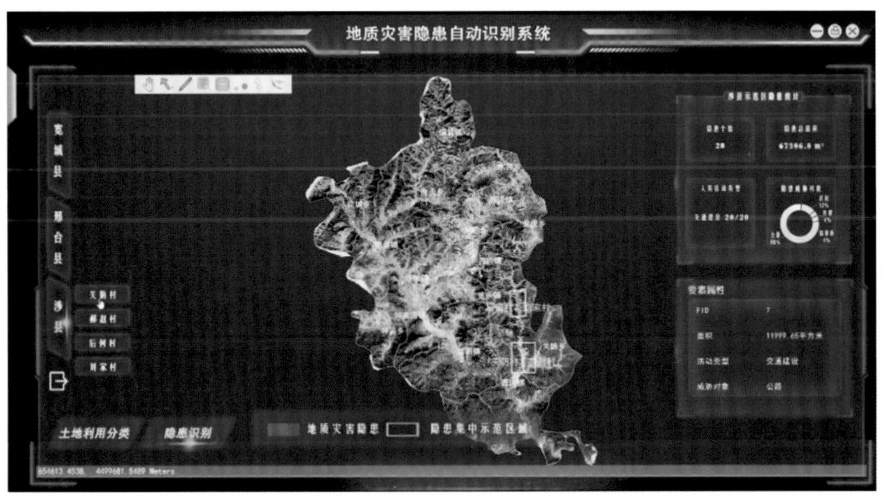
地质灾害隐患自动识别系统
宽城县
邢台县
沙县
土地利用分类
隐患识别
地质灾害隐患
隐患集中示范区域
要素属性
FID
7
面积
11999.65平方米
活动类型
交通建设
威胁对象
公路
654613.4538, 4499681.5489 Meters

地质灾害隐患自动识别系统
宽城县
邢台县
沙县
土地利用分类
隐患识别
未修护坡的隐患
已修护坡的隐患
要素属性
FID
7
面积
11999.65平方米
活动类型
交通建设
威胁对象
公路
654613.4538, 4499681.5489 Meters

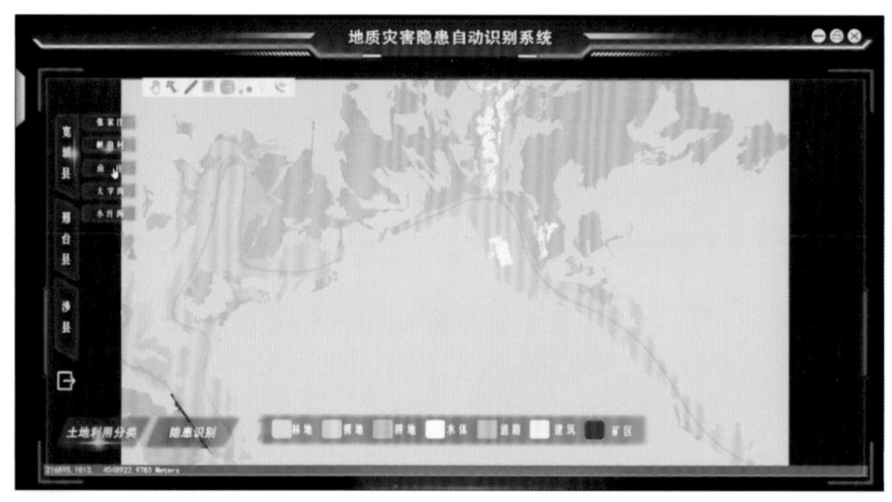

图 2.17　3 个村庄及附近区域系统演示结果展示

▶第二篇

# 城镇大范围区域滑坡灾害易发性评价

全世界许多国家均遭受滑坡灾害带来的巨大损失，包括人员伤亡、经济损失、城镇损毁、基础设施损伤。滑坡灾害给人类社会发展带来巨大破坏和损失的关键原因之一是滑坡高易发地区不能准确地被圈定，限制了灾害防治的精准性和时效性。滑坡灾害易发性评价能够预测灾害将在哪儿发生，能够圈定灾害的高发区域，从而有力支撑具有针对性的灾害精准防治，因此滑坡灾害易发性评价吸引了全世界科学家的关注，是灾害领域的热点和焦点问题。本篇关注地表运动、大量潜在滑坡隐患的重大威胁、滑坡易发性动态演化等核心科学问题，开展城镇大范围区域滑坡灾害易发性评价，成功应用于西藏察雅研究区、我国生态文明先行示范区三峡库区的秭归—巴东段，揭示滑坡灾害高易发的机制，以及易发性的动态演化对库水位波动、人类工程活动、降雨3个诱发因素变化的动态响应机制。

# 第3章 基于隐患识别和集成学习的城镇地区滑坡灾害易发性评价

目前涌现出大量优秀的滑坡灾害易发性评价工作成果，然而绝大部分易发性评价工作仅考虑已知的历史滑坡灾害，忽略了大量潜在滑坡隐患的发育、运动和危害，在一定程度上限制了易发性评价成果的准确性、合理性和实用性。

本章针对目前滑坡灾害易发性评价主要根据已知灾害开展的局限性，考虑大量潜在灾害隐患的重大威胁，综合潜在活动隐患和已知灾害开展易发性评价，提升评价结果的合理性与实用性。采用时序 InSAR 和光学遥感综合技术，根据第 1 章构建的滑坡隐患识别综合判据，结合野外地质调查开展滑坡隐患的识别与验证，采用斜坡单元分割和机器学习算法开展大范围区域滑坡灾害易发性评价，提高评价精度。

采用地质、地形、地理、水文、气象、地震和遥感等多源时空数据在西藏察雅地区开展滑坡灾害易发性评价。察雅地区新构造运动强烈、断层发育、地形陡峭、地质环境脆弱、人类工程活动多样，是滑坡灾害频发的地区。该地区由于海拔高和地形陡峭，野外实地调查困难，仍有多处潜在的滑坡隐患没有被发现，给当地社会经济稳定和发展带来威胁。考虑察雅地区独特的工程地质特征和灾害发育情况，本章以灾害频发地区为应用示范区，开展滑坡灾害易发性评价，发现多处新的活动灾害隐患，圈定灾害高发地区，并揭示在断层构造、破碎岩体、高陡地形、河流侵蚀、集中降雨和频繁人类工程活动共同作用下灾害高发的机制。这项研究工作为提高滑坡灾害易发性评价的准确性、合理性和实用性提供技术支撑。

## 3.1 察雅研究区工程地质特征

察雅研究区覆盖吉塘、烟多、香堆、荣周和卡贡等地区，面积为 3 380.73 $km^2$，地质环境和地震构造如图 3.1 所示，其中地球图像来源于谷歌地球。

研究区位于印度板块向欧亚板块挤压俯冲地段，地壳抬升强烈（毛宇祥，2020），地震活动较频繁，主要表现为老断裂的持续活动（汤明高 等，2006）。区域内地质构造复杂、断层发育，以北西向脆性断裂为主（巫升山，2020）。根据地质图，从元古宇、古生界、中生界到新生界均有出露，具体包括新元古界（$Pt_3$）、石炭系（C）、二叠系（P）、三叠系（T）、侏罗系（J）、白垩系（K）、古近系（E）和第四系（Q），分布最广的岩组为软弱中薄层泥岩与页岩岩组，较坚硬中厚层状石英砂岩、粉砂岩与火山岩岩组（邓时强 等，2020）。

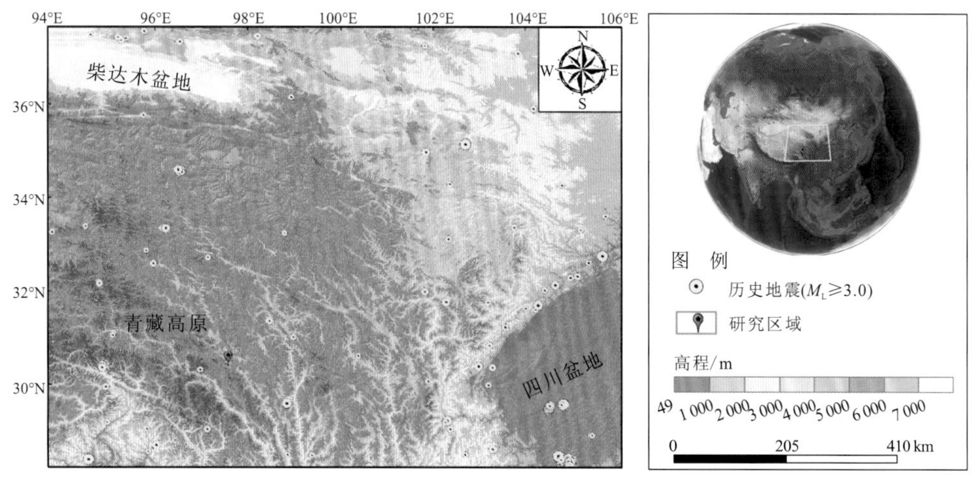


（a）研究区的地理位置、地形特征和周边地震活动

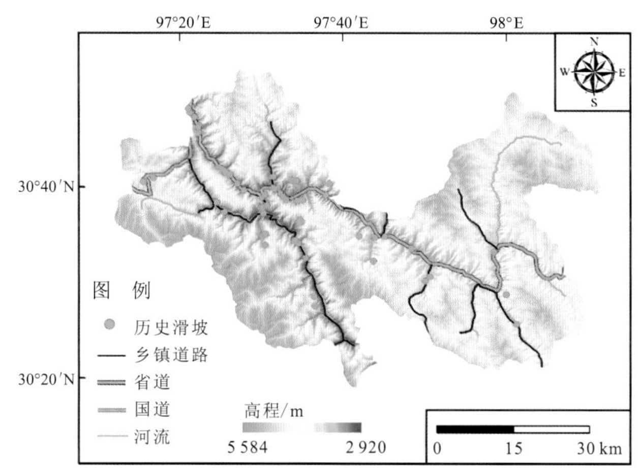


（b）道路水系分布与历史滑坡灾害

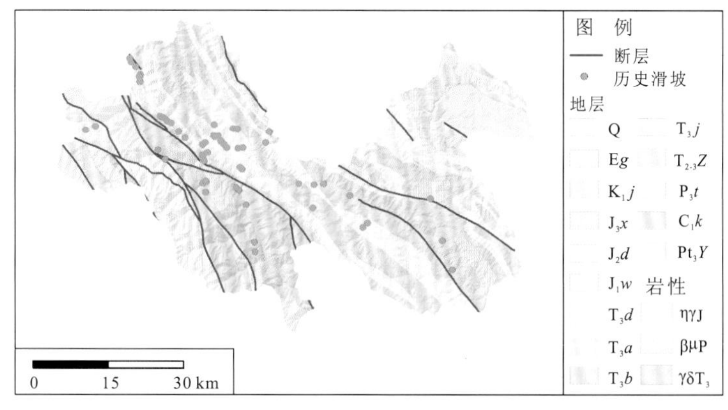


（c）地层岩性和断层构造

图 3.1　察雅研究区地质环境和地震构造

地层符号含义：Q 表示第四系、E*g* 表示古近系贡觉组、$K_1j$ 表示下白垩统景星组、$J_3x$ 表示上侏罗统小索卡组、$J_2d$ 表示中侏罗统东大桥组、$J_1w$ 表示下侏罗统汪布组、$T_3d$ 表示上三叠统夺盖拉组、$T_3a$ 表示上三叠统阿堵拉组、$T_3b$ 表示上三叠统波里拉组、$T_3j$ 表示上三叠统甲丕拉组、$T_{2\text{-}3}Z$ 表示上三叠统和中三叠统竹卡群、$P_3t$ 表示上二叠统妥坝组、$C_1k$ 表示下石炭统卡贡岩组、$Pt_3Y$ 表示新元古界酉西群、ηγJ 表示侏罗系二长花岗岩、$γδT_3$ 表示上三叠统花岗闪长岩、βμP 表示二叠系辉绿岩

研究区内山脉纵横绵延分布，地形切割强烈，高山、深谷广泛分布，属于藏东极大起伏、大起伏高山峡谷区（巫升山，2020）。高海拔是该地区显著的地形特征，地形高程为 2 920～5 584 m，平均高程为 4 254 m，最低海拔位于澜沧江出境处（邓时强 等，2020）。区域属于高原温带半干旱季风型气候，降雨集中于 6～9 月，水系发达，澜沧江、麦曲、汪布曲、色曲等河流横穿该区域。受区域内地形条件限制，多数交通干线选址沿河流分布，线性工程修建导致沿河流两岸斜坡被开挖，坡脚应力平衡被破坏，加剧了斜坡形变和灾害隐患发育。人类工程活动多样，主要包括场镇建设、寺庙修建、交通干线建设、水利水电开发、矿产开采和农业耕种（邓时强 等，2020），G214 国道和 G349 国道、S203 省道和 S303 省道在境内穿越。

综上所述，研究区地壳运动强烈（毛宇祥，2020）、断层构造发育（巫升山，2020）、地质环境脆弱，岩体节理发育较密集，容易风化剥蚀（邓时强 等，2020），呈现深切割高山峡谷地貌，水系发达、季节性降雨集中、人类工程活动多样，为滑坡灾害的发生和发展创造了有利的孕灾和致灾条件。

## 3.2 察雅研究区历史滑坡灾害发育特征

西藏自治区地质矿产勘查开发局第五地质大队对察雅县开展了 1∶50 000 地质灾害详细调查，提供了历史滑坡灾害编目数据。截至 2019 年 12 月，研究区发育 59 处历史滑坡灾害，主要的孕灾和致灾特征如图 3.2 所示，其中，降雨量为 2018 年 4 月 23 日～2019 年 12 月 26 日的累积降雨量，历史滑坡灾害的孕灾和致灾特征为潜在滑坡隐患的识别提供了重要依据。

历史滑坡灾害发育主要具有以下 5 点孕灾和致灾特征。

（1）工程岩组特征：历史灾害主要发育于软弱中薄层泥岩、页岩岩组，以及较坚硬中厚层状石英砂岩、粉砂岩、火山岩岩组；部分滑坡也发育于较坚硬中厚层-块层砂岩、灰岩岩组，以及软弱薄层状砂岩、板岩、砾岩岩组。这些岩组岩体节理发育，风化严重，为滑坡发生提供了良好的物源条件（邓时强 等，2020）。

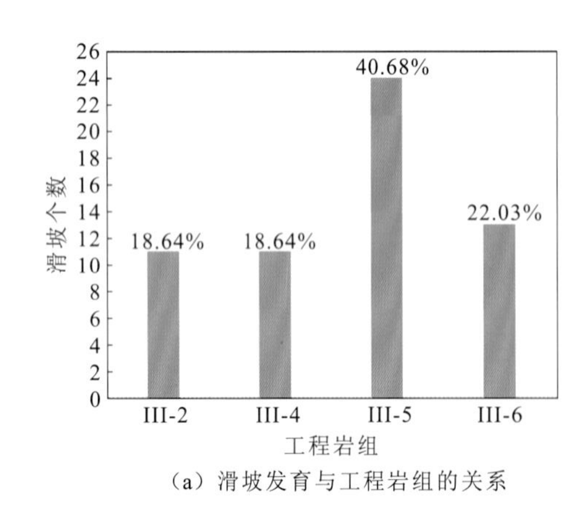


（a）滑坡发育与工程岩组的关系

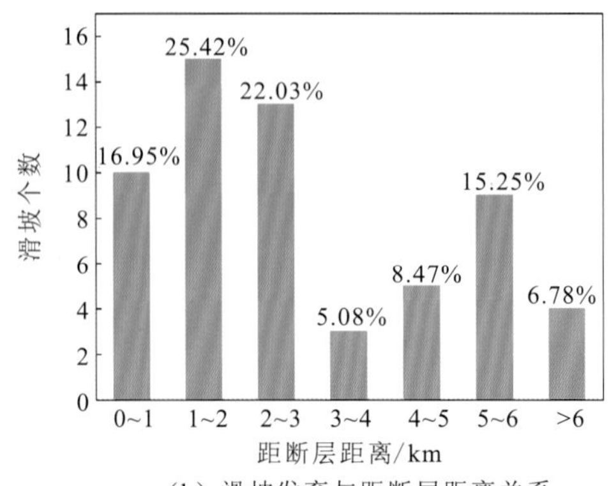


（b）滑坡发育与距断层距离关系

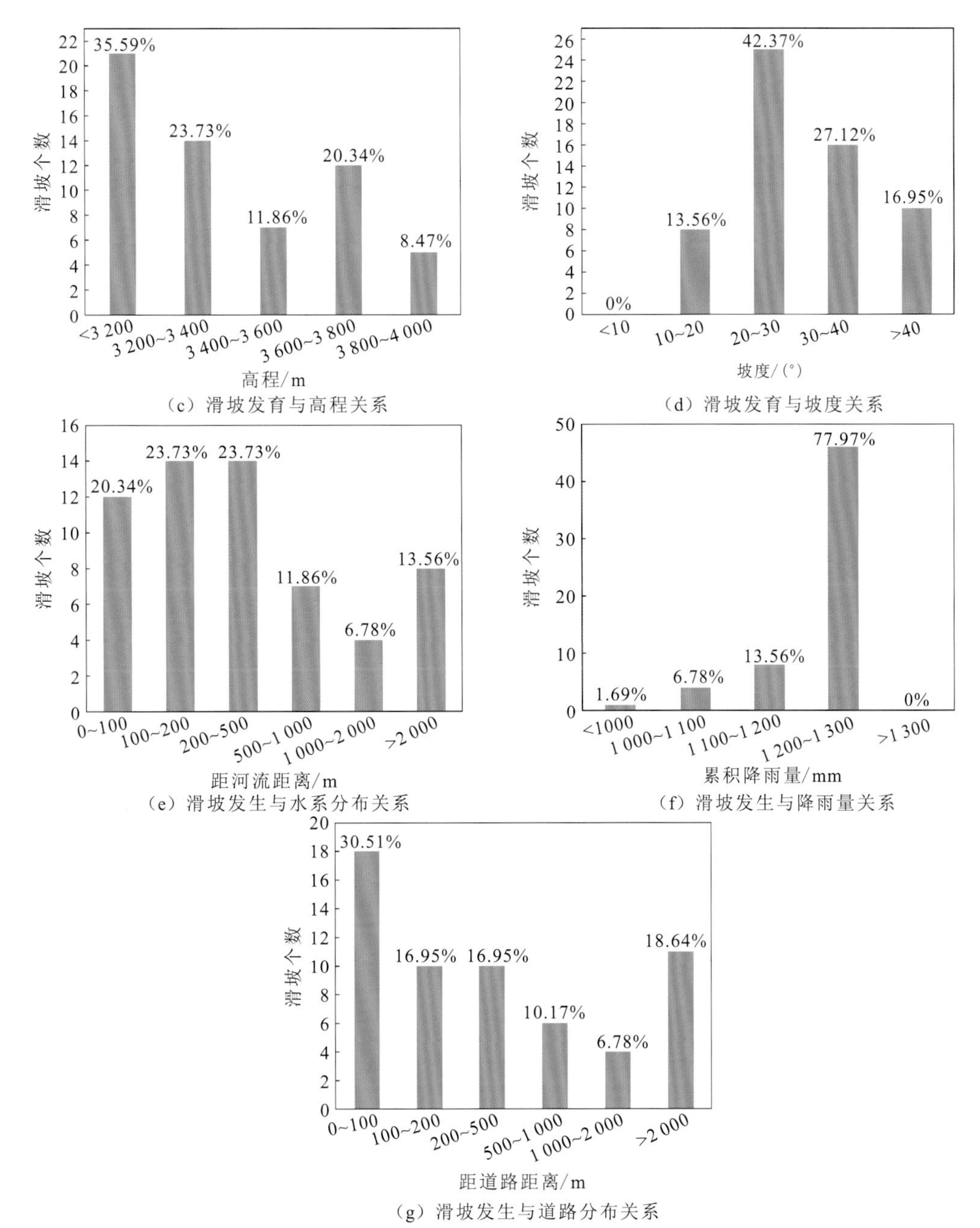

（c）滑坡发育与高程关系

（d）滑坡发育与坡度关系

（e）滑坡发生与水系分布关系

（f）滑坡发生与降雨量关系

（g）滑坡发生与道路分布关系

图 3.2　察雅研究区历史滑坡灾害孕灾与致灾特征

工程岩组符号的含义：III-2 表示软弱薄层状砂岩、板岩、砾岩岩组；III-4 表示较坚硬中厚层-块层砂岩、灰岩岩组；III-5 表示软弱中薄层泥岩、页岩岩组；III-6 表示较坚硬中厚层状石英砂岩、粉砂岩、火山岩岩组

柱上方数据为占比，受计算四舍五入影响，总和有可能不等于 100%

（2）断层构造特征：64.4%的历史灾害发生于断层 3 km 以内的区域，断层和剪切带附近破碎的岩体和密集分布的裂隙有利于滑体物质形成和地表水入渗，为滑坡发生创造了有利的条件（周超 等，2020；Tatard et al.，2010）。此外，断层走向控制了河流的流向和山谷的走向，有利于河流对坡脚的侵蚀和地形对山坡的切割（Yu　et al.，2020；Gupta，1997）。因此，在研究区，断层构造对滑坡发育起到了重要的控制作用。

（3）地形特征：历史灾害主要集中分布于海拔 3 000～4 000 m 区域，主要发育于坡度 20°～30° 的山坡上，所有滑坡区域的地形坡度均大于 10°。

（4）环境特征：河流对坡脚的冲刷和入渗地下水的波动对历史灾害发育具有关键的控制作用，67.8%的滑坡分布在距河流 500 m 以内的区域。

（5）致灾特征：历史灾害的发生与地震活动密切相关，例如 2013 年 8 月 12 日 $M_s$ 6.1 昌都地震触发了多处滑坡灾害（邓时强 等，2020）。72.73%的历史滑坡在 6～9 月的雨季发生，77.97%的滑坡发生于累积降雨量大的区域，这些区域从 2018 年 4 月 23 日～2019 年 12 月 26 日累积降雨量达 1 200～1 300 mm。此外，64.41%的历史滑坡位于道路 500 m 范围内，47.46%位于道路 200 m 区域内。

## 3.3 察雅研究区滑坡隐患识别

采用遥感、地质、地形、地理、地震、气象等多源时空数据，根据 1.2 节构建的滑坡灾害隐患识别综合判据，开展研究区滑坡隐患识别研究，揭示潜在隐患的孕灾和致灾特征。

### 3.3.1 察雅研究区多源时空数据

采用 8 类多源数据集（表 3.1）提取滑坡隐患运动特征、孕灾和致灾特征，从而识别潜在隐患和开展灾害易发性评价。

表 3.1 察雅研究区多源时空数据

| 数据类型 | 数据 | 数据日期 | 空间分辨率或比例尺 | 数据来源 |
|---|---|---|---|---|
| 遥感影像 | Sentinel-1A 雷达影像 | 2018 年 4 月 23 日～2019 年 12 月 26 日 | 5 m×20 m | 欧洲航天局 |
| | 谷歌地球影像 | 2015 年 2 月 7 日，2015 年 3 月 16 日，2021 年 6 月 15 日 | 0.38 m，0.31 m | 谷歌地球 |
| | Sentinel-2 多光谱影像 | 2019 年 10 月 18 日 | 10 m | 欧洲航天局 |
| | Mapbox 影像 | 2019 年 12 月 28 日 | 0.51 m | Mapbox 公司 |
| 地形数据 | SRTM DEM | 2000 年 | 30 m | 美国地质调查局 |
| 地质数据 | 地质图 | 1975 年 | 1∶200 000 | 全国地质资料馆 |
| 基础地理数据 | 基础地理图 | 2017 年 | 1∶250 000 | 全国地理信息资源目录服务系统 |
| 地震数据 | 地震编目数据 | 2018 年 4 月～2019 年 12 月 | — | 中国地震局 |
| 气象数据 | CHIRPS 降雨数据 | 2018 年 4 月 23 日～2019 年 12 月 26 日 | 5 km | 加利福尼亚大学圣塔芭芭拉分校 |

（1）Sentinel-1A 雷达影像数据，用于提取地表活动形变，反映斜坡运动特征。基于SBAS-InSAR 技术从 49 景升轨雷达影像中提取地表形变位移和速率。

（2）Sentinel-2 多光谱影像数据，用于提取 NDVI 植被覆盖特征和土地利用类型。

（3）谷歌地球影像和 Mapbox 影像数据，三维高分辨率谷歌地球影像用于解译和优化道路网和水系网。采用谷歌地球影像和 Mapbox 影像提取滑坡隐患的微地貌特征和宏观形变迹象，包括后缘、前缘、裂缝、坍塌、滑坡阶地、冲沟发育等特征。

（4）SRTM DEM 数据，采用 DEM 数据构建地形因素，包括高程、坡度、坡向、曲率、地表粗糙度、地表切割深度、地形起伏度、高程变异系数、地形湿度指数（topographic wetness index，TWI）等特征。

（5）地质图数据，用于构建地质因素，包括地层岩性和距断层距离。

（6）基础地理图数据，其中道路和水系地理数据用于构建距道路距离和距水系距离特征。道路和水系数据来源于基础地理图，图幅号为 H47C002001 和 H47C002002。

（7）地震编目数据，采用研究区 400 km 范围内发生的 $M_S$ 大于 3.0 的地震数据，构建地震因素，包括 PGA 和地震分布核密度，其中地震分布核密度反映了地震发生的密集分布程度。

（8）CHIRPS 降雨数据，用于建立累积降雨量气象因素。

### 3.3.2 察雅研究区孕灾与致灾因素构建

根据研究区滑坡灾害成因机制，构建与滑坡发生发育密切相关的两类影响因素，包括灾害控制因素和灾害诱发因素，如表 3.2 所示。除 PGA 和工程岩组因素以外，其他因素均作为滑坡灾害易发性评价的初始评价指标。表 3.2 中标识了“*”的因素表示通过共线性检验，成为滑坡灾害易发性评价的最终评价指标。灾害控制因素包括地形、地质、环境特征，这些特征控制了灾害的发育进程。灾害诱发因素包括气象、地震和人类工程活动特征，这些特征诱发了灾害的发生。

**表 3.2　察雅研究区滑坡灾害孕灾与致灾因素**

| 影响因素类型 | | 编号 | 影响因素 | 分级 |
|---|---|---|---|---|
| 灾害控制因素 | 地形 | 1 | 坡向* | ①平面；②北；③东北；④东；⑤东南；⑥南；⑦西南；⑧西；⑨西北 |
| | | 2 | 坡度* | 连续型 |
| | | 3 | 曲率* | 连续型 |
| | | 4 | 高程* | 连续型 |
| | | 5 | 地表粗糙度 | 连续型 |
| | | 6 | 地表切割深度 | 连续型 |
| | | 7 | 地形起伏度 | 连续型 |
| | | 8 | 高程变异系数 | 连续型 |
| | | 9 | TWI* | 连续型 |

续表

| 影响因素类型 | | 编号 | 影响因素 | 分级 |
|---|---|---|---|---|
| 灾害控制因素 | 地质 | 10 | 地层* | ①Q；②E$g$；③$K_1j$；④$J_3x$；⑤$J_2d$；⑥$J_1w$；⑦$T_3d$；⑧$T_3a$；⑨$T_3b$；⑩ $T_3j$；⑪$T_{2\text{-}3}Z$；⑫$P_3t$；⑬$C_1k$；⑭$Pt_3Y$；⑮ηγJ；⑯βμP；⑰$\gamma\delta T_3$ |
| | | 11 | 工程岩组 | ①I；②II；③III-1；④III-2；⑤III-3；⑥III-4；⑦III-5；⑧III-6；⑨IV-1；⑩IV-2 |
| | | 12 | 距断层距离*/km | ①≤0.5；②0.5～1；③1～1.5；④1.5～2；⑤2～2.5；⑥2.5～3；⑦3～3.5；⑧>3.5 |
| | 环境 | 13 | 距水系距离*/m | ①≤100；②100～200；③200～500；④500～1 000；⑤1 000～2 000；⑥2 000～3 500；⑦>3 500 |
| | | 14 | NDVI* | 连续型 |
| 灾害诱发因素 | 气象 | 15 | 累积降雨量* | 连续型 |
| | 地震 | 16 | PGA | 连续型 |
| | | 17 | 地震分布核密度* | 连续型 |
| | 人类工程活动 | 18 | 距道路距离*/m | ①≤100；②100～200；③200～500；④500～1 000；⑤1 000～2 000；⑥2 000～3 500；⑦>3 500 |
| | | 19 | 土地利用类型* | ①建设用地；②草地与林地；③水体；④未利用地 |

注：工程岩组类型符号的含义为：I 表示坚硬块状侵入岩岩组；II 表示较软弱薄层片岩、片麻岩岩组；III-1 表示较坚硬厚层状灰岩、石英砂岩、火山岩岩组；III-2 表示软弱薄层状砂岩、板岩、砾岩岩组；III-3 表示较软弱中薄层火山岩、碎屑岩岩组；III-4 表示较坚硬中厚层-块层砂岩、灰岩岩组；III-5 表示软弱中薄层泥岩、页岩岩组；III-6 表示较坚硬中厚层石英砂岩、粉砂岩、火山岩岩组；IV-1 表示松散冰水堆积漂砾、砂砾、黏土岩组；IV-2 表示松散冲洪积砂砾石、砂、黏土岩组

## 3.3.3 察雅研究区潜在滑坡隐患识别

采用 SBAS-InSAR 技术提取地表活动形变，由于研究区为典型的高山峡谷地貌，海拔高、地形陡峭，采用 1.4.5 小节提到的地形可视性分析 R 指数定量方法（Cigna et al.，2014；Notti et al.，2010）确定雷达视线向上可获取的有效形变区。根据有效形变区的地表活动特征、滑坡灾害的孕灾和致灾特征，采用 1.2 节构建的滑坡隐患识别综合判据，开展研究区潜在滑坡隐患的识别。

1. 地形可视性分析

根据研究区地形特征、雷达视线向入射角、卫星方位向，采用 R 指数地形可视性分析方法（Cigna et al.，2014），研究区被分为 5 个可视性分级区域：好可视性区域、低敏感性区域、透视收缩区域、叠掩区域和阴影区域。透视收缩区域和叠掩区域存在几何畸变，这两类区域中的地表形变不能被雷达有效观测到；阴影区域的形变则完全不能被雷达监测到。只有好可视性区域和低敏感性区域的地表形变可以被雷达有效监测到，不存在几何畸变，统称为可视区域。研究区的地形可视性分析结果如图 3.3 所示，可视区

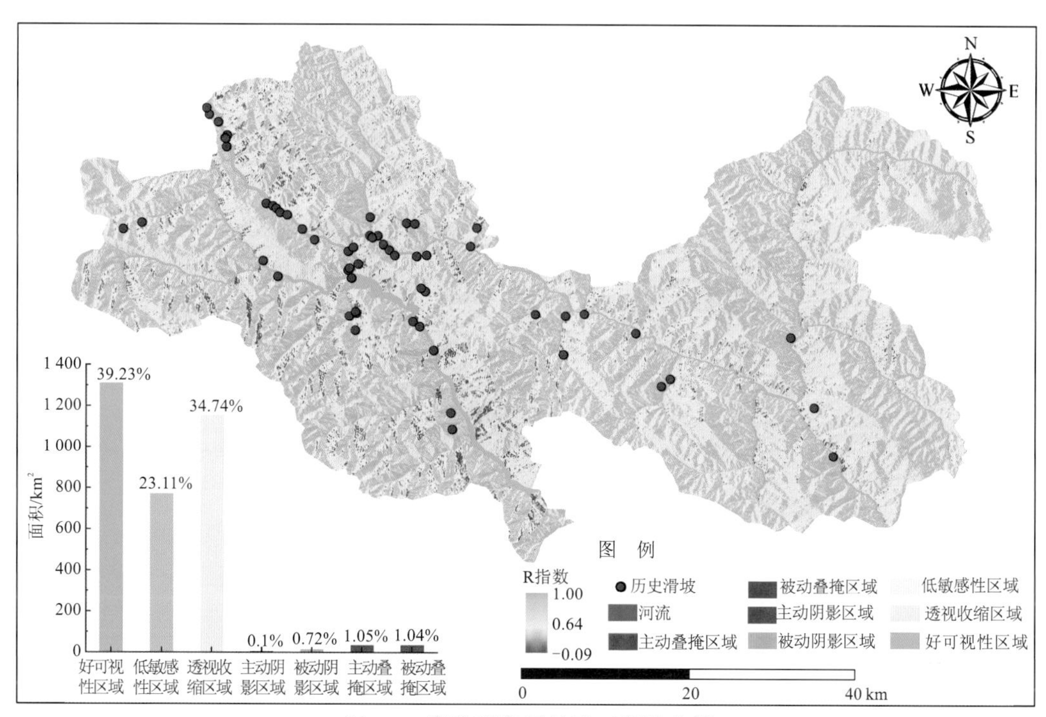


图 3.3　察雅研究区地形可视性分析

域面积为 2 071.16 km$^2$，占研究区面积的 62.34%，86.44%的历史滑坡发生在可视区域。

## 2. 滑坡隐患识别与验证

对 SBAS-InSAR 技术提取的地表形变，采用好可视性区域和低敏感性区域进行掩膜，只保留有效形变区域的地表形变特征。根据构建的滑坡隐患识别综合判据，开展滑坡隐患的识别，需要说明的是，根据研究区特定的地质环境和孕灾特征，将其中地层岩性判据细化为工程岩组判据：软弱泥岩、页岩岩组，较坚硬石英砂岩、粉砂岩、火山岩岩组，较坚硬砂岩、灰岩岩组，软弱薄砂岩、板岩、砾岩岩组岩体节理裂隙发育，风化严重，易发育滑坡隐患，其他岩组发育隐患可能性小。

识别的滑坡隐患如图 3.4 所示，底图为 Mapbox 影像。共识别出 25 处活动滑坡，其中 16 处为新发现的滑坡隐患，采用野外调查、无人机航拍和三维 Mapbox 影像对所有识别的活动滑坡进行验证，25 处活动滑坡均展现出明显的宏观变形迹象，包括坡脚的松散堆积体、破碎岩体物质、发育的小型崩塌、长大的冲沟等特征，如图 3.5 和图 3.6 所示。

## 3. 活动滑坡成因特征

活动滑坡成因特征包括孕灾特征和致灾特征，如图 3.7 所示，其中活动滑坡包括活动的历史滑坡和新发现的活动隐患。每处隐患详尽的孕灾和致灾特征如表 3.3 和表 3.4 所示。表 3.3 中坡度和高程为每处活动滑坡的平均坡度和平均高程，如果滑坡体上修建了道路网，则认为隐患距道路距离为 0。表 3.4 中“null”表示相关系数值未通过显著性水平为 0.05 的检验，即认为二者不相关。

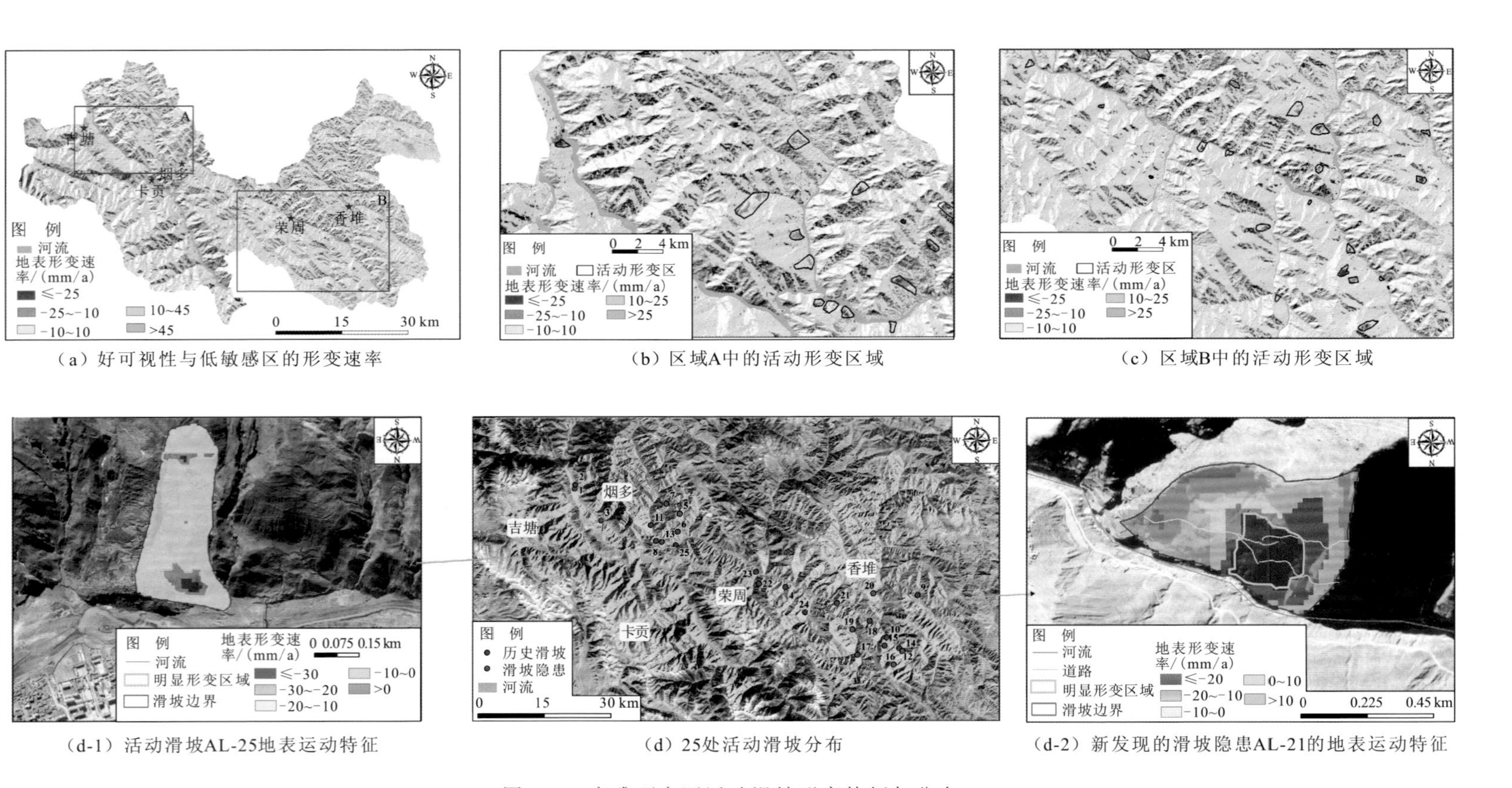

（a）好可视性与低敏感区的形变速率

（b）区域A中的活动形变区域

（c）区域B中的活动形变区域

（d-1）活动滑坡AL-25地表运动特征

（d）25处活动滑坡分布

（d-2）新发现的滑坡隐患AL-21的地表运动特征

图 3.4　察雅研究区活动滑坡形变特征与分布

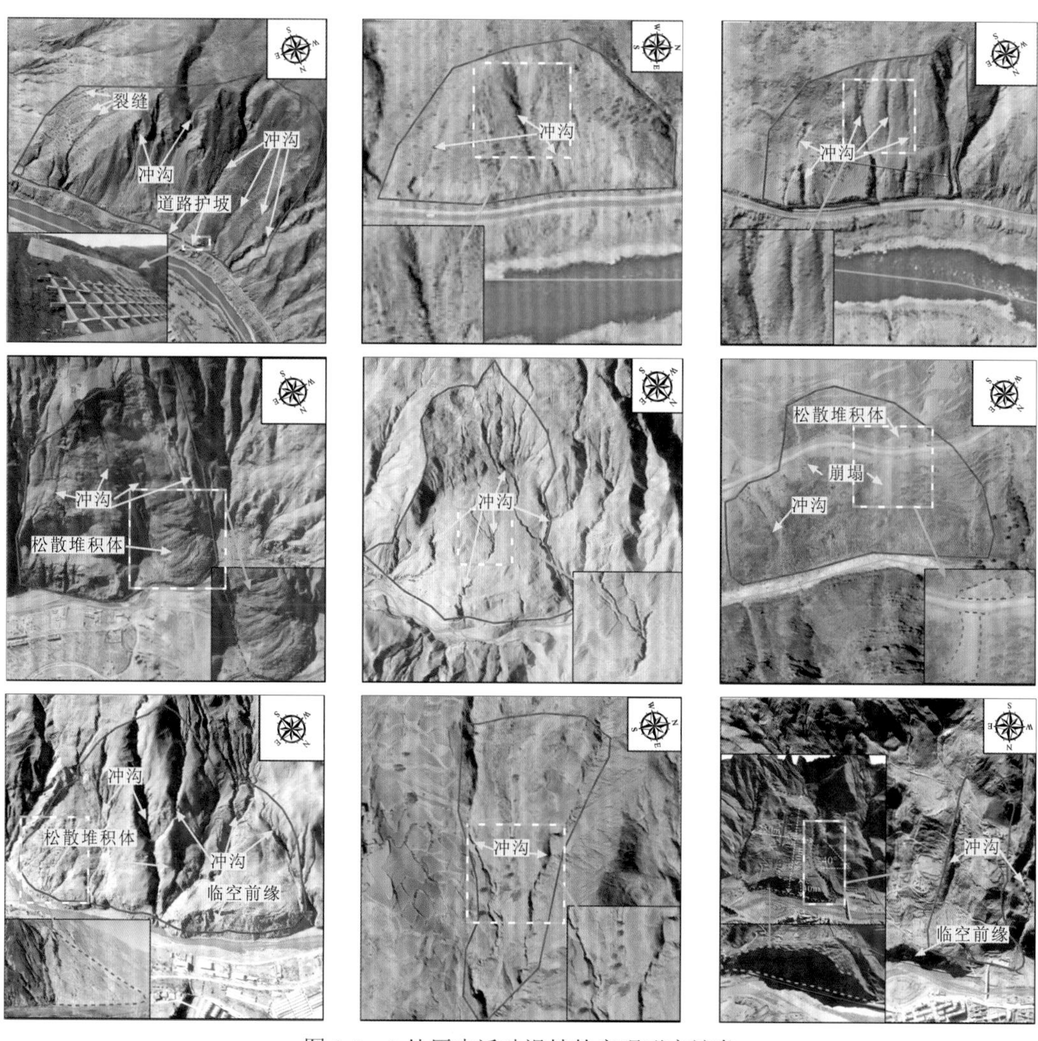


图 3.5　9 处历史活动滑坡的宏观形变迹象

野外调查照片和无人机航片来源于《西藏自治区察雅县 1∶50 000 地质灾害详细调查成果报告》，由西藏自治区地质矿产勘查开发局提供

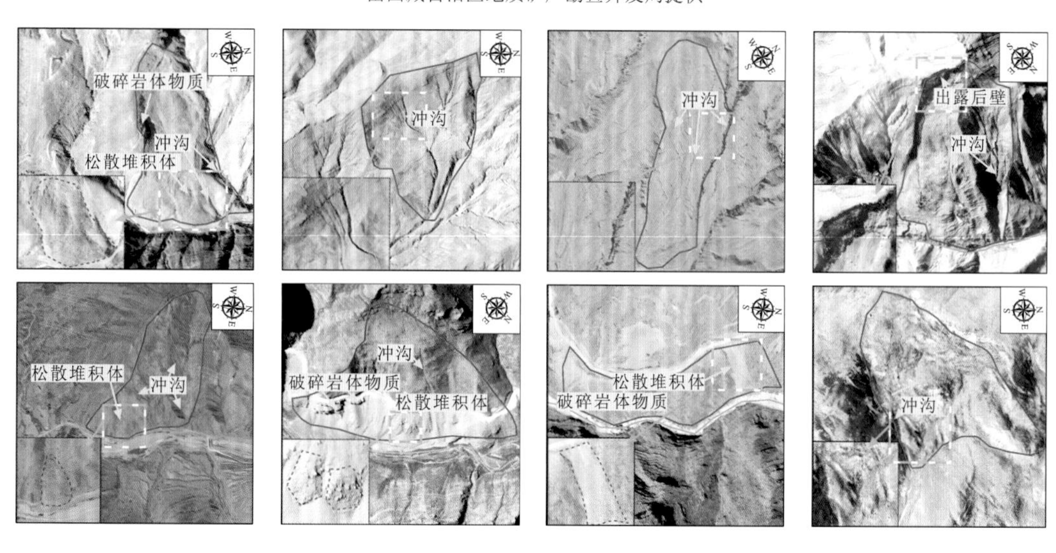

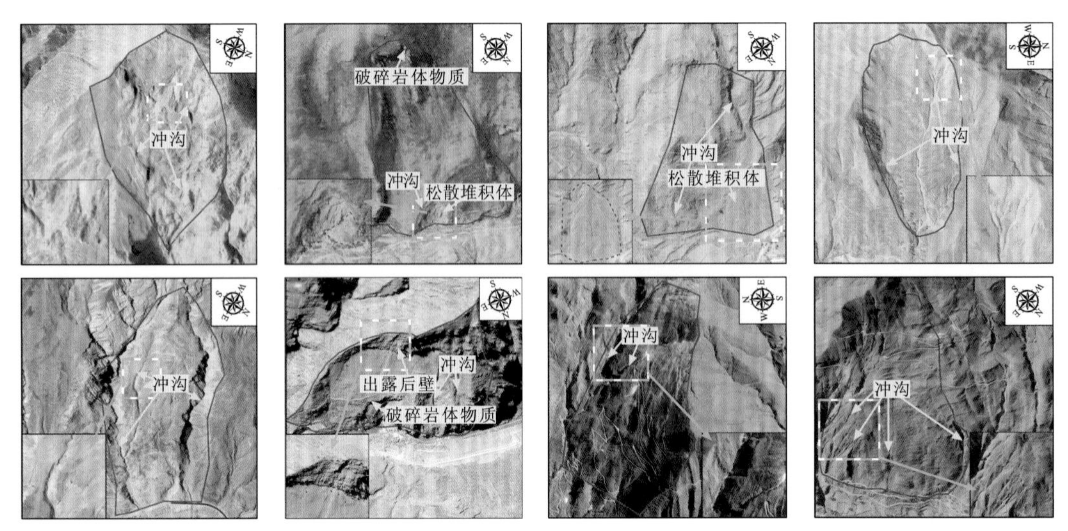


图 3.6　16 处新发现滑坡隐患的验证和宏观形变迹象

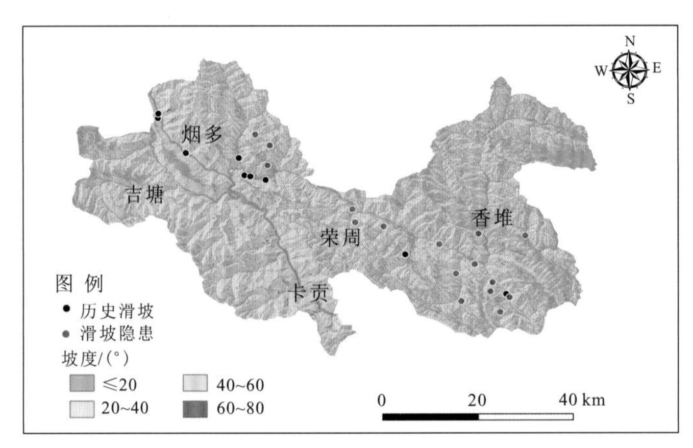


(a）坡度对活动滑坡发育的控制作用

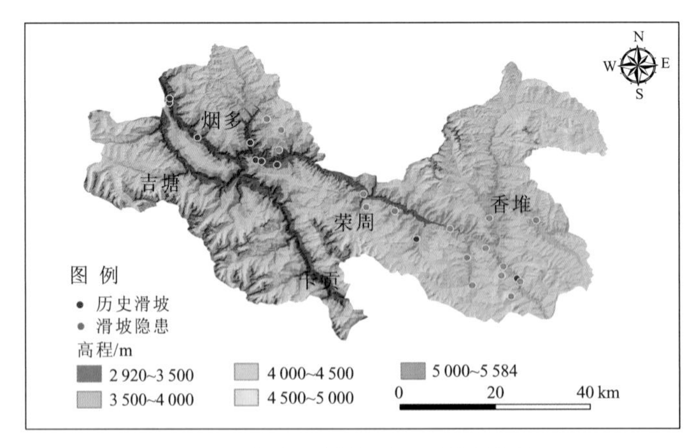


(b）高程对活动滑坡发生的控制作用

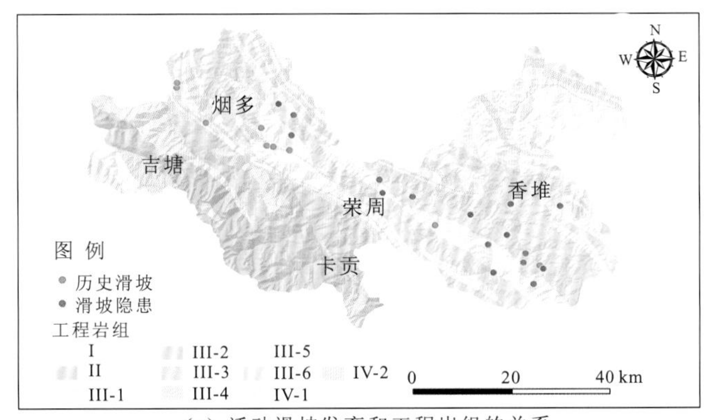


（c）活动滑坡发育和工程岩组的关系

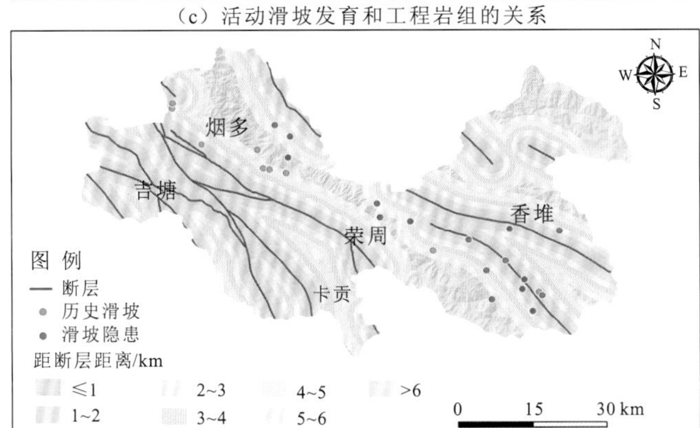


（d）断层发育对活动滑坡孕育的控制作用

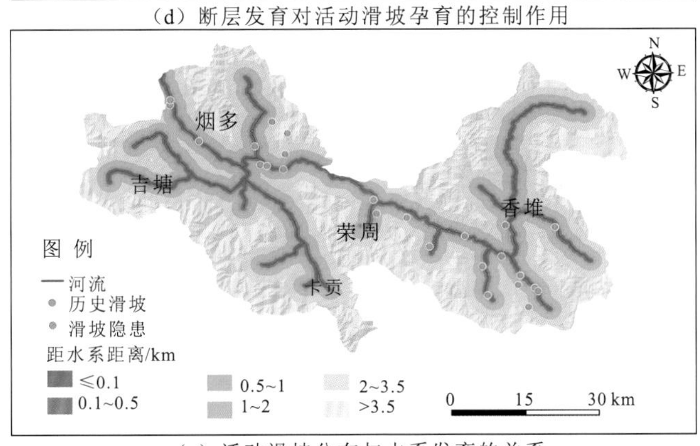


（e）活动滑坡分布与水系发育的关系

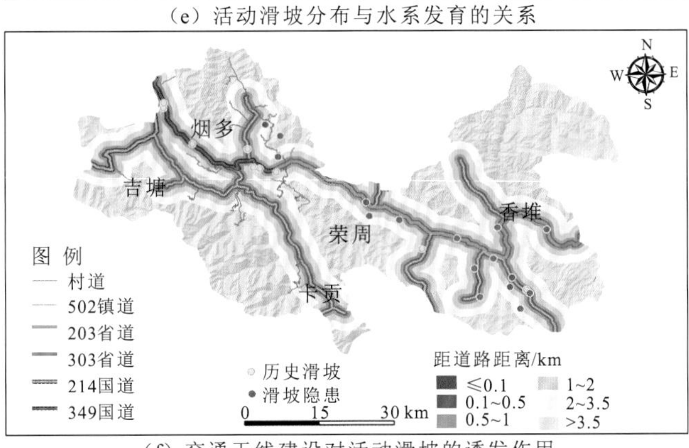


（f）交通干线建设对活动滑坡的诱发作用

图 3.7　活动滑坡成灾特征

**表 3.3　察雅研究区滑坡隐患发育的地质环境特征**

| 隐患序号 | 类型 | 面积/km² | 坡度/（°） | 高程/m | 工程岩组 | 距断层距离/km | 距水系距离/km | 距道路距离/km |
|---|---|---|---|---|---|---|---|---|
| AL-1 | 历史滑坡 | 0.29 | 40.57 | 3 324.61 | III-5 | 1.42 | 0.24 | 0.00 |
| AL-2 | 历史滑坡 | 0.01 | 26.59 | 3 032.82 | III-6 | 1.42 | 0.07 | 0.00 |
| AL-3 | 历史滑坡 | 0.02 | 21.38 | 3 101.44 | III-4 | 1.16 | 0.00 | 0.00 |
| AL -4 | 新隐患 | 0.08 | 23.11 | 3 603.42 | III-6 | 3.46 | 1.15 | 0.89 |
| AL -5 | 新隐患 | 0.06 | 24.70 | 4 273.52 | III-6 | 3.78 | 5.31 | 1.45 |
| AL-6 | 新隐患 | 0.78 | 15.56 | 3 476.65 | III-5 | 6.37 | 0.66 | 0.02 |
| AL-7 | 新隐患 | 0.53 | 26.09 | 3 860.27 | III-6 | 3.57 | 1.74 | 0.08 |
| AL-8 | 历史滑坡 | 0.50 | 28.84 | 3 318.25 | III-5 | 4.75 | 0.00 | 0.06 |
| AL-9 | 新隐患 | 0.18 | 31.22 | 3 870.47 | III-6 | 2.02 | 0.10 | 0.00 |
| AL-10 | 新隐患 | 0.32 | 34.07 | 3 793.84 | III-6 | 0.00 | 0.05 | 0.00 |
| AL-11 | 历史滑坡 | 0.76 | 22.42 | 3 381.68 | III-5 | 5.54 | 0.00 | 0.00 |
| AL-12 | 历史滑坡 | 0.08 | 28.12 | 3 789.90 | III-6 | 0.86 | 0.00 | 0.06 |
| AL-13 | 历史滑坡 | 0.43 | 30.40 | 3 275.93 | III-5 | 4.75 | 0.00 | 0.08 |
| AL-14 | 新隐患 | 0.02 | 15.77 | 3 774.90 | III-6 | 1.01 | 0.00 | 0.05 |
| AL-15 | 新隐患 | 0.45 | 26.38 | 4 431.45 | III-6 | 0.60 | 1.01 | 0.86 |
| AL-16 | 新隐患 | 0.71 | 24.07 | 4 533.01 | III-5 | 1.18 | 1.50 | 1.28 |
| AL-17 | 新隐患 | 0.14 | 28.41 | 4 035.75 | III-6 | 6.40 | 0.00 | 0.45 |
| AL-18 | 新隐患 | 0.06 | 21.61 | 3 686.16 | III-6 | 0.02 | 0.29 | 0.19 |
| AL-19 | 新隐患 | 0.49 | 25.89 | 4 032.19 | III-5 | 3.44 | 0.20 | 0.22 |
| AL-20 | 新隐患 | 0.86 | 23.35 | 3 818.58 | III-6 | 0.79 | 0.03 | 0.00 |
| AL-21 | 新隐患 | 0.20 | 35.22 | 3 598.85 | III-6 | 0.36 | 0.00 | 0.00 |
| AL-22 | 新隐患 | 0.26 | 26.43 | 3 787.55 | III-5 | 6.59 | 0.59 | 1.58 |
| AL-23 | 新隐患 | 0.24 | 28.89 | 3 486.76 | III-6 | 4.90 | 0.27 | 0.03 |
| AL-24 | 历史滑坡 | 0.04 | 15.08 | 3 797.88 | III-5 | 4.38 | 0.68 | 0.45 |
| AL-25 | 历史滑坡 | 0.22 | 21.17 | 3 265.26 | III-5 | 5.01 | 0.02 | 0.14 |

**表 3.4　察雅研究区滑坡隐患致灾特征**

| 隐患序号 | 与 PGA 相关性 | 与降雨量相关性 | 与道路修建相关性 |
| --- | --- | --- | --- |
| AL-1 | 0.303 | 0.583 | null |
| AL-2 | null | 0.558 | −0.986 |
| AL-3 | 0.724 | 0.493 | null |
| AL -4 | null | 0.4 | null |
| AL -5 | null | 0.584 | null |
| AL-6 | 0.615 | null | -0.829 |
| AL-7 | 0.315 | 0.348 | null |
| AL-8 | null | 0.748 | null |
| AL-9 | null | 0.771 | null |
| AL-10 | null | 0.612 | null |
| AL-11 | 0.62 | 0.445 | null |
| AL-12 | null | 0.577 | −0.936 |
| AL-13 | 0.621 | null | null |
| AL-14 | null | 0.714 | null |
| AL-15 | null | 0.574 | null |
| AL-16 | null | 0.641 | null |
| AL-17 | null | 0.398 | null |
| AL-18 | null | 0.494 | null |
| AL-19 | null | 0.506 | null |
| AL-20 | 0.733 | 0.533 | null |
| AL-21 | null | 0.577 | −0.995 |
| AL-22 | null | 0.683 | −0.886 |
| AL-23 | null | 0.626 | −0.943 |
| AL-24 | null | 0.699 | null |
| AL-25 | 0.699 | 0.508 | −0.895 |

活动滑坡孕灾特征主要体现为 4 个方面。

（1）地形特征：所有活动滑坡均位于高海拔陡峭山坡上，绝大多数位于海拔高于 3 000 m 且坡度大于 20° 的高陡斜坡上，5 处隐患的坡度甚至超过 30° 。

（2）工程岩组特征：96%的活动滑坡发育于软弱泥岩、页岩岩组，或者较坚硬石英砂岩、粉砂岩、火山岩岩组，1 处隐患发育于较坚硬砂岩、灰岩岩组。因此，软质岩和破碎、易风化的硬质岩是研究区滑坡隐患发育的重要控制因素。

（3）断层构造特征：44%的活动滑坡发生在距断层 2 km 范围内，24%发生在断层 1 km 范围内，1 处隐患直接被左通村断层切割。断层发育导致岩体中节理和裂隙分布，岩体破碎，产生松散固体堆积体（邓时强 等，2020），为滑坡隐患发育提供了丰富的物源，为雨水入渗和物理风化提供了有利条件，为滑坡隐患变形运动创造了地质构造优势（邓时强 等，2020；汪发武，2001；Finlay et al.，1997）。

（4）水系发育特征：68%的活动滑坡发生在距水系 500 m 范围内，52%发育于距水系 100 m 区域内，8 处隐患的前缘直接被河流冲刷侵蚀。研究区河流纵向侵蚀作用强烈，例如澜沧江干流水蚀模数达 100～500 t/（km²·a）。河流强烈的下切和侵蚀作用在沿岸产生了大量高陡边坡，斜坡的前缘先开始变形运移，牵引滑坡体中上部区域向下运动，形成牵引形变破坏模式（邓时强 等，2020）。此外，地下水渗流产生的动水压力降低了潜在滑面的有效应力和抗剪强度，破坏了斜坡稳定性。

研究区活动滑坡的致灾特征主要体现为地震、降雨和人类工程活动的作用。人类工程活动诱发的滑坡与交通干线建设密切相关，如 G214 国道和 G349 国道、S203 省道沿线陡坎路段每年雨季均有滑坡灾害发生（邓时强 等，2020）。交通干线建设伴随着人工爆破、山坡开挖，破坏了斜坡的应力平衡。研究区滑坡隐患发育主要有 3 个致灾特征。①降雨是诱发滑坡隐患最主要的因素。23 处滑坡隐患在降雨作用下缓慢蠕动滑移，其中 12 处隐患形变最主要的诱因是降雨，5 处隐患滑动是由地震和降雨共同诱发的，5 处隐患蠕动是由降雨和道路修建共同导致的，1 处隐患在地震、降雨和道路修建诱发下变形运移。②人类工程活动，特别是交通设施建设是隐患发育的重要诱因之一。7 处隐患蠕滑是由线性工程修建导致的，除第①点中提到的与道路修建相关的 6 处隐患外，1 处隐患在地震和交通干线建设共同作用下出现缓慢蠕滑。③新构造运动和加剧的地质营力诱发了活动滑坡的发育和发展。8 处隐患的滑动与地震活动密切相关，其中 1 处隐患的失稳主要由地震诱发。

总之，构造运动、发育的断层、软弱易滑地层、高度风化和破碎的岩体物质产生了大量松散固体物质，在岩体中形成密集分布的节理和裂隙。雨水从裂缝渗入深部岩土体物质，渗入的地下水产生静水和动水压力，河流切割和侵蚀坡脚，道路修建进一步开挖坡脚，人工爆破使岩土体物质变得更加破碎和松动。于是岩土体物质的抗剪强度降低、内部软弱滑面生成和贯通，斜坡应力平衡被破坏，开始沿着高陡地形向下蠕滑形变，逐渐发育成活动的滑坡隐患。

## 4.4 处典型滑坡隐患

选取不同成因机制的 2 处滑坡隐患来说明孕灾和致灾特征。AL-1 隐患发育于麦曲河南岸陡峭山坡上，坡脚距离麦曲河 240 m，隐患明显形变区域平均坡度达 40.57°。岩性为软弱中薄层泥岩、页岩岩组，这类岩石力学性质差，软弱结构面和次生裂隙结构发育，抗风化能力弱，在水作用下，容易软化变形（邓时强 等，2020）。该隐患在雨水入渗软化和河流下切侵蚀坡脚共同作用下，有效应力与抗剪强度降低，应力平衡一旦破坏，开始沿软弱滑动面缓慢蠕滑。此外，地震活动导致 AL-1 隐患岩土体物质松动和破坏，进一步加剧了变形滑移。AL-1 隐患的变形特征和致灾特征如图 3.8 所示，底图为

Mapbox 影像。坡面宏观形变迹象明显，受地表径流强烈侵蚀，坡面密集分布着长大的冲沟和裂缝，多处裂缝贯通，最长的 2 条冲沟分别达 596 m 和 591 m，最长的 2 条冲沟位于形变速率最快的区域，说明地表径流侵蚀最强烈的区域正是蠕滑最快、形变最明显的区域。AL-1 隐患在雨季变形加剧，其形变速率与滞后 36 天的 14 天累积降雨量的变化具有良好的一致性，说明降雨作用具有滞后和累积效应，AL-1 隐患在旱季加快的变形是由活跃的地震活动诱发的。该隐患一旦失稳演化成山体滑坡，将摧毁坡脚道路，可能堵塞麦曲河道，形成涌浪，摧毁对岸如给村温室大棚。

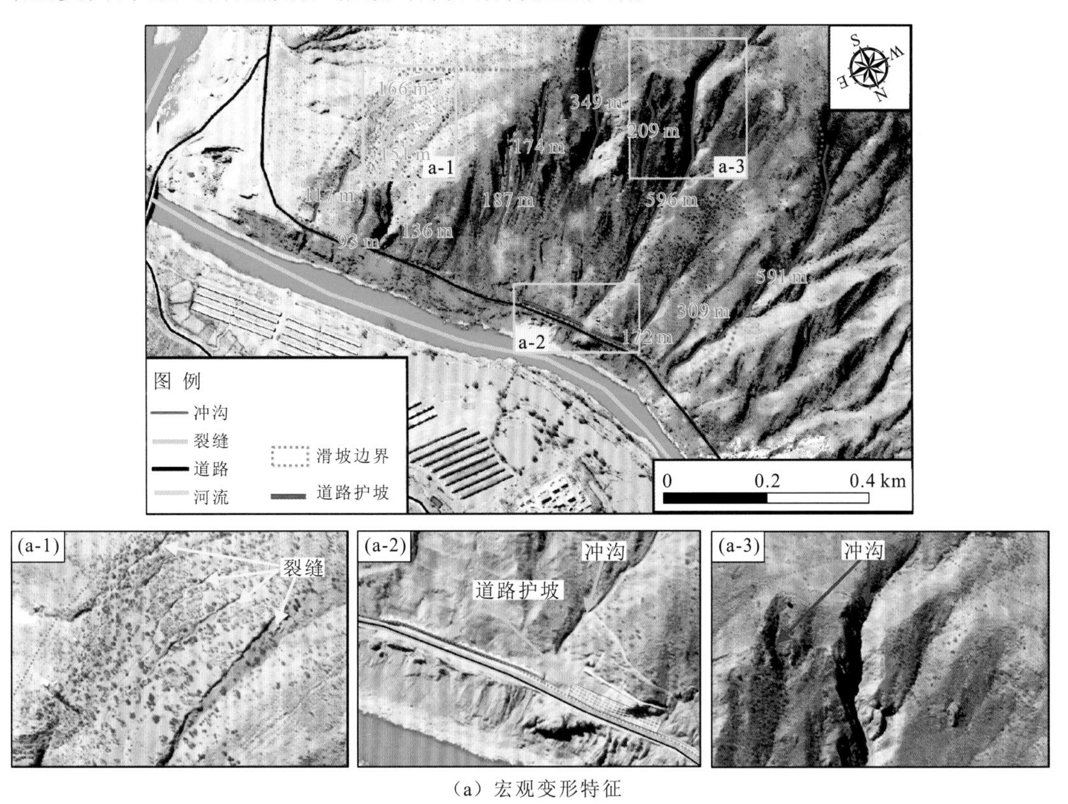

（a）宏观变形特征

图 例

河流　道路

滑坡边界

明显形变区域

地表形变速率/(mm/a)

≤-25　-10~0

-25~-10　0~10

0　0.2　0.4 km

（b）地表形变速率

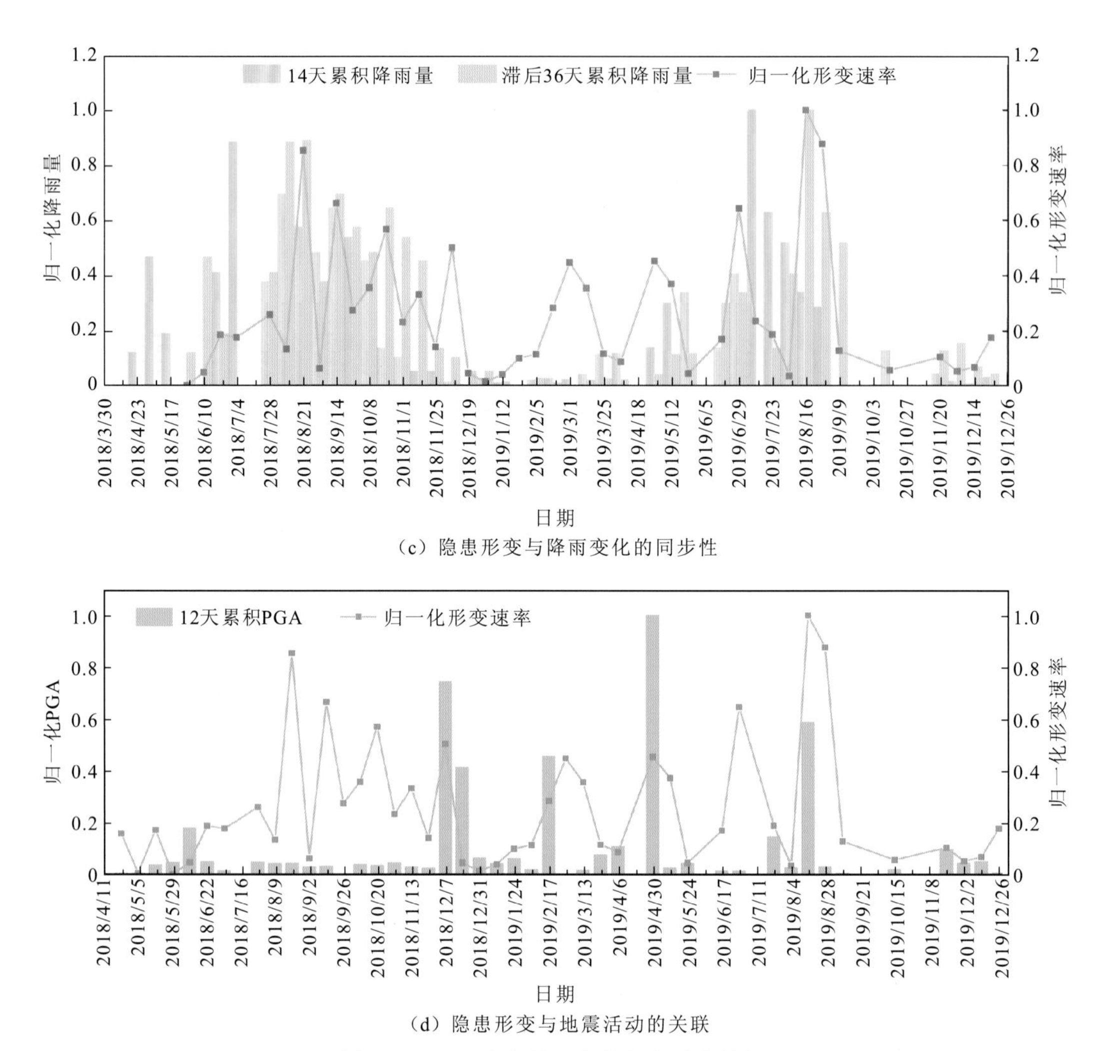


（c）隐患形变与降雨变化的同步性

（d）隐患形变与地震活动的关联

图 3.8　AL-1 隐患的形变特征和致灾特征

AL-21 隐患是一处新发现的滑坡潜在隐患，发育于较坚硬中厚层石英砂岩、粉砂岩、火山岩岩组，该类岩石属于脆性岩石，由于研究区高海拔、高日照，昼夜温差极大，物理风化严重，次生裂隙结构面发育（邓时强 等，2020）。AL-21 隐患的形变特征和致灾特征如图 3.9 所示，底图为 Mapbox 影像。隐患岩体风化严重，岩石物质破碎，隐患岩石后壁出露。此外，坡体受雨水冲刷侵蚀严重，冲沟密集发育，冲沟最大宽度约为 4 m，最大长度约为 252 m。雨水通过裂缝入渗，汇聚到隔水层，对岩土体起到润滑作用（Hafizi et al.，2010），同时岩土体在饱水作用下，容重增加、下滑力增大（姚海林 等，2002；Finlay et al.，1997）。因此，如图 3.9（c）所示，AL-21 隐患在雨季变形剧烈，而在旱季变形减缓。此外，坡体上修建有道路网，山体开挖和人工爆破松动岩土体，使岩土体卸荷，加剧了 AL-21 隐患的运动，因此，AL-21 隐患在旱季仍在缓慢蠕动变形是因为人类工程活动的长效应，如图 3.9（d）所示，距道路越近，岩土体变形越明显。总之，AL-21 隐患的形变滑移是降雨和人类工程活动共同诱发的，其形变模式为典型的牵引破坏，前缘形变最剧烈，牵引滑坡中部和后缘部分向下滑移。

为了更清晰地展示滑坡隐患的形变特征，2 处新发现隐患的宏观形变迹象如图 3.10 所示，底图为 Mapbox 影像。AL-10 隐患坡面岩体破碎，发育长大冲沟，前缘坡脚雨水切割侵蚀痕迹明显，前期发生过多次小型滑塌，多处固体物质松散堆积于坡脚处。AL-20 隐患在物理风化和雨水侵蚀作用下，岩体破碎，坡面冲沟裂缝发育，最长冲沟达 505 m，冲沟深切割坡面岩体，形成隐患侧面边界。

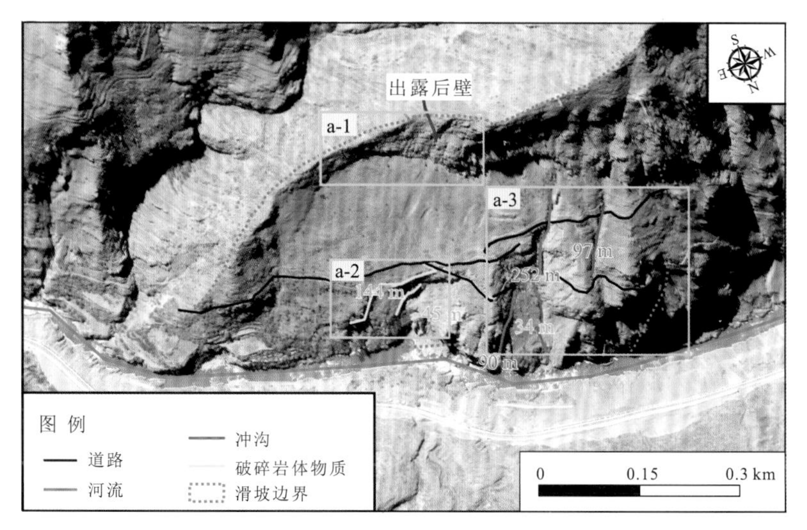


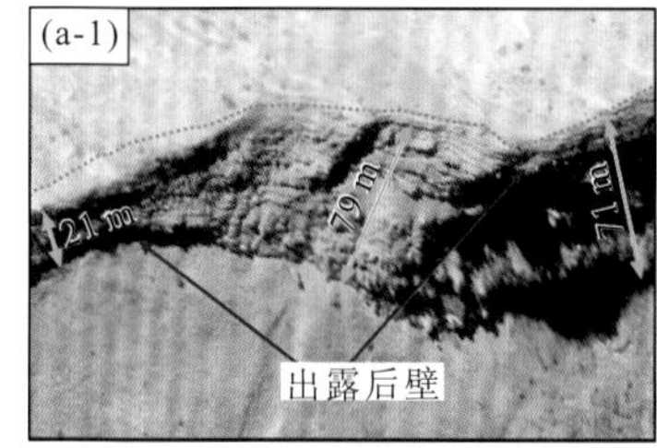


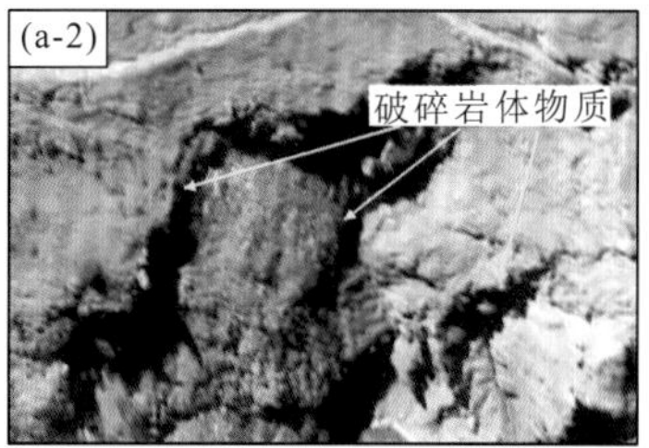


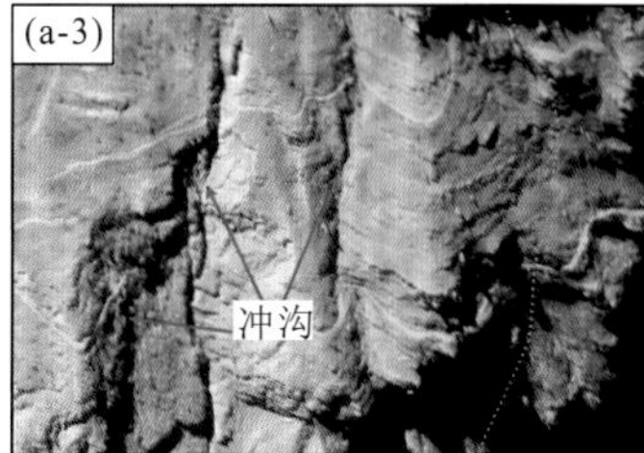


（a）宏观形变迹象

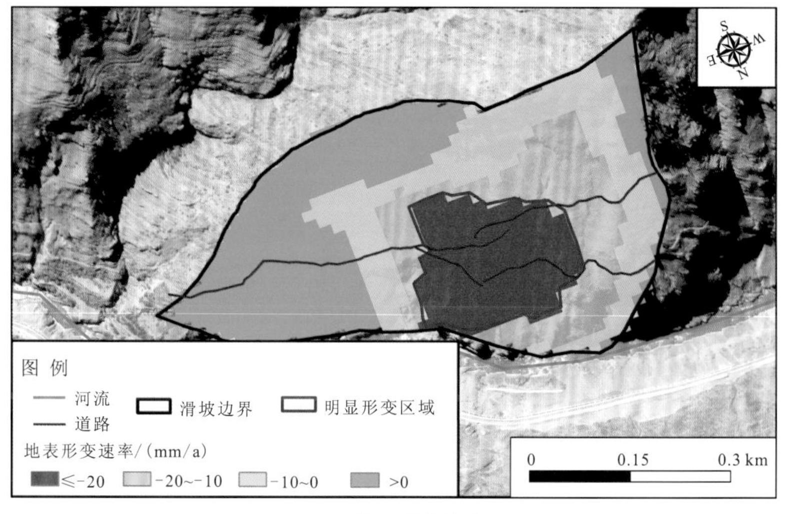


（b）地表形变速率

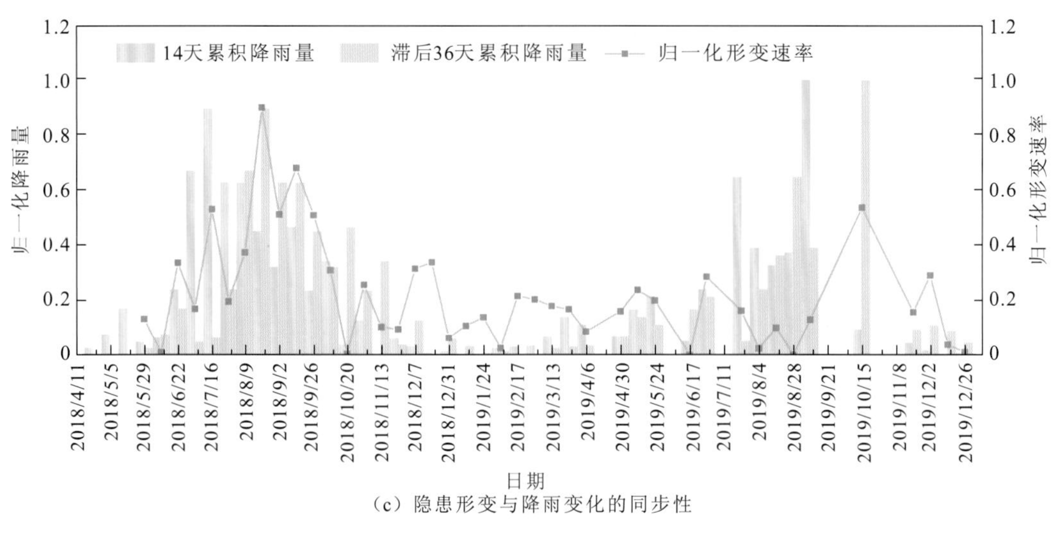


（c）隐患形变与降雨变化的同步性

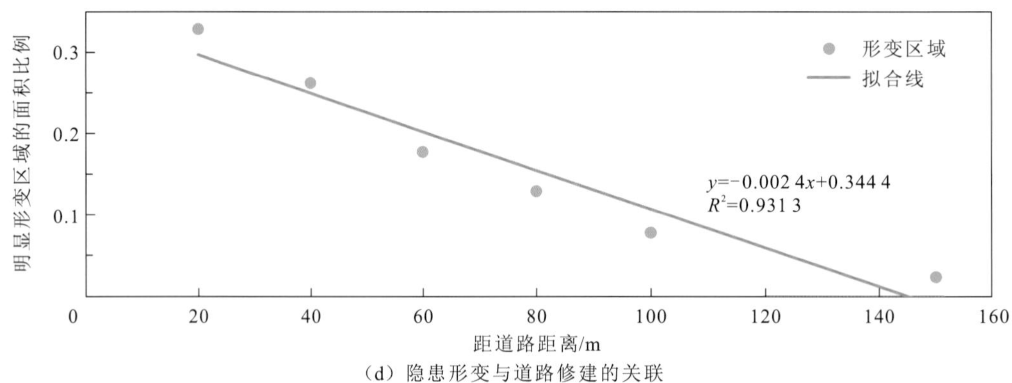


（d）隐患形变与道路修建的关联

图 3.9　AL-21 隐患的形变特征和致灾特征

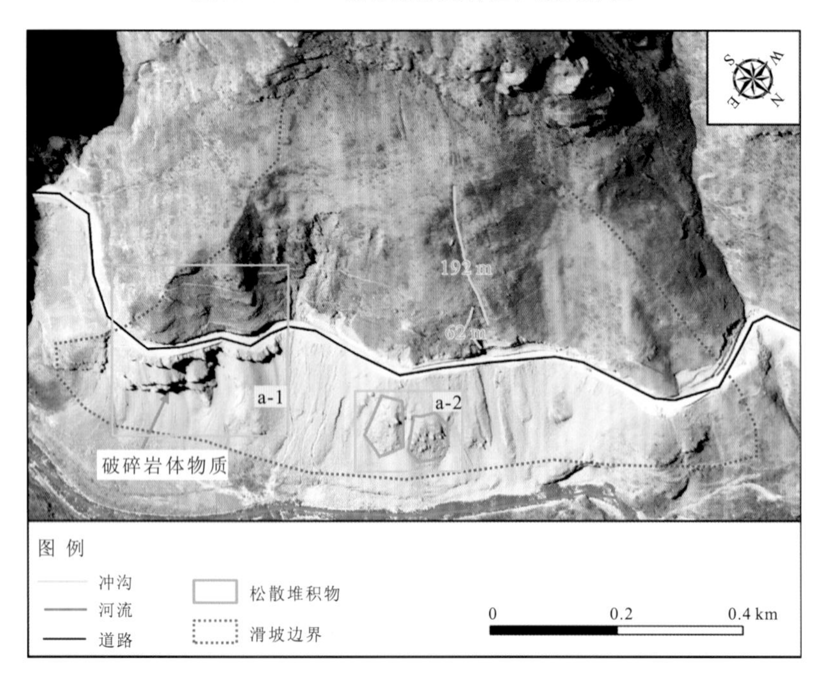

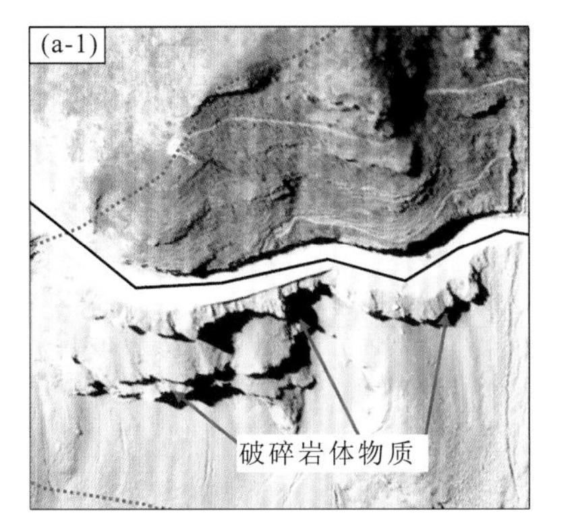


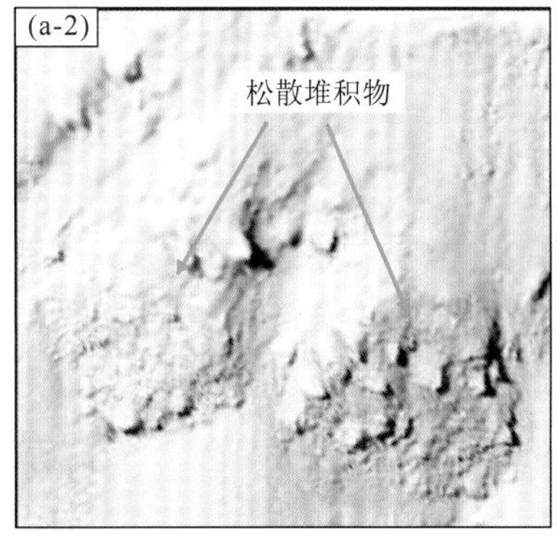


（a）AL-10滑坡

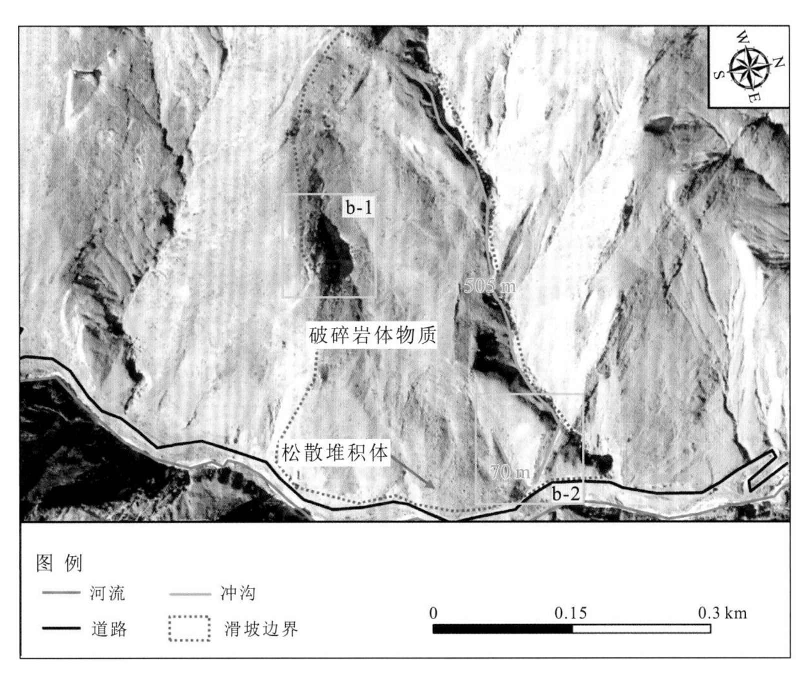


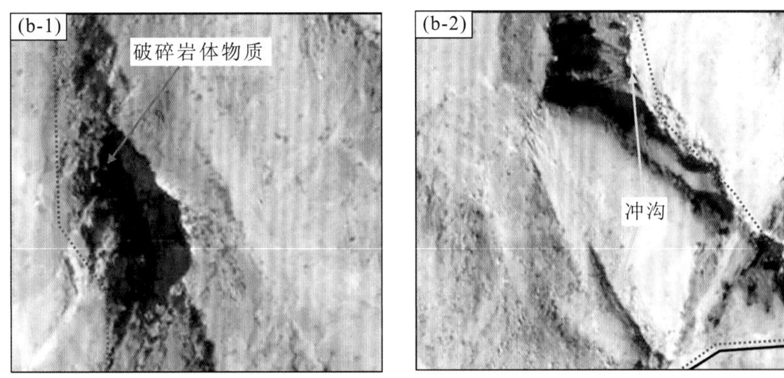


（b）AL-20滑坡

图 3.10　AL-10 和 AL-20 滑坡隐患的宏观形变迹象

# 3.4 察雅研究区滑坡易发性评价

综合识别的潜在滑坡隐患和历史滑坡，采用极致梯度提升（extreme gradient boosting，XGBoost）集成学习算法开展研究区滑坡易发性评价，将易发性综合评价结果与3种情况的易发性评价结果进行比较：①仅考虑历史灾害开展易发性评价；②采用经典深度学习算法 CNN 模型开展易发性评价；③采用经典浅层机器学习算法支持向量机（support vector machine，SVM）模型开展易发性评价。以此说明本节采用的易发性综合评价方法的先进性和合理性，并揭示研究区滑坡高易发的原因，为灾害防治提供科学依据。

## 3.4.1 滑坡易发性综合评价

研究区滑坡易发性评价初始指标如图 3.11 所示，对各初始指标开展共线性分析（Littell et al.，2008），采用容忍度（tolerance，TOL）和方差膨胀因子（variance inflation factor，VIF）2个参数来检验指标之间的相关性（周超，2018；Miles，2005），去除具有强相关的指标，以提高易发性评价的精度，构建的易发性评价初始指标之间的共线性关系如表 3.5 所示。对于构建的地形指标，坡度、地表粗糙度、地表切割深度、高程变异系数和地形起伏度等指标之间存在共线性关系。正如 3.2 节分析，研究区历史滑坡的发育特征与坡度的控制作用密切相关，因此坡度指标用于易发性评价，而其余4个地形指标不作为最终的易发性评价指标。在去除4个地形指标后剩余的13个指标之间不存在共线性关系，因此作为滑坡易发性评价的最终指标。

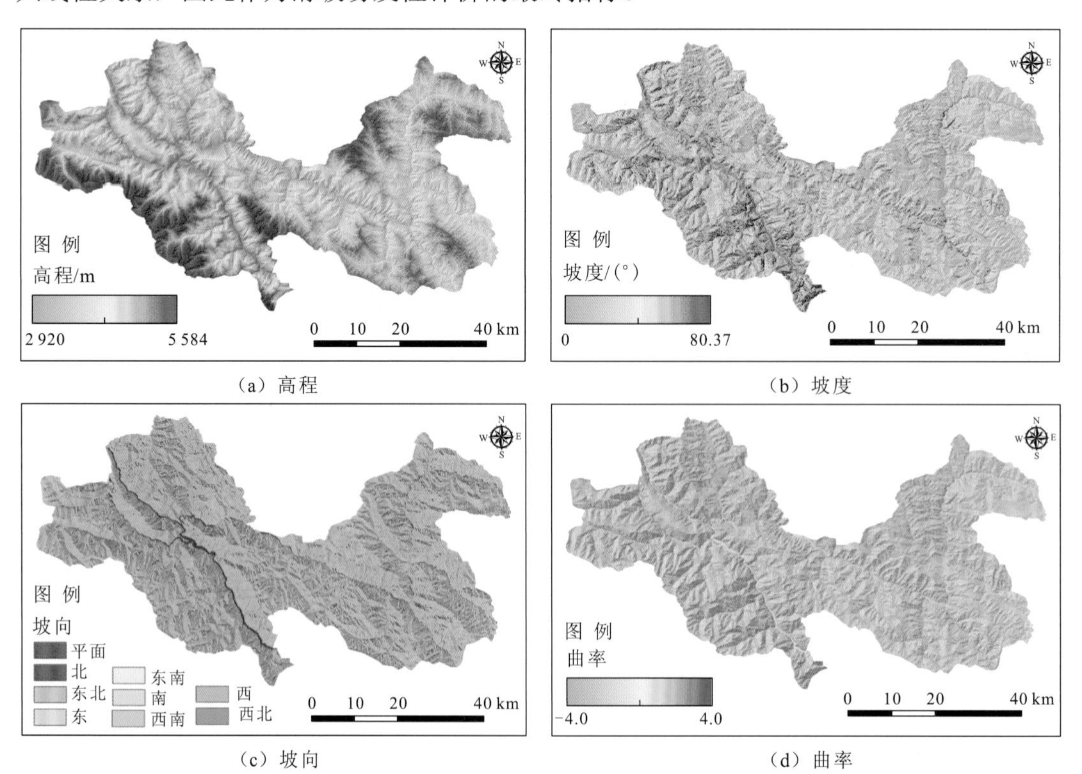

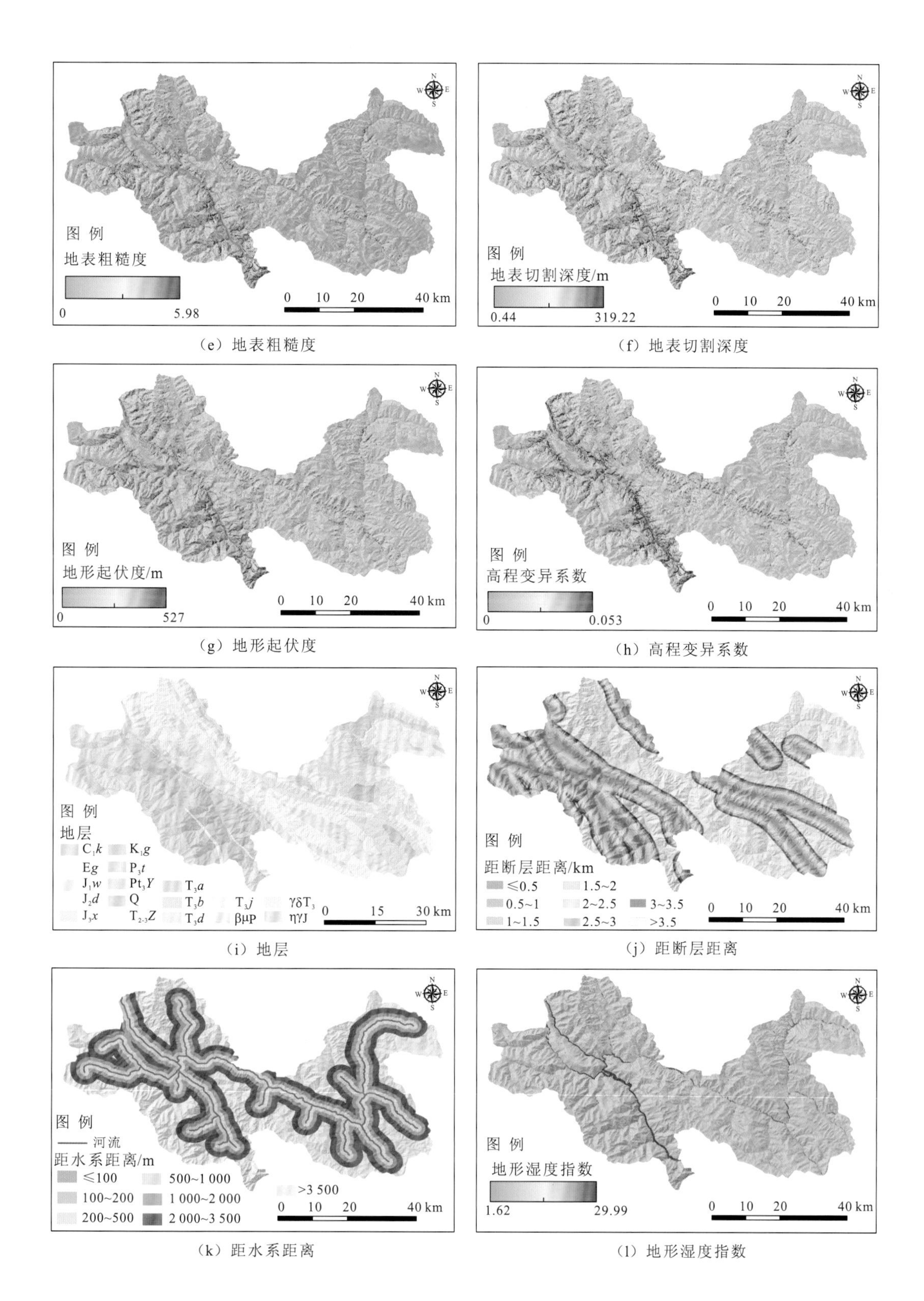


（e）地表粗糙度

（f）地表切割深度

（g）地形起伏度

（h）高程变异系数

（i）地层

（j）距断层距离

（k）距水系距离

（l）地形湿度指数

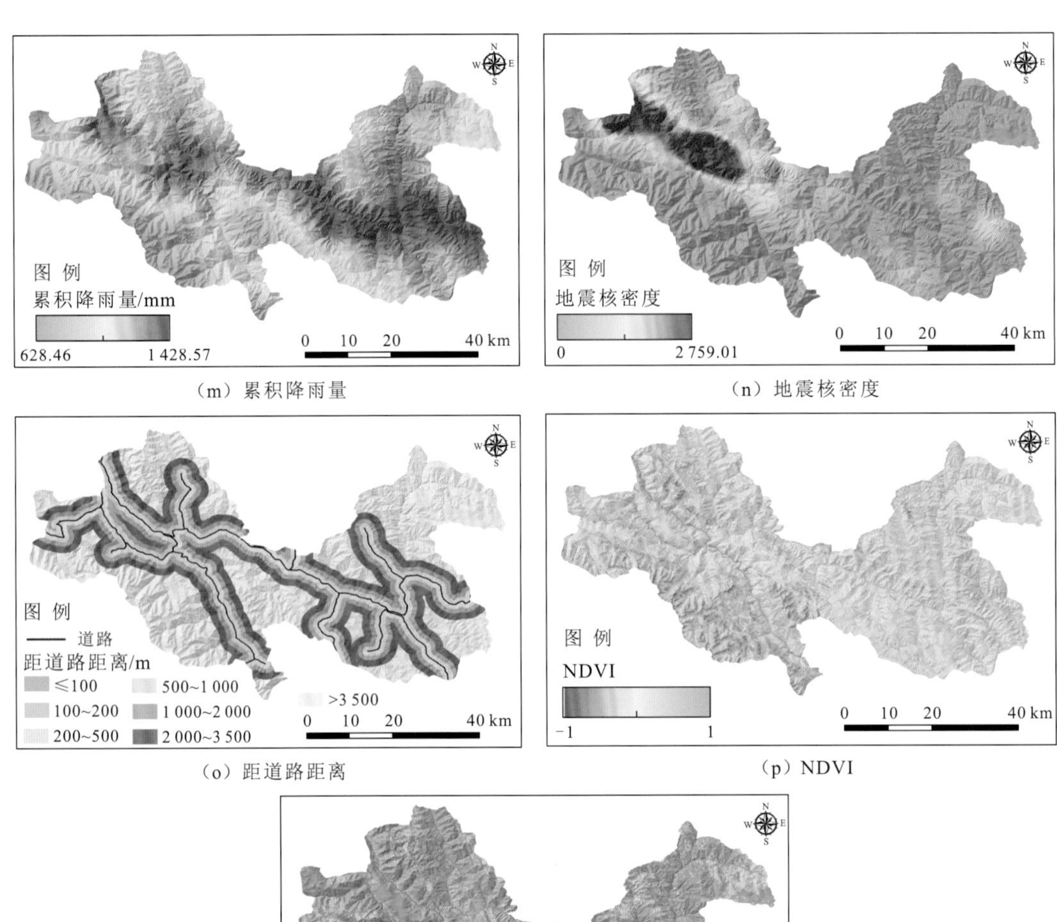


(m) 累积降雨量　　(n) 地震核密度

(o) 距道路距离　　(p) NDVI

(q) 土地利用类型

图 3.11　察雅研究区滑坡易发性评价初始指标

**表 3.5　滑坡易发性评价指标之间的共线性分析**

| 指标序号 | 评价指标 | VIF | TOL |
|---|---|---|---|
| 1 | 高程 | 0.357 | 2.798 |
| 2 | 坡度 | 0.132 | 7.568 |
| 3 | 坡向 | 0.812 | 1.232 |
| 4 | 曲率 | 0.849 | 1.178 |
| 5 | 地表粗糙度 | 0.195 | 5.137 |
| 6 | 地表切割深度 | 0.155 | 6.452 |
| 7 | 地形起伏度 | 0.183 | 5.465 |
| 8 | 高程变异系数 | 0.164 | 6.087 |

续表

| 指标序号 | 评价指标 | VIF | TOL |
|---|---|---|---|
| 9 | 地层 | 0.857 | 1.167 |
| 10 | 距断层距离 | 0.806 | 1.240 |
| 11 | 距水系距离 | 0.216 | 4.625 |
| 12 | 地形湿度指数 | 0.602 | 1.662 |
| 13 | 累积降雨量 | 0.461 | 2.170 |
| 14 | 地震核密度 | 0.606 | 1.649 |
| 15 | 距道路距离 | 0.205 | 4.871 |
| 16 | NDVI | 0.748 | 1.337 |
| 17 | 土地利用类型 | 0.803 | 1.246 |

### 1. 滑坡易发性评价 XGBoost 模型

XGBoost 算法（Chen et al.，2016）是一个开源、优化、分布式的梯度提升机器学习软件库，广泛应用于各种机器学习竞赛中，被认为是高精度、高效率的机器学习算法之一。XGBoost 采用梯度下降算法，集成一系列弱预测模型（决策树），生成一个滑坡易发性强预测模型，可以有效克服过拟合问题。XGBoost 算法采用分步前向加性模型，在每一次迭代中，通过减小残差和优化损失函数值产生 1 个更优的弱预测模型，通过集成多个弱预测器，获得强学习器和高预测精度（Chen et al.，2016）。目标函数如式（3.1）所示，包括梯度提升损失函数和正则项，损失函数由二阶泰勒级数展开，采用牛顿方法求解（Chen et al.，2016）。

$$L^{(t)} = \sum_{i=1}^{n} l(y_i, y_i'^{(t-1)} + f_t(x_i)) + \sum_{k=1}^{t} \Omega(f_k) \tag{3.1}$$

式中：$L^{(t)}$ 为目标函数，即正则化的损失函数；$t$ 为决策树个数；$n$ 为样本数；$y_i$ 和 $y_i'$ 分别为真值和预测值；$f_t(x_i)$为第 $t$ 棵决策树的预测值；$f_k$ 为第 $k$ 棵决策树；函数 $l(\cdot)$为单个样本的损失值；$\Omega(\cdot)$ 为正则项。

正则项计算公式如式（3.2）所示，采用 L2 范式进行正则化，反映了单棵决策树的复杂度（Chen et al.，2016）。$\Omega(f)$ 的值越小，对应决策树的复杂度就越低，则其泛化能力就越强。

$$\Omega(f) = \gamma T + \frac{1}{2}\lambda \|\boldsymbol{W}\|^2 \tag{3.2}$$

式中：$T$ 和 $\boldsymbol{W}$ 分别为叶子节点的数量和权重矩阵；$\gamma$ 为叶子节点数量的正则系数；$\lambda$ 为叶子节点权重的正则系数。

### 2. 大范围区域滑坡易发性综合评价

采用平均曲率分水岭方法（Romstad et al.，2012），根据 DEM 数据将研究区划分为 170 188 个斜坡单元，选取其中 1 136 个斜坡单元，这些斜坡单元包含相同数量的滑坡和非滑坡样本，将这 1 136 个斜坡单元随机划分为 70%学习样本和 30%测试样本，分别用于训练 XGBoost 滑坡易发性评价模型和评估模型精度。生成的滑坡易发性评价图如图 3.12 所示，滑坡易发性评价结果统计如表 3.6 所示，滑坡易发性评价结果精度评估如表 3.7 所示，其中 AUC（area under curve）为受试者工作特征曲线（receiver operating characteristic curve，ROC）下的面积，TPR（true positive rate）为真正类率，其值等于召回率值，MAE（mean absolute error）为平均绝对误差。92%的潜在隐患和历史滑坡位于高和极高易发区，高和极高易发区占研究区面积的 21.85%。易发性精度评价指标 AUC、accuracy、TPR、*F*1 分数、Kappa 系数的值分别为 0.996、97.98%、98.77%、0.98 和 0.96。

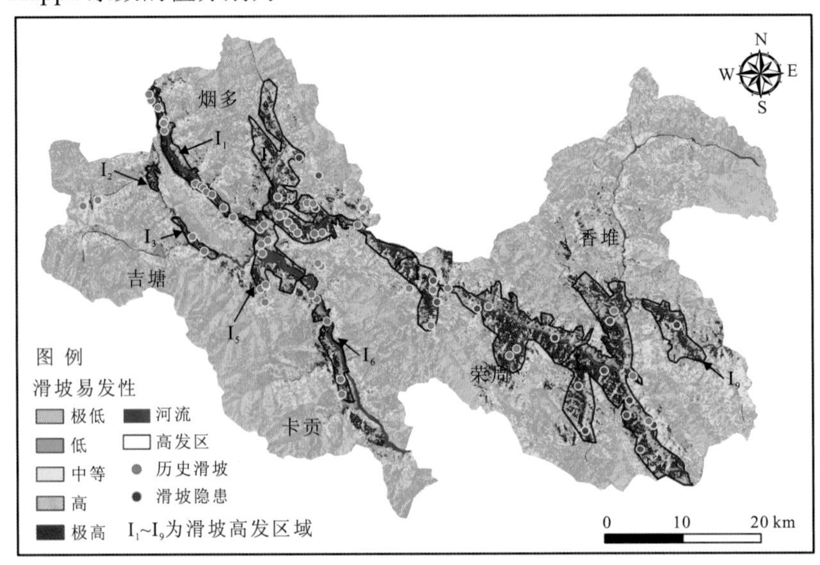


图 3.12　察雅研究区滑坡易发性评价图

**表 3.6　滑坡易发性评价结果统计**

| 统计指标 | 极低易发区 | 低易发区 | 中等易发区 | 高易发区 | 极高易发区 |
|---|---|---|---|---|---|
| 面积/km$^2$ | 987.63 | 1 003.59 | 595.07 | 442.49 | 280.73 |
| 面积占比/% | 29.84 | 30.33 | 17.98 | 13.37 | 8.48 |
| 滑坡个数 | 0 | 1 | 5 | 15 | 54 |
| 滑坡个数占比/% | 0 | 1.33 | 6.67 | 20 | 72 |

**表 3.7　滑坡易发性评价结果精度评估**

| 评价指标 | 精度值 | 评价指标 | 精度值 |
|---|---|---|---|
| accuracy/% | 97.98 | RMSE | 0.155 |
| TPR/% | 98.77 | MAE | 0.09 |
| *F*1 分数 | 0.98 | AUC | 0.996 |
| Kappa 系数 | 0.96 | | |

各滑坡易发性分级的分布特征阐述如下。极低和低易发区主要位于海拔超过 4 000 m 的高山或极高山区域，包括 S203 省道东北部高山和极高山区域，澜沧江两岸极高山地区，这些区域虽然海拔高，但地形相对平缓，大部分区域坡度小于 20°，岩性主要为灰

绿、灰色中厚-厚层块状石英砂岩、粉砂质黏土岩夹砂质页岩、厚层状灰岩。这些区域由于具有高海拔特征，人类工程活动稀少，并且这些区域远离河流，地震活动少，且降雨量较少，受河流侵蚀、雨水冲刷和地震震动影响小，因此，这些区域斜坡相对稳定。

中等易发区主要位于海拔 3 500～4 500 m 的中高山或高山区域，地形较陡峭，坡度主要在 20°～40° 变化，岩性主要为中厚层至厚层状砂岩、黏土岩、粉砂岩夹页岩、板岩。这些区域主要位于距道路 500～2 000 m，在一定程度上受到人类工程活动和河流侵蚀的影响，因此，一些斜坡逐渐形变失稳。

高和极高易发区主要分布在海拔 4 000 m 以下的高山或高山峡谷地区，地形陡峭，坡度主要在 20°～60° 变化，岩性以板岩、薄至中厚层变质砂岩、千枚岩复理石沉积为基质，混杂有大理岩等岩块，岩石多具片理化、糜棱岩化特征。这些区域被多条断层切割，包括澜沧江结合带西界断裂、左通村断层、川求错断裂等（邓时强 等，2020）。大部分区域降雨量丰富，累积降雨量超过 1 140 mm，相对靠近交通干线与河流。因此，在陡峭地形、破碎岩体、断层切割、活跃的构造运动和强烈河流侵蚀的控制作用下，在丰富降雨和频繁的人类工程活动诱发作用下，斜坡逐渐失稳滑动，演化成滑坡灾害。

### 3. 与仅考虑历史滑坡的易发性评价结果比较

将综合考虑潜在隐患和历史滑坡的易发性综合评价结果与仅考虑历史滑坡的易发性评价结果进行比较，如图 3.13 所示。在仅考虑历史滑坡的情况下，8.62%的历史滑坡位于低易发区，10.34%的历史滑坡位于中等易发区，此外，43.75%的潜在隐患位于低易发区，6.25%的潜在隐患位于中等易发区。然而综合潜在隐患和历史滑坡的易发性评价结果中，仅有 1.33%的潜在隐患和历史滑坡位于低易发区，6.67%的潜在隐患和历史滑坡位于中等易发区。正如图 3.13 中放大图所示，4 处新发现的滑坡隐患在本小节的易发性综合评价结果中均位于高或极高易发区，而在仅考虑历史滑坡的易发性评价结果中，均位于滑坡低或中等易发区。可见，仅考虑历史滑坡获得的易发性评价结果不能够反映潜在滑坡隐患的威胁和危害，限制了滑坡灾害易发性评价的精度和合理性。

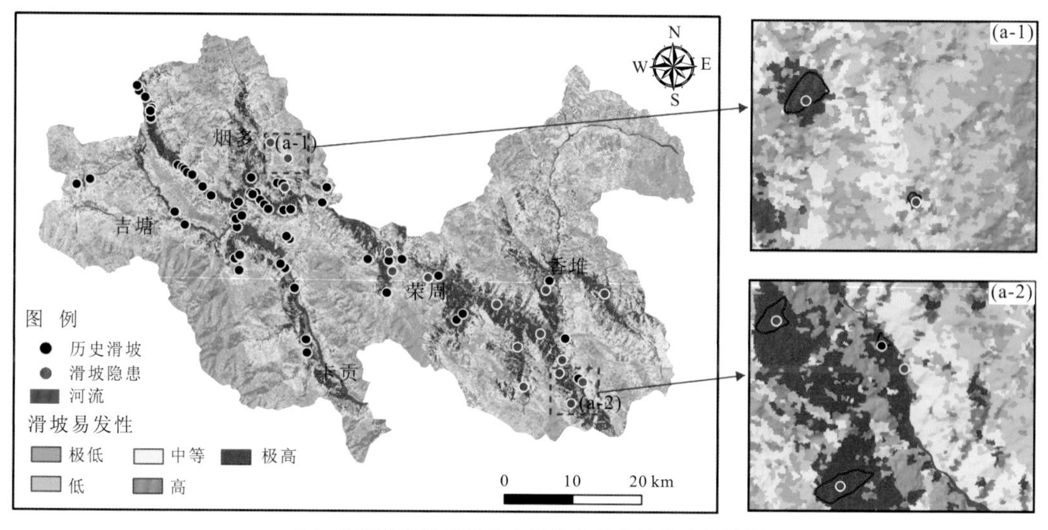


（a）考虑潜在隐患和历史滑坡的易发性综合评价图

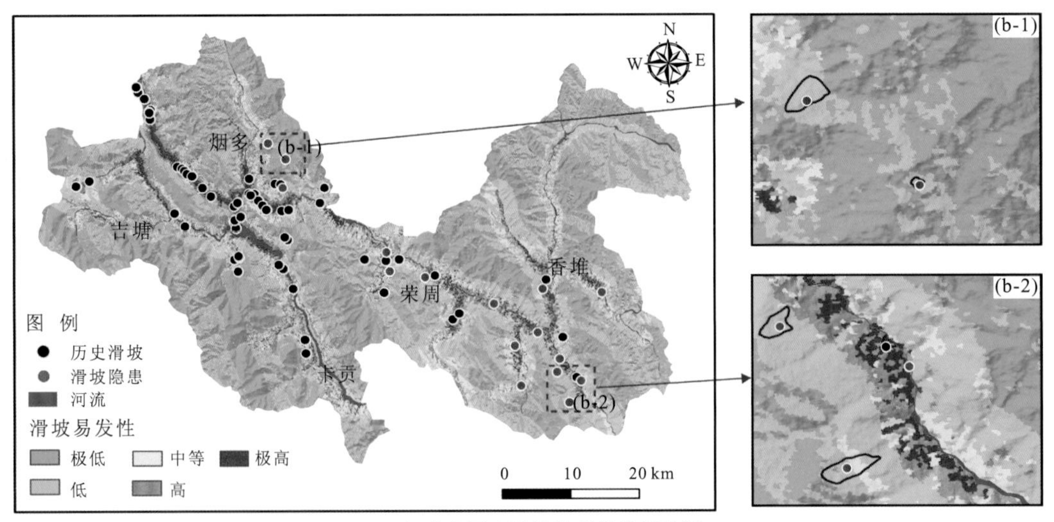


（b）仅考虑历史滑坡的易发性评价图

图 3.13　考虑不同灾害的易发性评价结果比较

### 4. 与经典机器学习算法的易发性评价结果比较

SVM 模型（Cortes et al.，1995）和 CNN 模型（Lecun et al.，1998）分别是经典的浅层机器学习算法和深度学习算法，将分别基于 XGBoost、SVM、CNN 的滑坡易发性评价结果进行比较，其中 SVM 和 CNN 模型的易发性评价图如图 3.14 所示。SVM 的原理是计算一个超平面，通过超平面将低维空间的线性不可分问题转换为高维空间的线性可分问题（Cortes et al.，1995）。采用径向基函数（Powell，1987）作为 SVM 模型的核函数，惩罚因子 $C$ 和核函数参数 $\gamma$ 的值分别取 10 和 0.1。CNN 模型采用卷积操作替换传统的矩阵乘法操作，通常包括输入层、卷积层、激活层、池化层和全连接层（Lecun et al.，1998）。构建的 CNN 模型采用 2 层卷积层和 2 层池化层提取语义特征，采用交叉熵函数（De Boer et al.，2005）作为损失函数，采用 Adam 优化器（Kingma et al.，2015）更新网络权值，通过动量和自适应学习率加快网络收敛速度。3 种机器学习算法的滑坡易发性

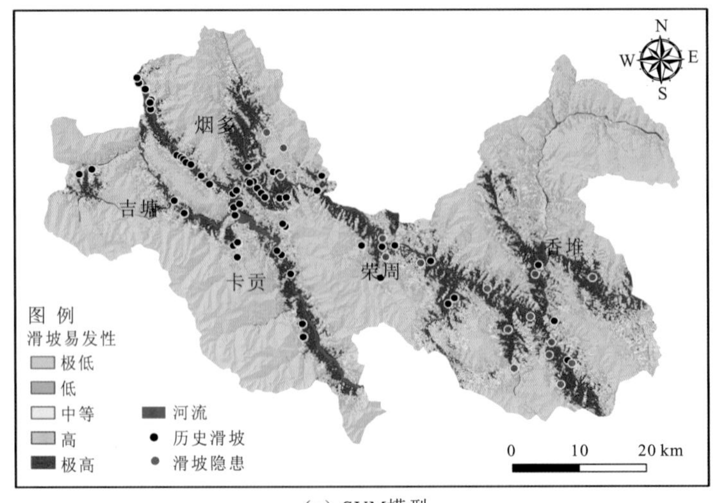


（a）SVM模型

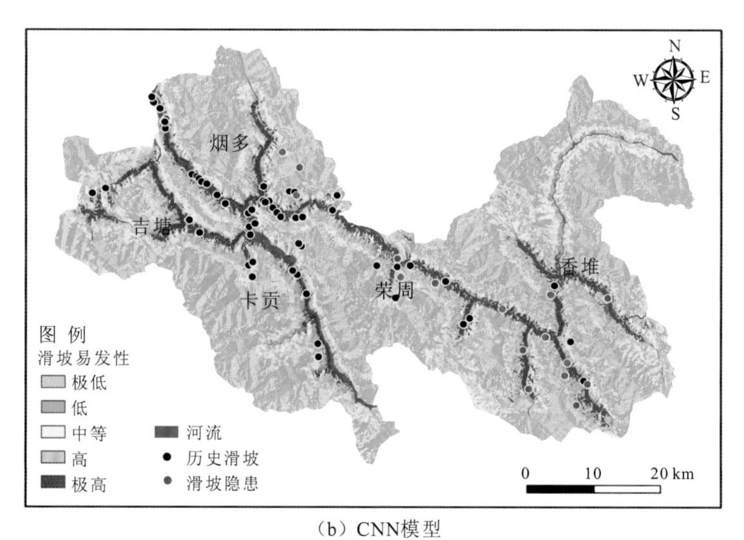


（b）CNN模型

图 3.14　两种经典机器学习算法的滑坡易发性评价图

评价结果统计如图 3.15 所示，在 XGBoost、SVM、CNN 模型生成的易发性评价图中，位于极高易发区域的滑坡数量占比分别为 72%、68%和 53%，位于高和极高易发区域滑坡占比分别为 92%、81%和 85%。3 种机器学习算法的滑坡易发性评价精度比较如图 3.16 所示，XGBoost、SVM、CNN 模型的 AUC 精度值分别为 0.996、0.930 和 0.952，accuracy 精度值分别为 97.98%、92.96%和 88.56%，因此 XGBoost 模型的易发性评价结果优于另外两种经典机器学习算法。

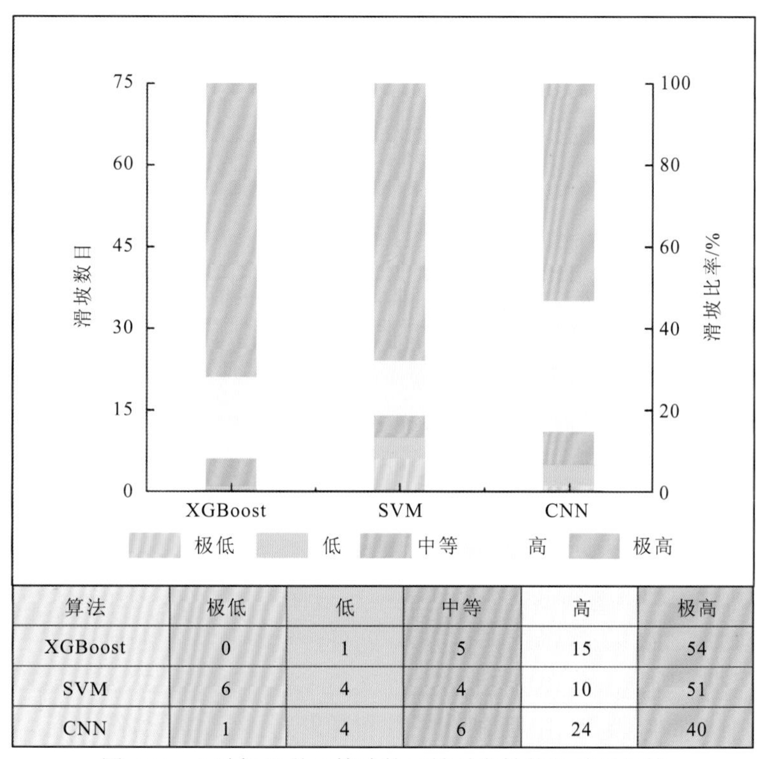


| 算法 | 极低 | 低 | 中等 | 高 | 极高 |
|---|---|---|---|---|---|
| XGBoost | 0 | 1 | 5 | 15 | 54 |
| SVM | 6 | 4 | 4 | 10 | 51 |
| CNN | 1 | 4 | 6 | 24 | 40 |

图 3.15　3 种机器学习算法的滑坡易发性统计结果比较

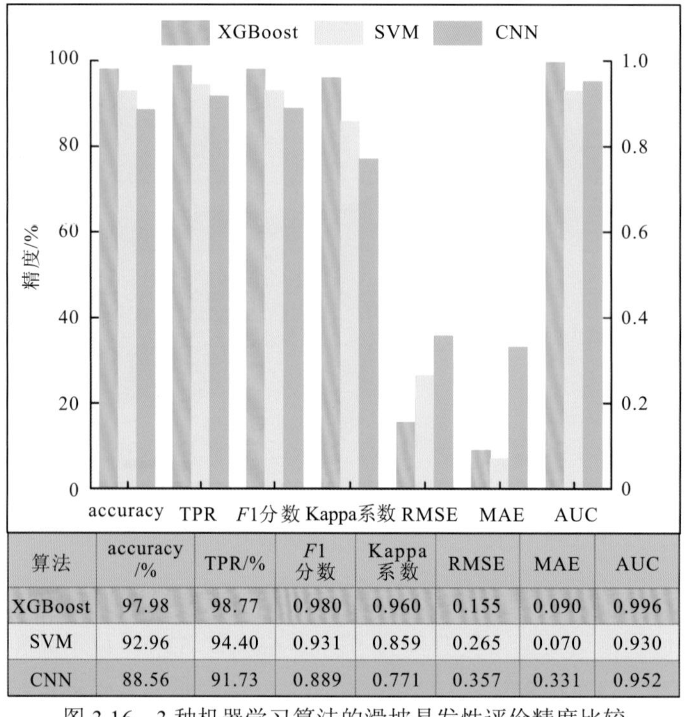


| 算法 | accuracy /% | TPR/% | *F*1 分数 | Kappa 系数 | RMSE | MAE | AUC |
|---|---|---|---|---|---|---|---|
| XGBoost | 97.98 | 98.77 | 0.980 | 0.960 | 0.155 | 0.090 | 0.996 |
| SVM | 92.96 | 94.40 | 0.931 | 0.859 | 0.265 | 0.070 | 0.930 |
| CNN | 88.56 | 91.73 | 0.889 | 0.771 | 0.357 | 0.331 | 0.952 |

图 3.16　3 种机器学习算法的滑坡易发性评价精度比较

### 3.4.2　察雅研究区滑坡高易发成因机制

如图 3.12 所示，从地理位置上，研究区滑坡高和极高易发区（统称为滑坡高发区域）主要包括 3 个子区域：①吉塘和烟多滑坡高发区域，即图 3.12 中的 $I_1$、$I_2$、$I_3$ 和 $I_4$ 区域；②卡贡和吉塘交界地区滑坡高发区域，即图 3.12 中的 $I_5$ 和 $I_6$ 区域；③荣周和香堆滑坡高发区域，即图 3.12 中的 $I_7$、$I_8$ 和 $I_9$ 区域。研究区滑坡高易发的成因机制如图 3.17 所示。

#### 1）吉塘和烟多滑坡高发区域

根据野外地质调查，吉塘和烟多滑坡高发区域位于澜沧江深切割的河谷地区或者麦曲河下游区域。在澜沧江和麦曲河的强烈侵蚀下，形成大量高陡边坡，呈现 V 形或 U 形河谷，新元古界变质岩及侏罗系的砂岩、粉砂岩、泥岩和灰岩广泛分布于该区域，该类岩性工程力学性质差，软弱结构面和次生裂隙结构发育。区域内断裂构造复杂，澜沧江结合带断裂穿过该区域，形成宽度为 150～200 m 的断层破碎带，碎裂岩广泛分布。较多松散的崩坡积物和冲洪积物沿着河谷两岸分布。该区域是察雅县人类活动最频繁和最集中的区域，G214 国道和 S203 省道的察雅段横穿该区域，S203 省道的修建开挖山体，伴随人工爆破，破坏了斜坡的稳定性。此外，城镇建设、水利水电开发改变了斜坡形态，破坏了坡脚应力平衡，加剧边坡变形失稳（邓时强 等，2020）。因此，在发育断层带、破碎岩体、高陡地形、强烈河流侵蚀和频繁人类工程活动作用下，该区域逐渐演化为滑坡高发区域。

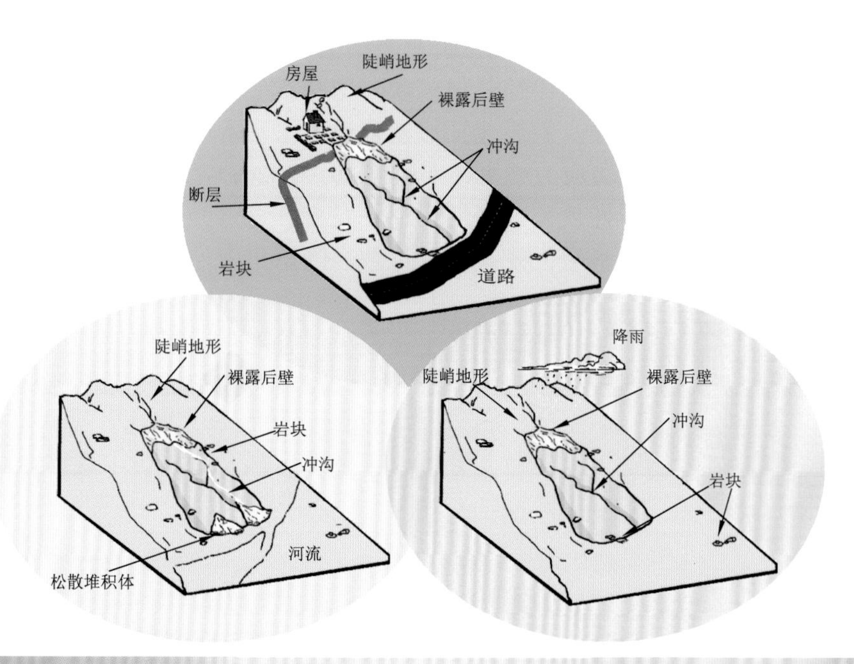


| 人类工程活动 | 河流 | 降雨 |
| --- | --- | --- |
| • 坡脚开挖 | • 形成陡峭临空面 | • 雨水通过裂缝下渗 |
| • 岩土体松动 | • 改变边坡应力分布 | • 增加孔隙水压力和基岩裂缝水压力 |
| • 边坡形态和结构变化 | • 冲刷和侵蚀坡脚 | • 降低滑动面上岩土体抗剪强度 |
| • 斜坡顶部加载 | • 地下水的浸泡和波动 | • 降低岩土体的滑动摩擦阻力 |
| • 灌溉水入渗 | • 增加静水压力和动水压力 | • 增加斜坡滑动力 |
| • 水库水位波动 | | • 产生软弱滑动面 |

图 3.17　察雅研究区滑坡高易发成因机制

### 2）卡贡和吉塘交界地区滑坡高发区域

该区域位于澜沧江深切割河谷地带，澜沧江和色曲河冲刷下切坡脚，降低了斜坡的稳定性。古生界变质砂岩、千枚岩和侏罗系的火山岩、砂岩、粉砂岩、泥岩和灰岩在该区域广泛分布，这类岩石较破碎，具有糜棱化、片理化特点。断层构造发育，发育有澜沧江结合带断裂、舍拉断裂，发育断裂导致岩体破碎，物理风化严重，岩体内节理裂隙发育，从而产生大量松散堆积物沿河谷两岸分布。人类工程活动类型多样，包括交通干线修建、城镇建设、水电基础设施建设和农业活动，大规模山体开挖，形成高陡边坡，水利设施渠水渗漏，农田灌溉水入渗，降低岩土体物质稳定性（毛宇祥，2020；邓时强 等，2020）。因此，该区域岩体破碎、断层发育、松散固体物质大量堆积、澜沧江和色曲河长期持续深切侵蚀、人类工程活动频繁，成为滑坡灾害的高发区域。

### 3）荣周和香堆滑坡高发区域

该区域沿麦曲河及支流流域分布，河流深切作用强烈，高陡边坡普遍发育。岩性主要为侏罗系砂岩、粉砂岩、泥岩，该区域岩石物理风化强烈、节理裂隙发育，断层构造较发育，川求措断裂和左通村断层切割该区域。在断层切割和风化作用下，岩体破碎，分布有大量松散堆积物。高原山区降雨类型主要为暴雨，降雨形成沟谷洪流或坡面洪流，对坡体形成强烈冲刷，侵蚀斜坡前缘，切割斜坡两侧，加剧边坡变形运动。区域内人类工程活动类型多样，主要包括城镇建设、水利水电开发、交通干线修建、农业活动，破坏了斜坡结构和应力平衡（邓时强 等，2020；毛宇祥，2020）。因此，该区域岩性软弱、工程力学性质差，断层构造较发育，岩体物质破碎，松散固体物质大量分布，麦曲河强烈切割斜坡，发育高陡边坡，降雨集中，人类工程活动频繁，成为滑坡高发区域。

综上所述，察雅研究区滑坡高发区主要位于河谷地带，河流侵蚀强烈，形成高陡地形和高山深谷地貌。断层穿过切割区域，岩体破碎，大量碎裂岩和松散堆积物沿河谷两岸分布。暴雨强烈冲刷坡面，通过松散土体和破碎岩体渗入坡体。频繁多样的人类工程活动开挖山体，爆破岩土体，渠水和灌溉水渗入松动破碎的岩土体，降低斜坡稳定性，诱发滑坡灾害。

# 第4章 城镇地区滑坡易发性动态评价与演化特征

随着滑坡灾害活动的演变、地质环境与气象条件的变迁、人类工程活动的加剧，滑坡灾害的易发性是动态变化的，是随着时间、孕灾致灾因素变化而发展演化的。目前绝大部分滑坡易发性评价工作是针对单个时间点开展的静态评价，忽略了易发性的动态演变特征。针对滑坡易发性静态评价的局限性，本章开展易发性动态评价研究，揭示易发性动态演化特征和滑坡易发性对库水位、交通干线修建和降雨量 3 个变化因素的动态响应特征。

三峡库区是我国生态文明建设先行示范区，也是我国滑坡灾害最严重的地区之一，根据《长江三峡工程生态与环境监测公报》，库区县（市、区）所辖范围内发育地质灾害 5384 处，其中滑坡灾害 3891 处（杜天松，2018）。本章以三峡库区库首段秭归—巴东段为示范区，采用地质、地形、水文、气象、遥感等多源数据，根据灾害发育演变、孕灾与致灾因素变迁特征，基于斜坡单元分割和深度神经网络算法，揭示随着降雨、植被生长、人类活动、土壤湿度、库水位变化，三峡库区秭归—巴东段 2002～2017 年滑坡易发性时空演变特征，定量分析滑坡易发性对致灾因素变迁的动态响应特征。这项研究工作为人类活动频繁地区滑坡灾害的防治，以及制定合理的土地利用政策提供科学依据。

## 4.1 三峡库区秭归—巴东段工程地质特征

三峡库区秭归—巴东段位于距离三峡大坝约 20 km 的长江上游位置，从秭归县屈原镇起，至巴东县官渡口镇的巴东县城止，覆盖面积约为 400.77 km$^2$，主要交通干线包括 G209 国道、S334 省道和 S255 省道等。区域内大别山山脉和巫山山脉重峦叠嶂，长江近东西向横切形成秭归盆地（于宪煜，2016；彭令，2013）。根据 1∶5 万地质图，出露地层主要包括震旦系至下三叠统地层和中三叠统至侏罗系地层，前者岩性主要为灰岩、白云岩、硅质岩，部分组段为粉砂岩、砂岩，分布于庙河至香溪段，后者岩性主要为砂岩、页岩、泥岩和泥灰岩，分布于秭归香溪至巴东段，是发育滑坡灾害的主要岩性（叶润青，2011）。工程岩组主要包括 3 类：①软质岩组，由砂岩、粉砂岩、页岩和松散堆积岩土构成；②软硬相间岩组，由层状碎屑岩岩组、泥砂互层岩组构成；③硬质岩，主要为层状碳酸盐岩组（彭令，2013；叶润青，2011；安琪 等，2006）。其中软质岩组和软硬相间岩组易发育滑坡灾害，风化严重、节理裂隙发育的硬质岩也易导致斜坡不稳定（安琪 等，2006）。区域内地质构造复杂，主要包括褶皱和断裂，褶皱主要发育黄陵背斜和秭归向斜，黄陵背斜分布有九畹溪断裂、天阳坪断裂、仙女山断裂、远安断裂、新华—水田坝断裂等，秭归向斜分布有高桥断裂等（许霄霄，2013）。

区域内水系发达，长江干流自东向西横穿区域内，长江二级支流，包括香溪河、青干河、童庄河、九畹溪等呈树枝状网布，河网密度达 1.2 km/km$^2$（于宪煜，2016）。地下水赋存类型主要包括碎屑岩裂隙水、松散岩孔隙水、碳酸盐岩岩溶裂隙水等（彭令，2013）。气候属亚热带大陆季风气候，夏季降雨量充沛，伴有特大暴雨（Wu et al., 2014；彭令，2013），根据三峡库区地质灾害防治工作指挥部和湖北省水文水资源局提供的降雨数据，2002～2017 年三峡库区秭归—巴东段年累积降雨量如图 4.1 所示，其中，秭归和巴东 2002～2017 年的年累积降雨量均值分别为 1 196.9 mm 和 1 082.1 mm。

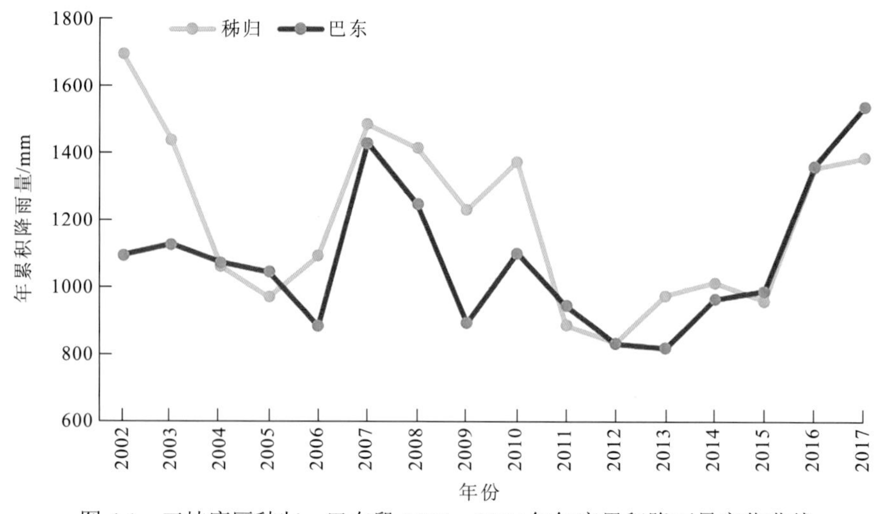


图 4.1　三峡库区秭归—巴东段 2002～2017 年年度累积降雨量变化曲线

区域内人类工程活动频繁剧烈，主要包括三峡水库建设和水利水电开发、城镇建设和毁林造田（于宪煜，2016；彭令，2013）。根据三峡库区地质灾害监测预警中心提供的数据，从 2002～2017 年，三峡水库水位从 66 m 依次上升到 135 m、156 m 和 175 m，经历了 3 次蓄水阶段，如表 4.1（赵艳南，2015）所示。自 2009 年长江三峡工程全部竣工后，三峡大坝坝前库水位主要在 145～175 m 周期波动。库水位的上涨和下降导致坡体内外产生水位差，进而产生动水压力，影响滑坡稳定性（周剑，2019）。因三峡大坝修建，库区内开展移民搬迁，新建城镇在斜坡上削坡扩基、挖方填土，破坏了自然斜坡原始结构形态和应力平衡，坡体内部应力重新分布，导致斜坡结构破坏，发生滑坡灾害（于宪煜，2016；彭令，2013）。毁林造田，扩充耕种土地，造成植被破坏，植被根系锚固作用减弱，暴雨时易发生水土流失，导致滑坡灾害发育与发生（于宪煜，2016；彭令，2013）。

**表 4.1　三峡库区主要蓄水水位变化**

| 时间 | 蓄水水位/m |
|---|---|
| 2003 年 6 月之前 | 66 |
| 2003 年 6 月～2006 年 8 月 | 135 |
| 2006 年 9 月～2008 年 9 月 | 156 |
| 2009 年 1 月至今 | 175 |

注：表中数据来源于三峡库区地质灾害防治工作指挥部报告《三峡库区地质灾害监测预警工作情况》

区域内由于软弱易滑地层发育，断裂构造复杂、山脉纵横、河流侵蚀强烈、降雨充沛、夏季多暴雨，人类工程活动剧烈，滑坡灾害密集分布，共发育238处滑坡，其中201处为堆积层滑坡，37处为岩质滑坡。其中，2002年与2007年滑坡数据采用三峡库区地质灾害防治工作指挥部提供的灾害数据，2007～2017年滑坡数据由三维谷歌地球影像和Sentinel-2多光谱影像解译，部分解译滑坡如图4.2所示，底图为谷歌地球影像。三峡库区秭归—巴东段滑坡灾害分布特征如图4.3所示，底图为Landsat-8遥感影像。

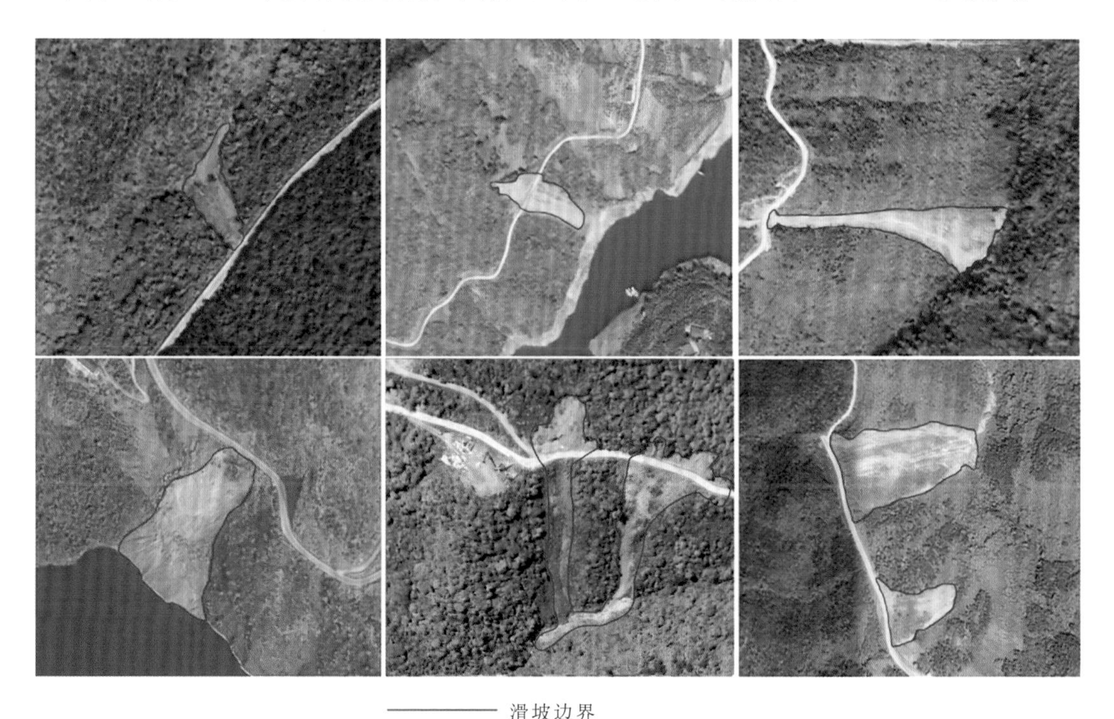


图4.2　滑坡遥感解译

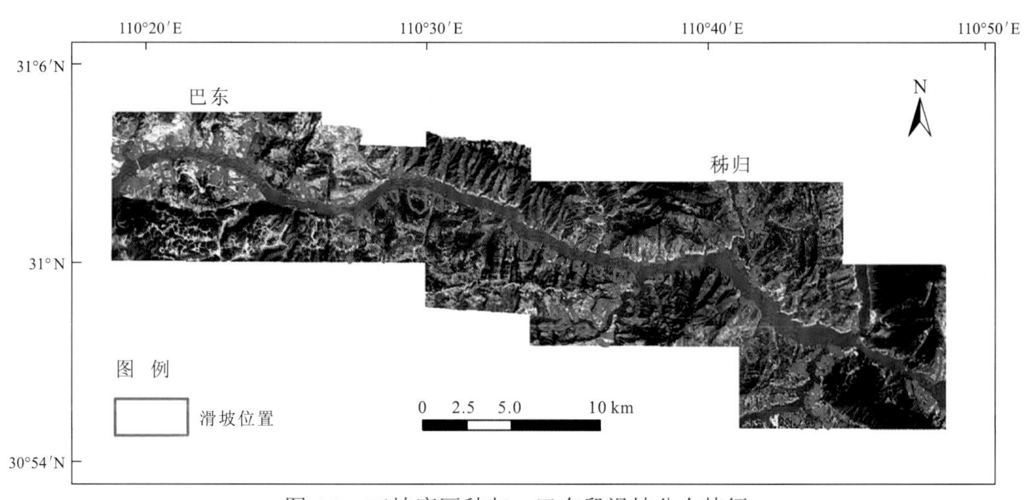


图4.3　三峡库区秭归—巴东段滑坡分布特征

# 4.2 三峡库区秭归—巴东段滑坡易发性评价

选取2002年、2007年和2017年数据开展三峡库区秭归—巴东段滑坡易发性评价，进而揭示2002～2017年的易发性演化特征和规律。选取2002年、2007年和2017年展开研究主要基于两点原因：①三峡库区蓄水和库水位波动对滑坡发生发育具有至关重要的影响，2002年、2007年和2017年蓄水位分别为66 m、156 m和175 m，对应了3个蓄水阶段，因此能更好地反映滑坡易发性演化对库水位变化的动态响应特征；②人类工程活动，特别是土地利用和交通干线修建是滑坡发生的关键诱发因素之一，短期内，土地利用类型和道路网变化小，区域内较少有新滑坡产生，滑坡易发性发展变化程度小，因此，选择长时间间隔能够更好地发现滑坡易发性演化对人类工程活动的动态响应特征。

## 4.2.1 三峡库区秭归—巴东段多源时空数据

采用4类多源时空数据提取秭归—巴东段滑坡孕灾与致灾因素，从而开展滑坡易发性动态评价，多源数据如表4.2所示。

**表4.2 三峡库区秭归—巴东段多源时空数据**

| 数据类型 | 数据 | 数据日期 | 空间分辨率或比例尺 | 数据来源 |
|---|---|---|---|---|
| 遥感影像 | Landsat 影像 | 2002年3月、2007年8月、2017年3月 | 30 m | 美国地质调查局 |
| 地形数据 | DEM | — | 10 m | 三峡库区地质灾害防治工作指挥部 |
| 地质数据 | 地质图 | — | 1:50 000 | 三峡库区地质灾害防治工作指挥部 |
| 气象数据 | 雨量站监测数据 | 2002年、2007年、2017年 | — | 三峡库区地质灾害防治工作指挥部、湖北省水文水资源局 |

（1）DEM数据：DEM数据用于构建地形因素，包括坡度、坡向、地形起伏度因素。

（2）地质图：采用地质图提取地质因素，即工程岩组类型和分布。

（3）遥感影像：Landsat 4-5 TM和Landsat 8遥感影像用于构建环境因素和人类工程活动因素，其中环境因素包括NDVI、归一化差分水体指数（normalized difference water index，NDWI）和距水系距离，人类工程活动因素体现为土地利用类型。距水系距离反映了库水波动特征，库水位的升降体现在被库水淹没区域的变化，即距水系距离的变化。谷歌地球影像和Sentinel-2多光谱影像用于解译2007～2017年新产生的滑坡。

（4）降雨数据：采用秭归—巴东段区域内及附近的25个雨量站降雨数据，通过反距离加权插值方法获得区域上连续的降雨分布特征，提取降雨因素，即年度累积降雨量。

需要说明 2002 年、2007 年和 2017 年 3 个时相的数据体现在遥感影像数据和降雨数据的多时相性，从而提取的 NDVI、NDWI、距水系距离、土地利用类型、累积降雨量为动态变化的影响因素，产生了滑坡易发性的动态演化特征。

### 4.2.2 三峡库区秭归—巴东段孕灾与致灾因素构建

根据秭归—巴东段滑坡灾害发生与发育机制，利用多源时空数据构建多时相滑坡孕灾与致灾因素，如表 4.3 所示。孕灾因素为地质环境因素，包括地质因素、地形因素和环境因素，其中地质因素为工程岩组（由三峡库区地质灾害防治工作指挥部提供），地形因素包括坡度、坡向、地形起伏度，环境因素包括 NDVI、NDWI 和距水系距离。地质因素和地形因素相对稳定，宏观尺度上在很长一段时期内保持不变或变化很小。由于植被生长、降雨和库水位波动，环境因素通常呈动态变化。NDVI 的变化反映了植被生长和人类工程活动作用；NDWI 变化体现了降雨、植被冠层液态水含量、土壤含水量的变化；距水系距离反映了库水位的升降、支流的出现与消失。致灾因素包括降雨和土地利用类型，其中土地利用类型与人类工程活动密切相关，致灾因素随着气象和人类活动的变迁而动态变化。

**表 4.3 三峡库区秭归—巴东段滑坡灾害孕灾与致灾因素**

<table>
<tr><th colspan="2">影响因素类型</th><th>编号</th><th>影响因素</th><th>分级</th></tr>
<tr><td rowspan="7">孕灾因素</td><td rowspan="3">地形</td><td>1</td><td>坡向</td><td>①平面；②北；③东北；④东；⑤东南；⑥南；⑦西南；⑧西；⑨西北</td></tr>
<tr><td>2</td><td>坡度</td><td>连续型</td></tr>
<tr><td>3</td><td>地形起伏度</td><td>连续型</td></tr>
<tr><td>地质</td><td>4</td><td>工程岩组</td><td>①软质岩；②软硬相间岩组；③硬质岩</td></tr>
<tr><td rowspan="3">环境</td><td>5</td><td>NDWI</td><td>连续型</td></tr>
<tr><td>6</td><td>距水系距离</td><td>连续型</td></tr>
<tr><td>7</td><td>NDVI</td><td>连续型</td></tr>
<tr><td rowspan="2">致灾因素</td><td>气象</td><td>8</td><td>年度累积降雨量</td><td>连续型</td></tr>
<tr><td>人类工程活动</td><td>9</td><td>土地利用类型</td><td>①建设用地；②植被；③水体；④农业用地</td></tr>
</table>

1. 滑坡静态影响因素

长时期内相对稳定的滑坡静态影响因素如图 4.4 所示，相对陡峭的山坡主要位于秭归—巴东段的北部、南部、东部和西南部山区，其余区域地形相对平坦；软质岩是该区域分布最广的岩性，为滑坡发育提供了良好的岩土体物质基础，硬质岩主要发育于巴东县长江南岸和秭归县长江支流的东岸，长江和支流沿岸部分区段发育软硬相间岩组。秭归段东部和北部山区地形起伏大，海拔差异显著，巴东段西部地区局部区域地形起伏明显，其余地区地形起伏相对平缓。

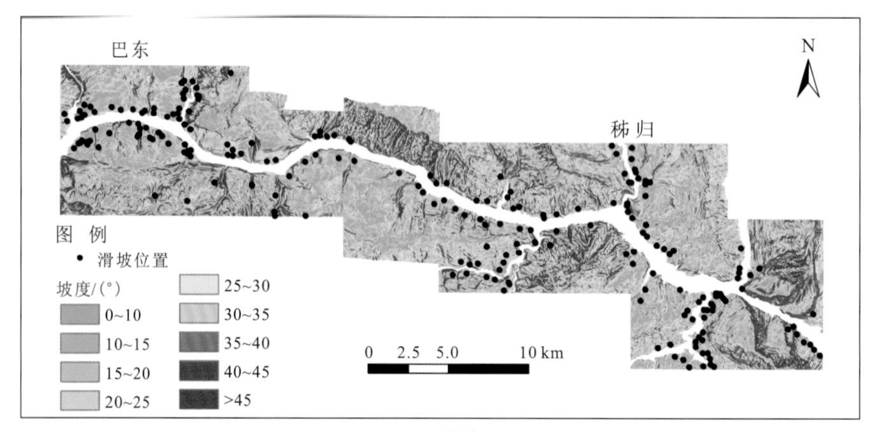


（a）坡度

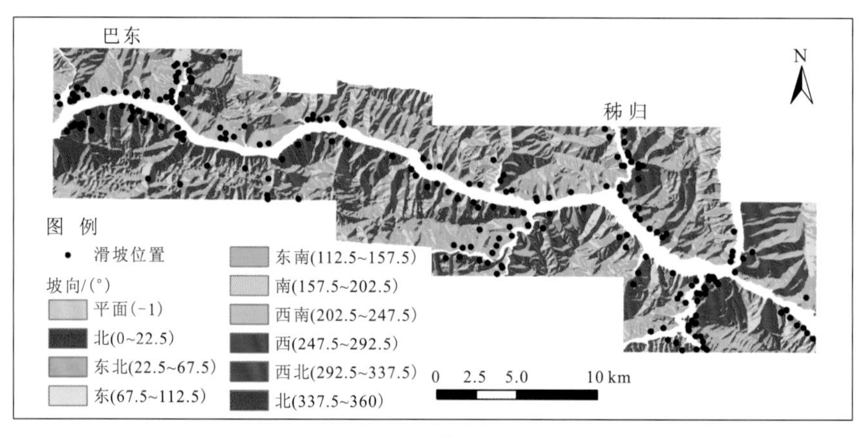


（b）坡向

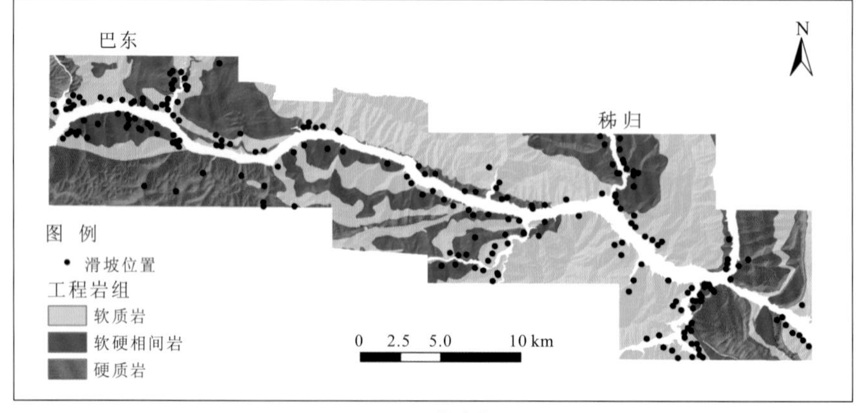


（c）工程岩组

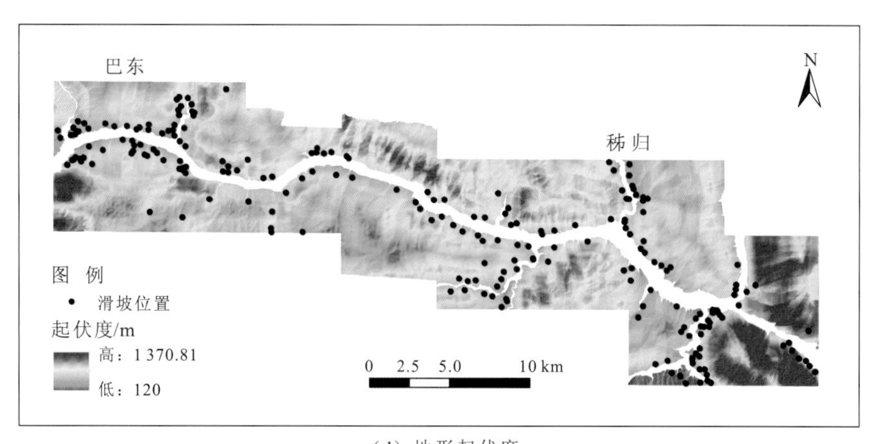


（d）地形起伏度

图 4.4　三峡库区秭归—巴东段滑坡静态影响因素

## 2. 滑坡动态影响因素

与水文相关的地质环境因素动态变化如图 4.5 所示。距水系距离因素很好地反映了三峡库区水位的波动和河流对两岸山坡的侵蚀。2002 年地表水系以长江干流为主，鲜有支流发育；随着库水位上升，2007 年干流两岸发展出多条支流；2017 年最大库水位上升到 175 m，长江干流和支流均逐渐发展加宽。库水位的周期波动和支流的发育加剧了地表水系对山坡坡脚的侵蚀，沿岸发育的多处滑坡前缘浸没水中，应力平衡被破坏，发生

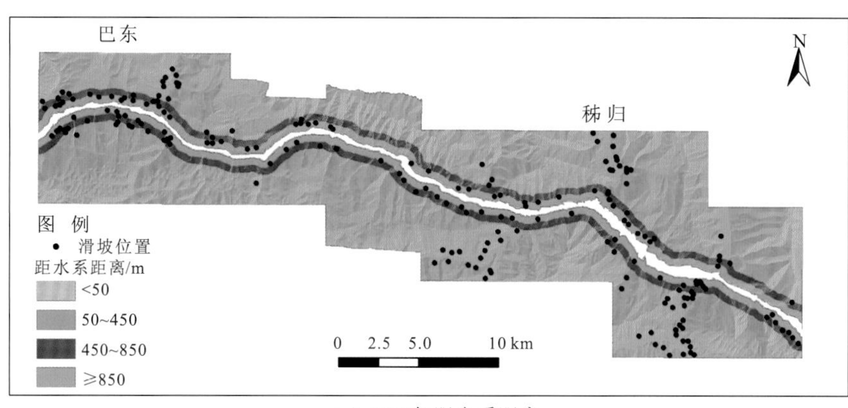


（a）2002年距水系距离

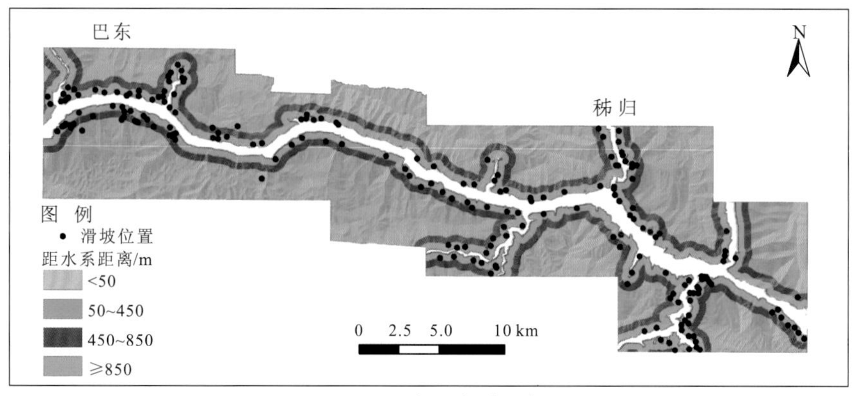


（b）2007年距水系距离

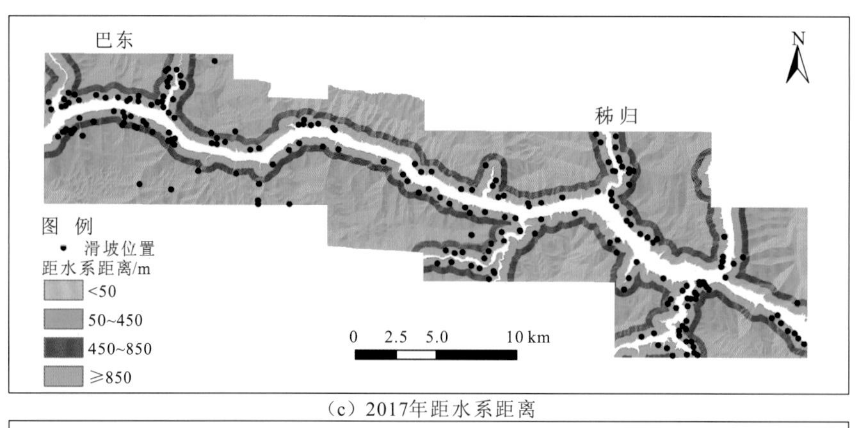

（c）2017年距水系距离

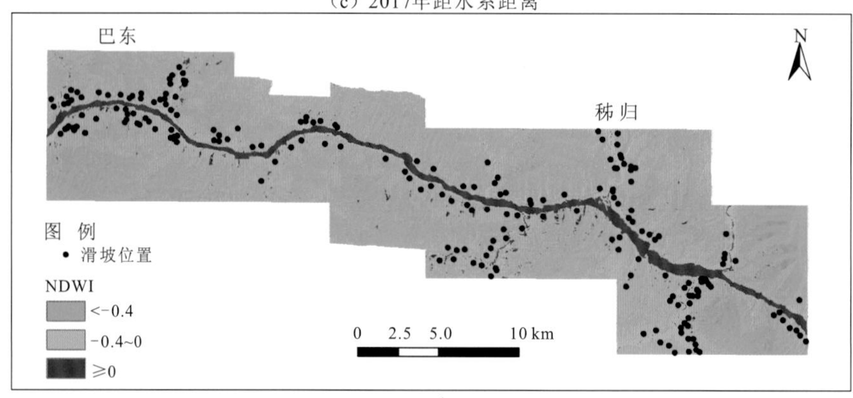

（d）2002年NDWI

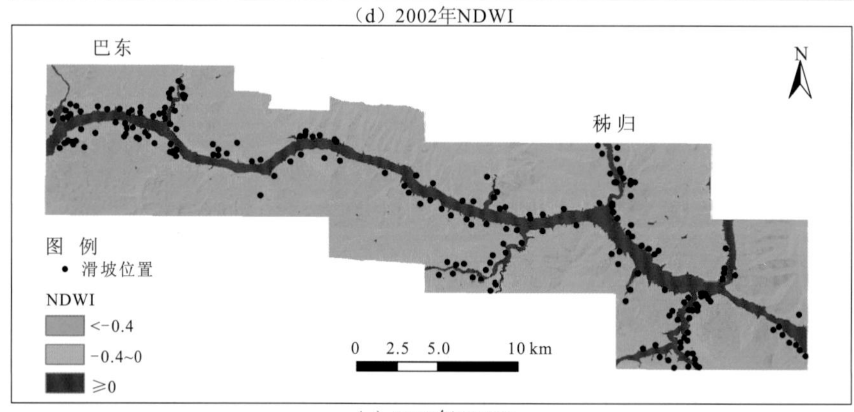

（e）2007年NDWI

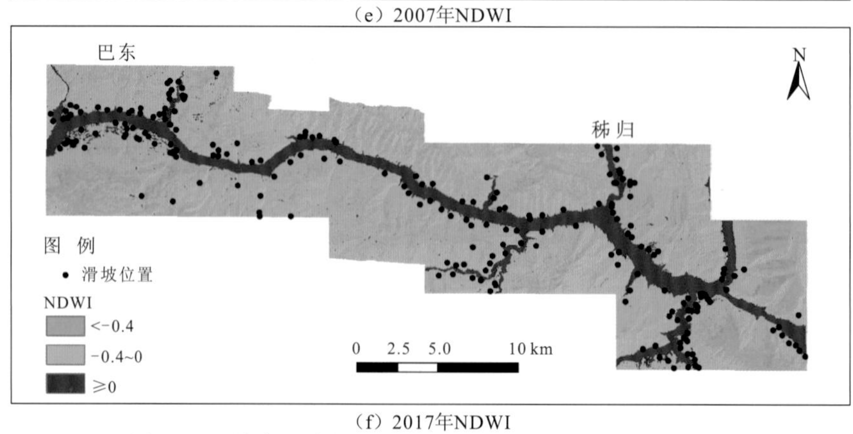

（f）2017年NDWI

图 4.5 三峡库区秭归—巴东段水文地质环境因素动态变化

缓慢蠕动变形。NDWI 反映了植被冠层和土壤含水量，进而间接反映了监测时间降雨特征，2002 年与 2007 年 NDWI 较高值主要分布于长江及支流沿岸，2017 年除了部分山区，秭归—巴东段区域整体上的 NDWI 值出现显著增加，这与大范围降雨事件有关。

植被根系具有固坡作用，冠层可遮挡雨水对土体的冲刷侵蚀，因此植被生长状况与斜坡稳定性密切相关（申健 等，2008）。NDVI 刻画了植被生长和发育特征，如图 4.6 所示，2007 年监测时间为夏季，因此植被覆盖最茂密，2002 年与 2017 年监测时间均为 3 月，植被相对稀疏，但 2017 年植被发育总体上较 2002 年茂盛。

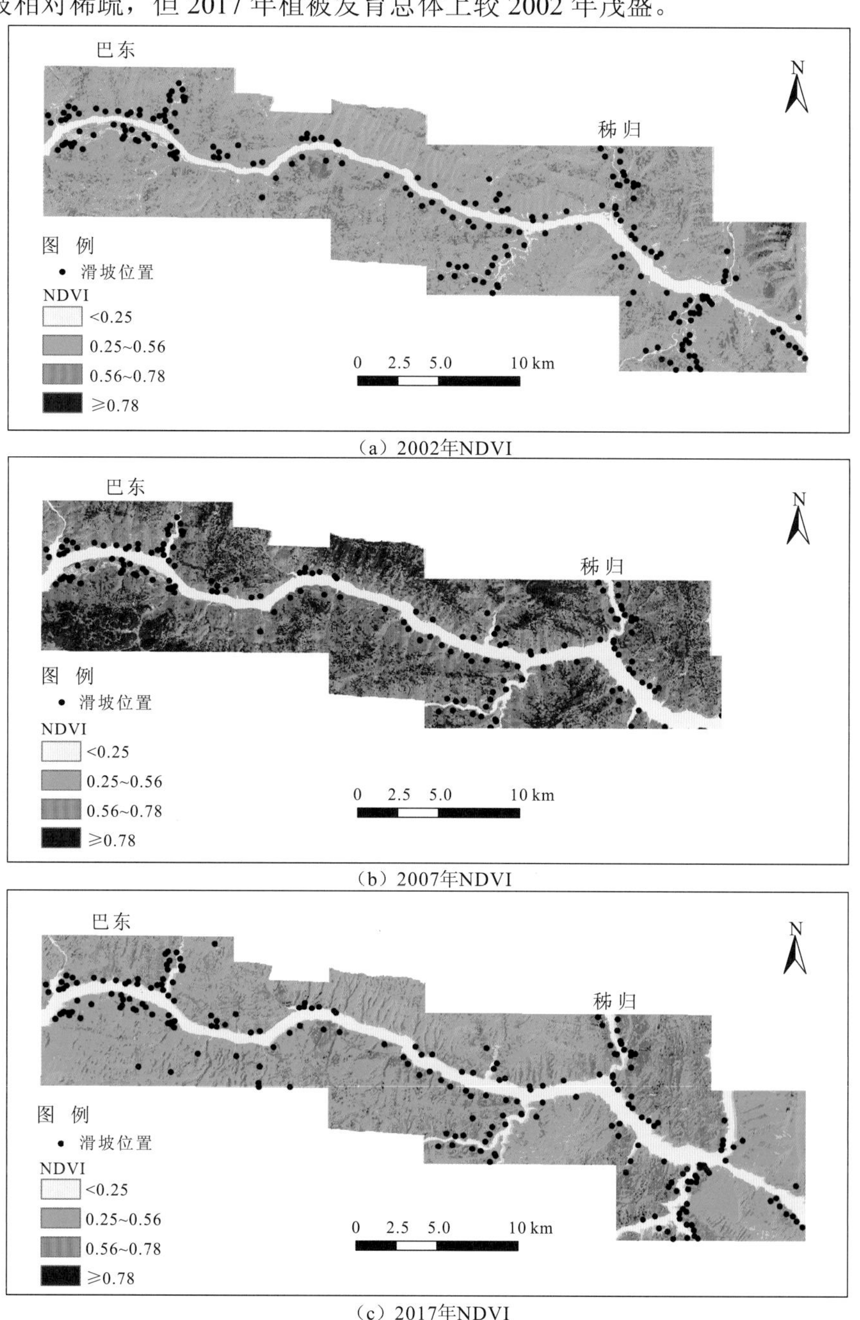


（a）2002年NDVI

（b）2007年NDVI

（c）2017年NDVI

图 4.6 三峡库区秭归—巴东段植被覆盖动态变化

与气象和人类工程活动相关的致灾因素动态变化如图 4.7 所示。人类工程活动往往改变土地利用类型，2002～2017 年巴东地区城镇扩张明显，建设用地面积显著增加；由于退耕还林和人工经济作物种植，秭归西部农业用地逐渐被植被覆盖。2002 年降雨量最丰富，秭归段大范围区域降雨充沛，2017 年降雨量相对最少，2002 年与 2007 年降雨最充沛地区位于秭归段境内，2017 年秭归段境内降雨量明显减少，降雨中心移至巴东段境内北部局部区域。

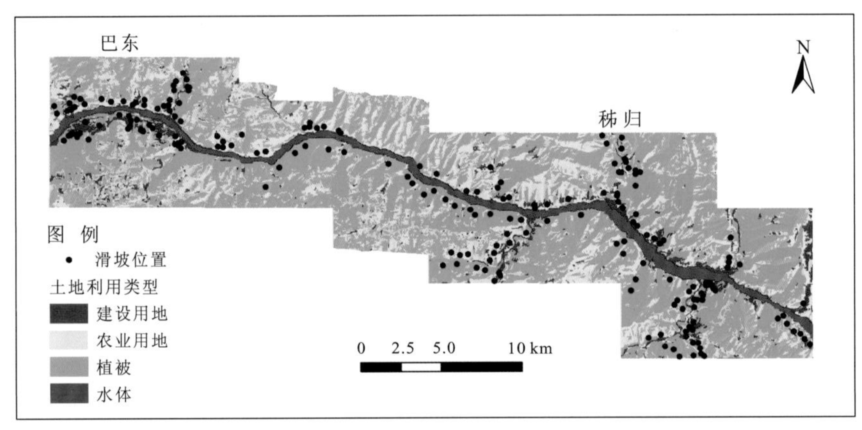


（a）2002年土地利用类型

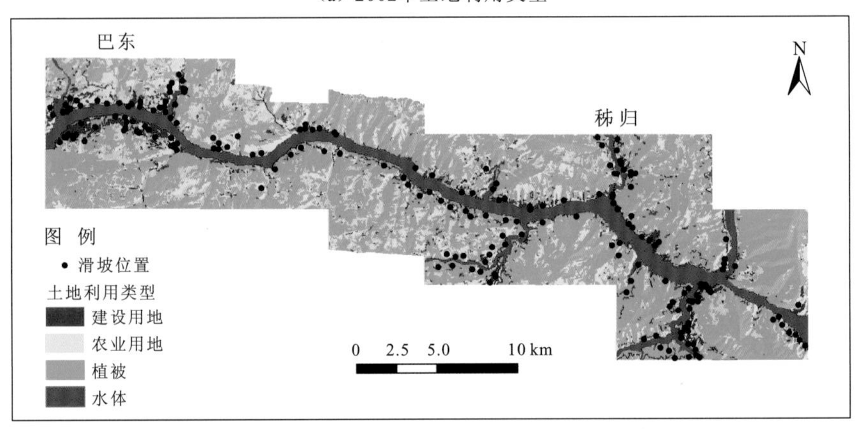


（b）2007年土地利用类型

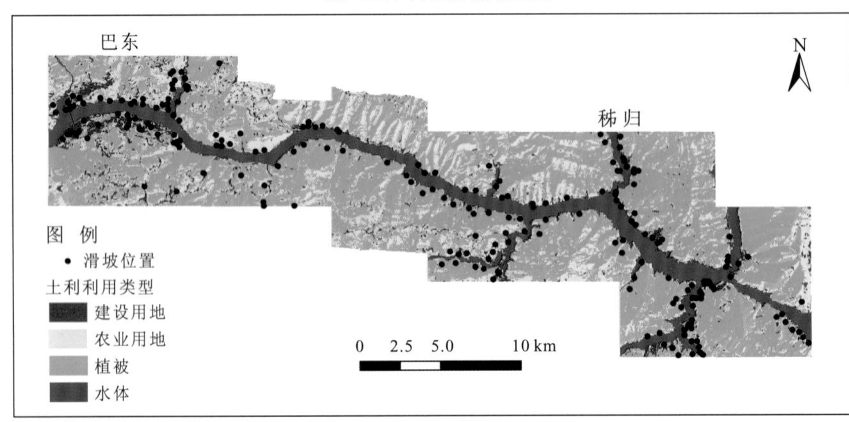


（c）2017年土地利用类型

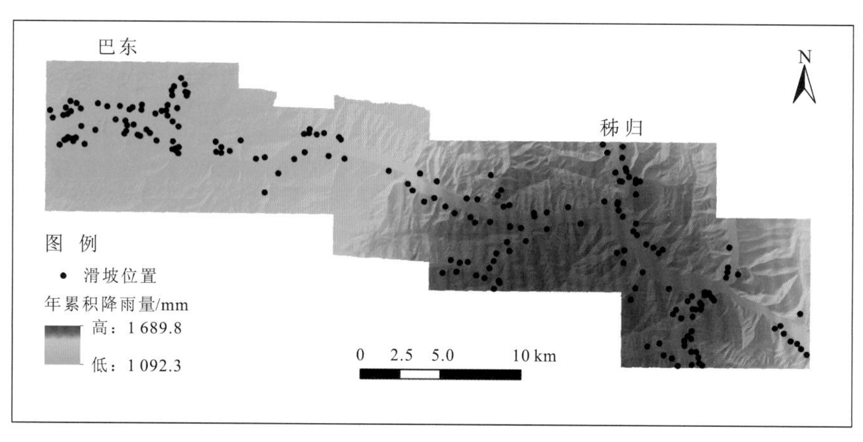


(d) 2002年累积降雨量

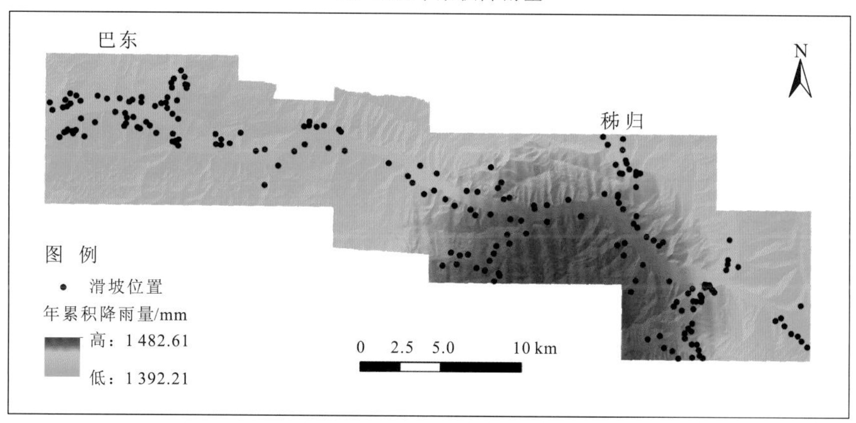


(e) 2007年累积降雨量

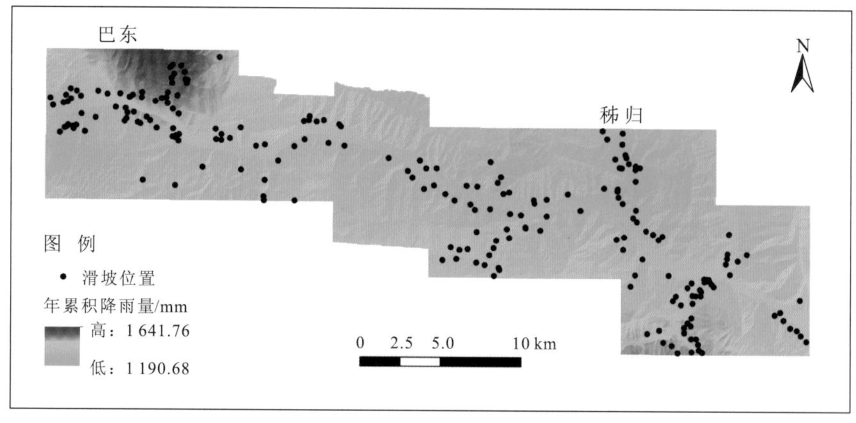


(f) 2017年累积降雨量

图 4.7 三峡库区秭归—巴东段致灾因素动态变化

### 4.2.3 三峡库区秭归—巴东段斜坡单元分割

采用斜坡单元作为滑坡易发性评价单元，能够充分考虑地形特征对滑坡发生发育的约束，充分利用孕灾与致灾因素在空间上的连续变化特征。采用斜坡单元有 4 个显著优势：①滑坡是岩土体物质沿斜坡向下运移的结果，受到斜坡地形条件的约束，斜坡单元能够很好地反映这种地形约束特征；②河谷和水系的发育控制滑坡灾害的孕育和发生，斜坡单元构建是依据水文分析提取山谷与山峰，反映了河谷和水系的分布（Giles et al.，1998），体现了滑坡孕灾水文环境机制；③斜坡单元刻画了孕灾与致灾因素在空间上的连续变化，很好地避免了滑坡易发性评价结果出现无物理意义的破碎、不连续区域；④斜坡单元分割能够显著减少评价单元的数量，明显提高滑坡易发性评价的效率，在本小节中采用斜坡单元分割，将数百万个栅格单元合并成 22 000 个斜坡单元。

基于平均曲率法（Romstad et al.，2012）开展斜坡单元分割，其原理是坡向突变的位置对应正切曲率极大值或极小值，而正切曲率的极大值对应山脊线（分水线），极小值对应山谷线（汇水线），分水线与汇水线集成形成的区域即为斜坡单元（颜阁，2016；Romstad et al.，2012）。斜坡单元生成过程如图 4.8（张曦 等，2018；Romstad et al.，2012）所示：①计算地表曲率值；②根据地表曲率提取流向和计算洼地（凹形面），进

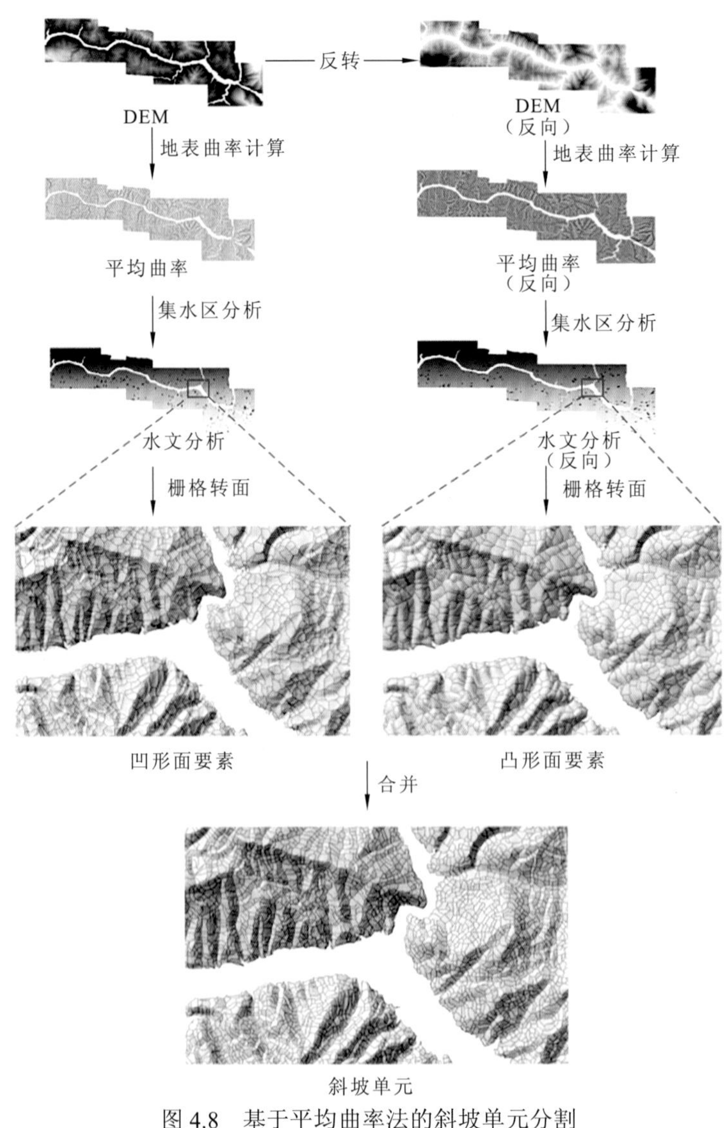


图 4.8　基于平均曲率法的斜坡单元分割

而提取分水岭；③根据 DEM 数据，由分水岭回溯获得山脊线；④将 DEM 反向，计算反向地表曲率，根据以上步骤回溯得到山谷线；⑤集成山脊线（凸形面）和山谷线（凹形面），生成斜坡单元。此外，构建一种破碎单元消除方法，通过设定阈值，将面积小于阈值的斜坡单元与其相邻的斜坡单元进行合并，从而避免过分割产生破碎单元。图 4.9 显示了通过破碎单元消除方法，许多无物理意义的零碎单元被消除，生成更合理的斜坡单元。对 DEM 平滑会去掉一些重要的地形特征，因此未采用平均曲率法中的平均滤波操作，从而获得与实际地形更吻合的斜坡单元集。

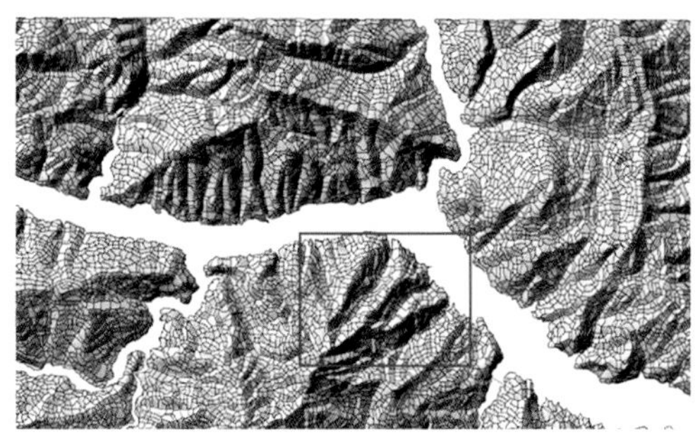

（a）破碎单元消除前的斜坡单元　　（b）破碎单元消除后的斜坡单元

（c）破碎单元局部细节图　　（d）破碎单元消除细节图

图 4.9　引入破碎单元消除方法的斜坡单元分割

### 4.2.4　基于深度神经网络的滑坡易发性评价算法

深度神经网络（deep neural network，DNN）（Hinton et al.，2006）是一个多层感知器，是在输入层和输出层之间包含多个隐藏层的全连接网络，每个神经元与相邻层的所有神经元相连接，通过权值进行特征传递和学习（Bengio et al.，2006；Hinton et al.，2006）。输入的滑坡孕灾与致灾因素信息在隐藏层进行特征变换，提取更高层次的特征和语义信息，通过激活 ReLU 函数（Nair et al.，2010）学习成灾因素与滑坡发生概率之间复杂的变换关系，从而提高滑坡易发性评价的精度。构建的深度神经网络结构如图 4.10 所示，输入层包括 9 个节点，分别对应秭归—巴东段滑坡孕灾与致灾的 9 个影响因素（表 4.3），3 层隐藏层依次包括 10 个、15 个和 6 个节点，输出层包括 2 个节点，分别对应发生滑坡和不发生滑坡的概率，两者之和为 1。在每一层隐藏层后使用 ReLU 函数，学习非线性变换特征；在输出层之后使用 Sigmoid 函数（Shi et al.，2019）和误差函数将输出值映射到 0～1 的概率值，0 表示非滑坡，1 表示滑坡，从而得到滑坡发生概率的预测值。误差函数计算公式如式（4.1）所示，损失函数计算公式如式（4.2）（He et al.，2019）所示。

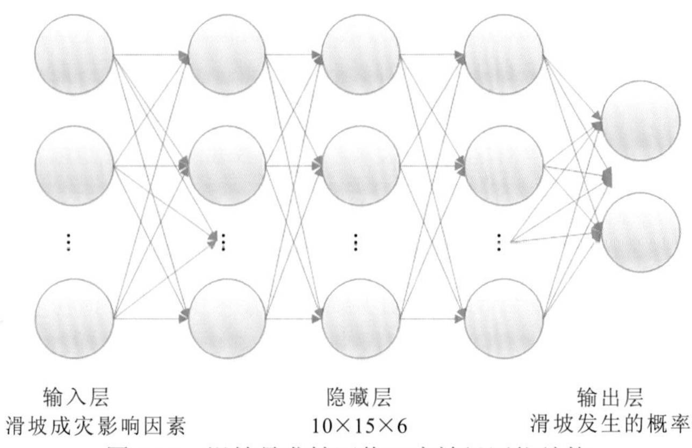


图 4.10　滑坡易发性评价深度神经网络结构

$$e = (y - \overline{y})^4 \tag{4.1}$$

式中：$y$ 和 $\overline{y}$ 分别为真值和预测值；$e$ 为每个斜坡单元滑坡易发性真值和预测值的误差。

$$\begin{aligned} E &= \frac{1}{n}(e^{(1)} + e^{(2)} + e^{(3)} + \cdots + e^{(n)}) \\ &= \frac{1}{n}\sum_{i=1}^{n} e^{(i)} \\ &= \frac{1}{n}\sum_{i=1}^{n}(y^{(i)} - \overline{y}^{(i)})^4 \end{aligned} \tag{4.2}$$

式中：$e^{(i)}$表示第 $i$ 个斜坡单元的滑坡易发性预测误差；$n$ 为用于网络训练的斜坡单元个数；$E$ 为损失函数。

根据损失函数 $E$ 值采用反向传播算法更新网络参数以最小化损失，当 $E$ 值收敛时，算法结束，此时的深度神经网络若满足学习精度和测试精度要求，则为训练好的滑坡易发性预测网络。将秭归—巴东段区域每个斜坡单元的滑坡成灾因素值输入训练好的深度神经网络中，输出每个斜坡单元对应的滑坡发生概率，从而获得滑坡易发性评价结果。对于 2002 年、2007 年和 2017 年 3 个监测时间，分别构建 1 个深度神经网络，3 个深度神经网络具有相同的网络结构，但网络参数不同，体现在输入影响因素信息、网络权重的差异，从而生成 3 个时相的滑坡易发性评价图。

需要说明的是，损失函数 $E$ 的作用是将深度神经网络输出值映射为滑坡发生的概率值。本小节构建的损失函数采用真值与预测值差值的 4 次幂函数，选择较大的幂值是为了进一步降低损失函数值，即 0～1 预测值具有更小的损失函数值。为了使损失函数值最小化，深度神经网络会将预测值映射到 0～1 的概率值，从而获得滑坡发生的概率预测。例如，将 0 预测为 0.2 对应的损失函数值要远小于将 0 预测为 1 的损失函数值，即 $(0-0.2)^4 \ll (0-1)^4$，从而输出预测值为 0.2，为 0～1 的概率值。

## 4.2.5　基于深度神经网络的滑坡易发性评价结果

在研究区按照 1∶1 比例随机选取滑坡样本和非滑坡样本作为已知样本，将已知样本按照比例 7∶3 进行拆分，70%用于深度神经网络学习和训练，30%用于测试网络精度和性能。然后将整个研究区所有斜坡单元输入训练好的深度神经网络，生成滑坡易发性评价图，如图 4.11 所示。3 个时相位于各易发性分区的滑坡斜坡单元数量统计如表 4.4 所示，其中高发区域包括高和极高易发区；3 个时相高与极高易发区面积统计和对应的最大库水位如表 4.5 所示。滑坡易发性评价精度如表 4.6 所示，ROC 曲线如图 4.12 所示。2002 年、2007 年和 2017 年分别有 73.37%、83.45%和 82.57%的滑坡单元位于高和极高易发区，AUC 测试精度分别为 0.983、0.984 和 0.977，3 个时相高和极高易发区面积占比分别为 18.79%、22.22%和 23.71%。此外，3 个时相易发性评价 TPR 精度均在 95%以上，accuracy 精度均在 94%以上，*F*1 分数均高于 0.96，Kappa 系数值均超 0.88。

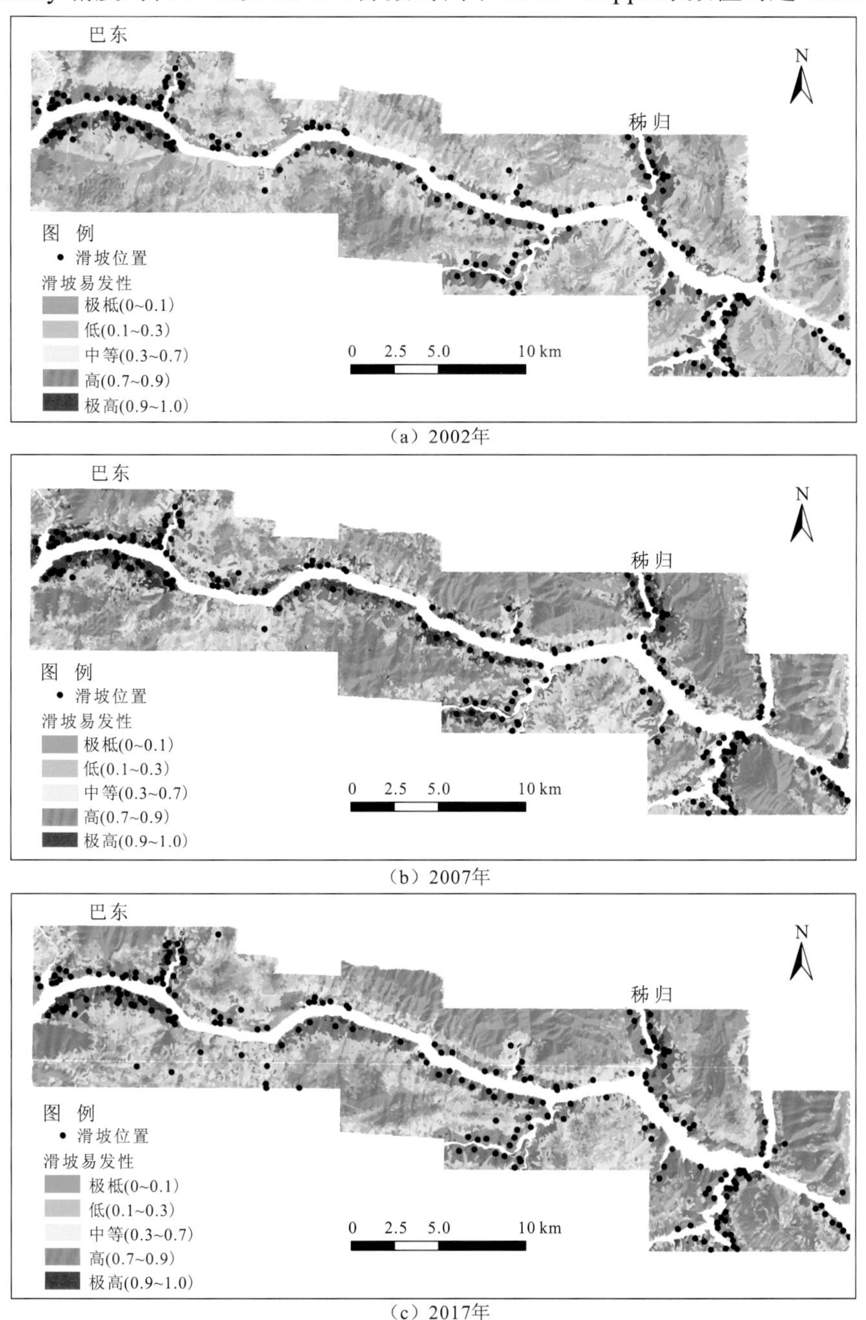


（a）2002年



（b）2007年



（c）2017年

图 4.11　秭归—巴东段 3 个时相滑坡易发性评价图

表 4.4　3 个时相位于各易发性分级的滑坡数量

| 年份 | 极低易发区 | 低易发区 | 中等易发区 | 高易发区 | 极高易发区 | 高易发区域滑坡数量占比/% |
|---|---|---|---|---|---|---|
| 2002 | 0 | 13 | 576 | 1 496 | 127 | 73.37 |
| 2007 | 1 | 10 | 355 | 1 050 | 796 | 83.45 |
| 2017 | 3 | 13 | 374 | 1 611 | 237 | 82.57 |

表 4.5　3 个时相高与极高易发区面积统计与对应最大库水位

| 年份 | 极高易发区面积/$km^2$ | 高与极高易发区面积/$km^2$ | 研究区面积/$km^2$ | 最大库水位/m | 高易发区域面积占比/% |
|---|---|---|---|---|---|
| 2002 | 3.43 | 75.32 | 400.77 | 66 | 18.79 |
| 2007 | 31.51 | 89.07 | 400.77 | 156 | 22.22 |
| 2017 | 7.25 | 95.02 | 400.77 | 175 | 23.71 |

表 4.6　3 个时相滑坡易发性评价结果精度评估

| 评价指标 | 精度指标 | 2002 年 | 2007 年 | 2017 年 |
|---|---|---|---|---|
| 二元预测结果 | TP | 653 | 651 | 658 |
| | FP | 17 | 19 | 18 |
| | TN | 305 | 308 | 303 |
| | FN | 34 | 31 | 30 |
| 易发性预测精度 | accuracy/% | 94.95 | 95.04 | 95.24 |
| | *F*1 分数 | 0.962 | 0.963 | 0.965 |
| | RMSE | 0.225 | 0.223 | 0.218 |
| | Kappa 系数 | 0.885 | 0.888 | 0.891 |
| | AUC | 0.983 | 0.984 | 0.977 |
| | TPR/% | 95.05 | 95.45 | 95.64 |

注：TP 为正确预测滑坡样本数量；FP 为错误预测滑坡样本数量；TN 为正确预测非滑坡样本数量；FN 为错误预测非滑坡样本数量

对基于 DNN 的滑坡易发性预测模型中的 2 个参数[训练与测试样本比例、批量大小（batch size）]进行分析，分析它们对模型性能的影响。如图 4.13 所示，以易发性评价 accuracy 精度，即准确率为例进行说明，对于训练与测试样本 5∶5、6∶4、7∶3 和 8∶2 共 4 种比例分割情况，2002 年与 2017 年，7∶3 均获得了最高的训练和测试精度，虽然 2007 年 7∶3 的训练精度低于 5∶5 的精度，但是其具有最高的测试精度。测试样本未用于模型

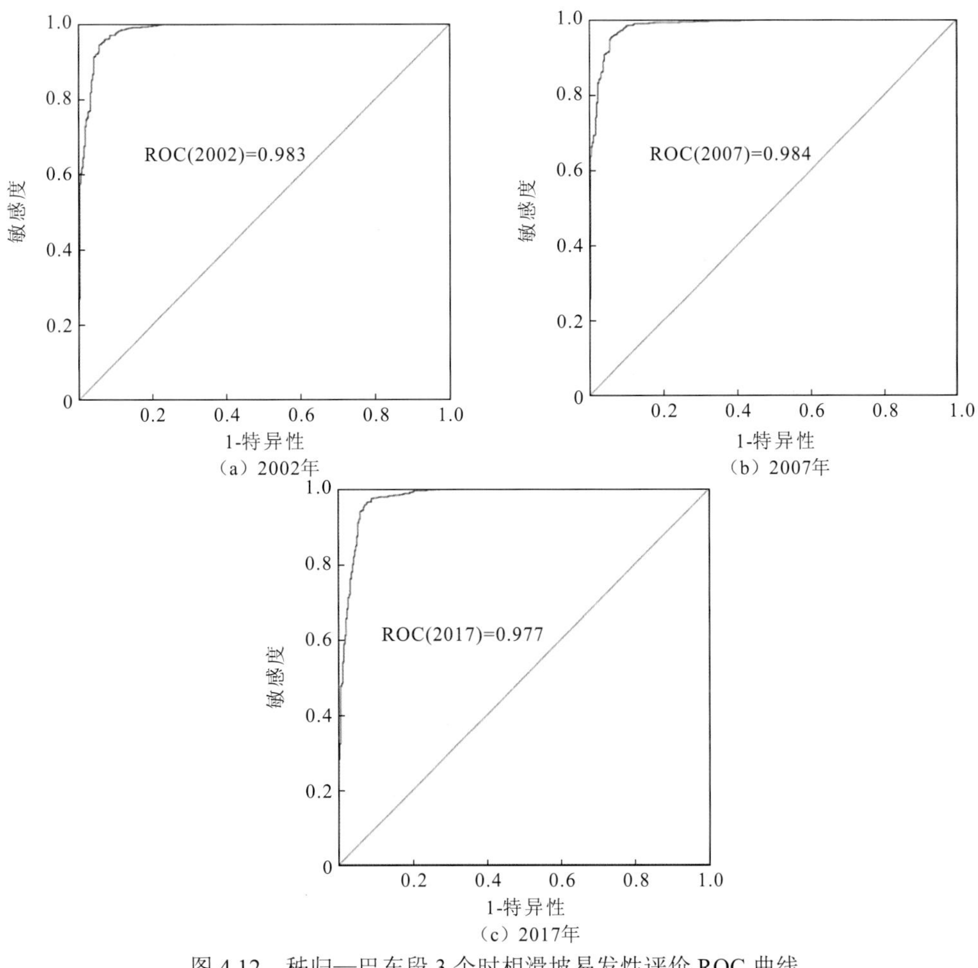


图 4.12 秭归—巴东段 3 个时相滑坡易发性评价 ROC 曲线

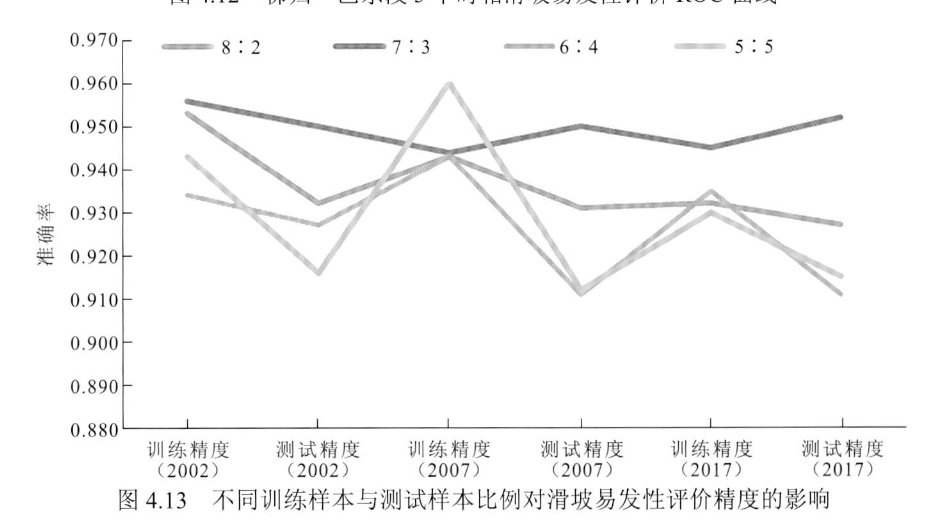


图 4.13 不同训练样本与测试样本比例对滑坡易发性评价精度的影响

训练，测试精度相较训练精度更能反映模型的准确性和泛化性，因此认为 7∶3 比例分割能够提供足够多的训练样本让模型得到充分学习，保障模型的准确性，同时合适的测试样本数量保证模型具有良好的泛化性能，因此生成的滑坡易发性评价模型具有最高的精度。

Batch size 为单次用于模型训练和更新权重的样本个数，其值影响模型训练和优化的进程（Kim et al.，2017）。Batch size 的使用有两个优势：①单次训练采用部分样本集更新模型权重，通过多次训练使模型趋于准确，在一定程度上可以防止噪声样本对模型的干扰，避免模型出现过拟合；②小 batch size 值，由于训练样本少，易导致训练梯度值出现较大波动，影响模型收敛；大 batch size 值使模型易陷入局部最优值，即出现过拟合；而合适的 batch size 值能够使梯度下降方向更准确，模型更快收敛于最优值（李安，2019；Kim et al.，2017）。如图 4.14 所示，以 2017 年滑坡易发性评价 accuracy 精度，即准确率为例进行说明，当 batch size 值等于 600 和 1000 时，训练精度达到 2 个极大值 0.945 和 0.946，然而 batch size 值为 600 时的测试精度为 0.952，达到最大值，优于 batch size 值为 1000 时的测试精度 0.926。2002 年与 2007 年滑坡易发性评价精度具有类似趋势，当 batch size 值为 600 时，测试精度值最高，因此 600 为最优参数值。

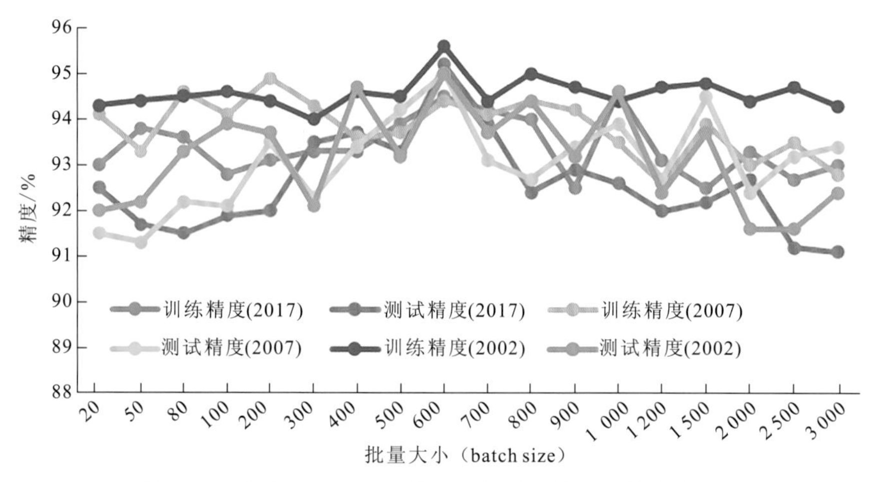


图 4.14　不同 batch size 取值对滑坡易发性评价精度的影响

### 4.2.6　不同模型滑坡易发性评价比较

随机森林（RF）（Breiman，2001）、SVM（Cortes et al.，1995）和逻辑回归（logic regression，LR）（Cox，1958）是优秀的机器学习算法，被广泛应用于滑坡易发性评价（Daviran et al.，2023；Cao et al.，2019；Chen et al.，2014），将基于 DNN 的滑坡易发性评价模型与基于以上 3 种算法的滑坡易发性评价模型进行比较，训练精度与测试精度的比较结果分别如图4.15 和图4.16 所示。3 种机器学习算法的滑坡易发性评价结果如图4.17 所示。在训练精度方面，DNN 算法与 RF 算法明显优于 SVM 算法和 LR 算法，RF 算法的训练精度略优于 DNN 算法；在测试精度方面，DNN 算法明显优于其他 3 种算法，RF 算法优于 SVM 算法和 LR 算法。正如前文所述，测试精度相较训练精度能够更好地反映滑坡易发性预测模型的准确性和泛化能力，因此基于 DNN 的滑坡易发性评价模型具有最高的精度和最优的泛化能力。

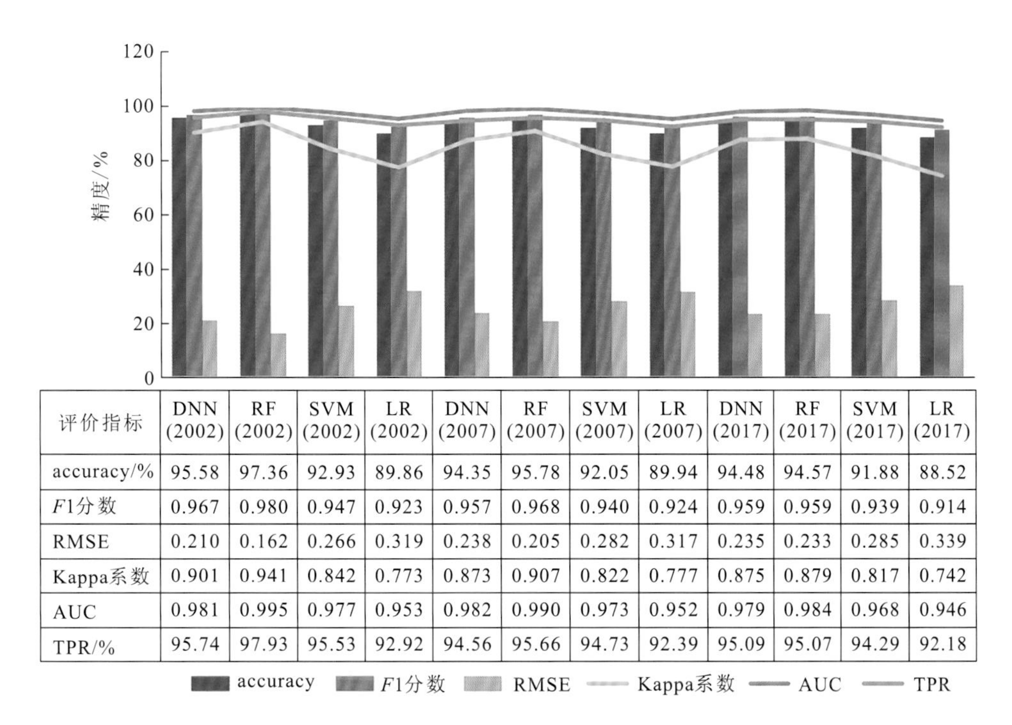


| 评价指标 | DNN (2002) | RF (2002) | SVM (2002) | LR (2002) | DNN (2007) | RF (2007) | SVM (2007) | LR (2007) | DNN (2017) | RF (2017) | SVM (2017) | LR (2017) |
|---|---|---|---|---|---|---|---|---|---|---|---|---|
| accuracy/% | 95.58 | 97.36 | 92.93 | 89.86 | 94.35 | 95.78 | 92.05 | 89.94 | 94.48 | 94.57 | 91.88 | 88.52 |
| *F*1分数 | 0.967 | 0.980 | 0.947 | 0.923 | 0.957 | 0.968 | 0.940 | 0.924 | 0.959 | 0.959 | 0.939 | 0.914 |
| RMSE | 0.210 | 0.162 | 0.266 | 0.319 | 0.238 | 0.205 | 0.282 | 0.317 | 0.235 | 0.233 | 0.285 | 0.339 |
| Kappa系数 | 0.901 | 0.941 | 0.842 | 0.773 | 0.873 | 0.907 | 0.822 | 0.777 | 0.875 | 0.879 | 0.817 | 0.742 |
| AUC | 0.981 | 0.995 | 0.977 | 0.953 | 0.982 | 0.990 | 0.973 | 0.952 | 0.979 | 0.984 | 0.968 | 0.946 |
| TPR/% | 95.74 | 97.93 | 95.53 | 92.92 | 94.56 | 95.66 | 94.73 | 92.39 | 95.09 | 95.07 | 94.29 | 92.18 |

图 4.15　4 种滑坡易发性评价模型训练精度比较

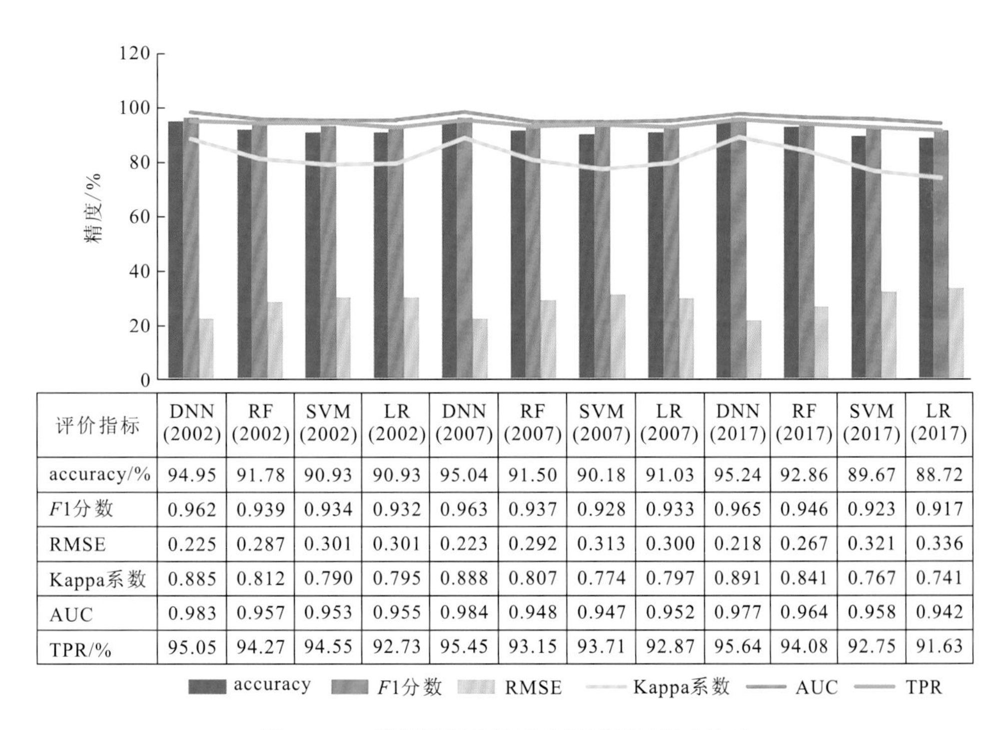


| 评价指标 | DNN (2002) | RF (2002) | SVM (2002) | LR (2002) | DNN (2007) | RF (2007) | SVM (2007) | LR (2007) | DNN (2017) | RF (2017) | SVM (2017) | LR (2017) |
|---|---|---|---|---|---|---|---|---|---|---|---|---|
| accuracy/% | 94.95 | 91.78 | 90.93 | 90.93 | 95.04 | 91.50 | 90.18 | 91.03 | 95.24 | 92.86 | 89.67 | 88.72 |
| *F*1分数 | 0.962 | 0.939 | 0.934 | 0.932 | 0.963 | 0.937 | 0.928 | 0.933 | 0.965 | 0.946 | 0.923 | 0.917 |
| RMSE | 0.225 | 0.287 | 0.301 | 0.301 | 0.223 | 0.292 | 0.313 | 0.300 | 0.218 | 0.267 | 0.321 | 0.336 |
| Kappa系数 | 0.885 | 0.812 | 0.790 | 0.795 | 0.888 | 0.807 | 0.774 | 0.797 | 0.891 | 0.841 | 0.767 | 0.741 |
| AUC | 0.983 | 0.957 | 0.953 | 0.955 | 0.984 | 0.948 | 0.947 | 0.952 | 0.977 | 0.964 | 0.958 | 0.942 |
| TPR/% | 95.05 | 94.27 | 94.55 | 92.73 | 95.45 | 93.15 | 93.71 | 92.87 | 95.64 | 94.08 | 92.75 | 91.63 |

图 4.16　4 种滑坡易发性评价模型测试精度比较

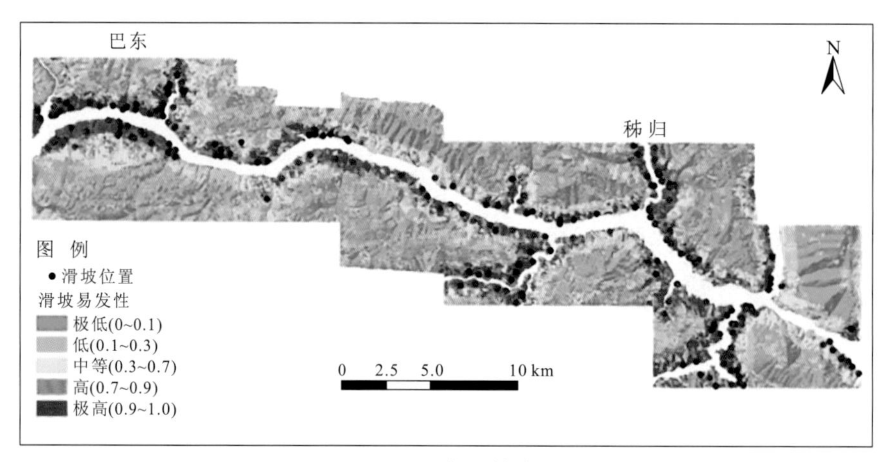


（a）2002年RF算法

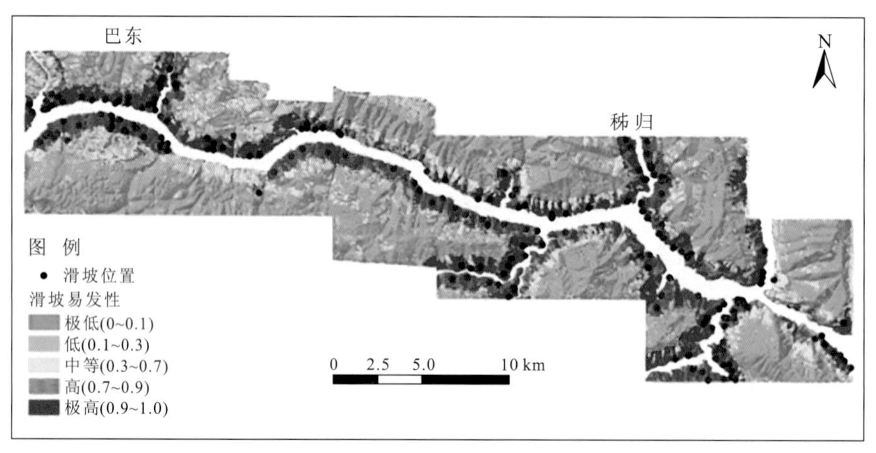


（b）2002年SVM算法

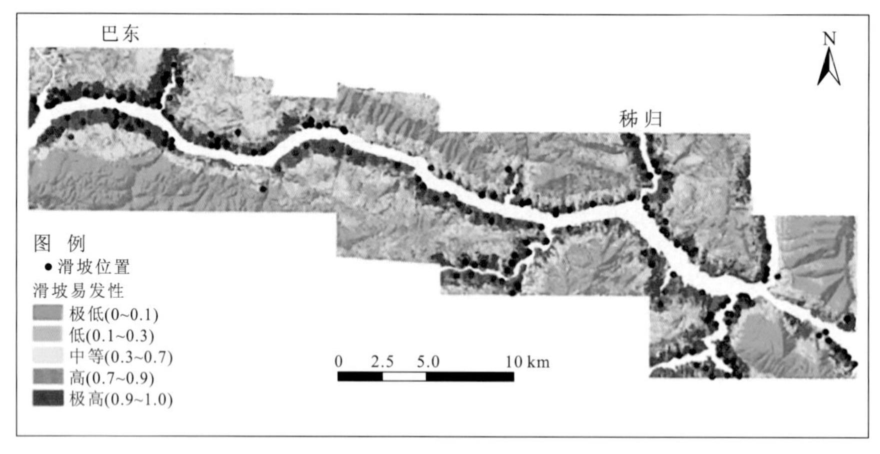


（c）2002年LR算法

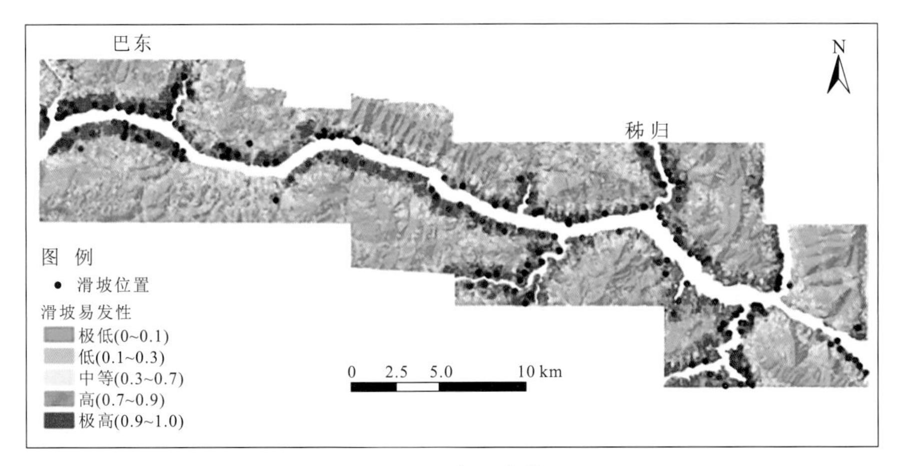


（d）2007年RF算法

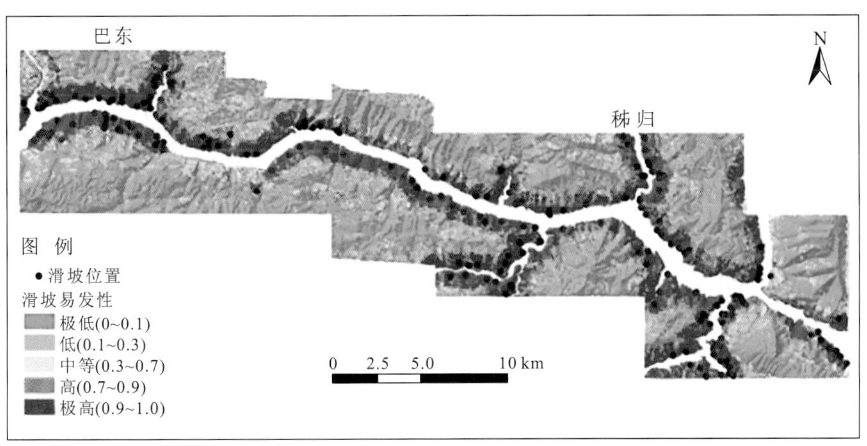


（e）2007年SVM算法

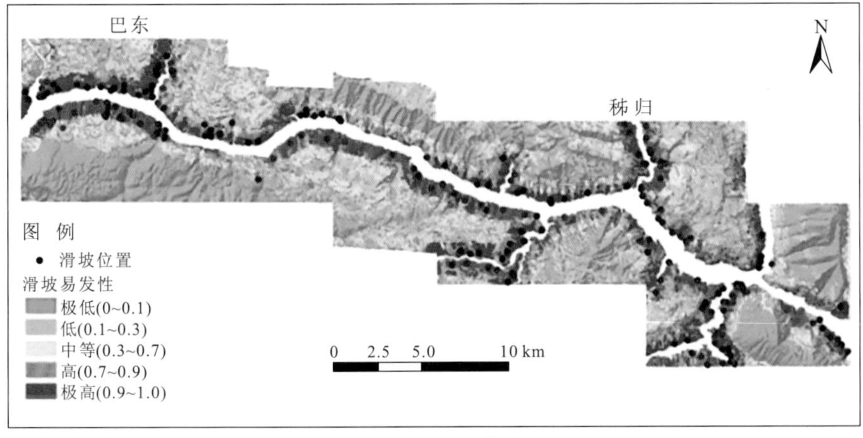


（f）2007年LR算法

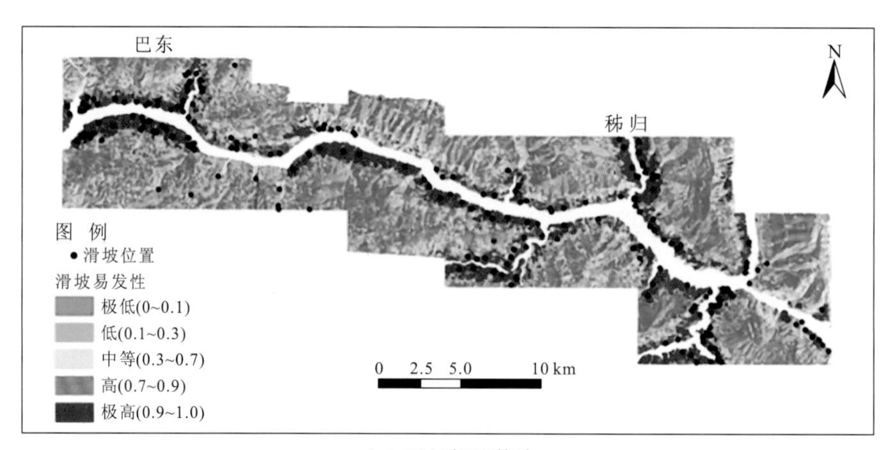


（g）2017年RF算法

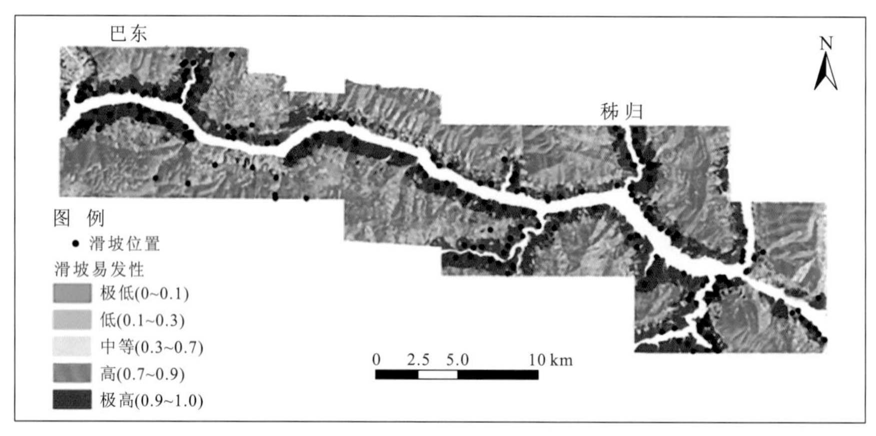


（h）2017年SVM算法

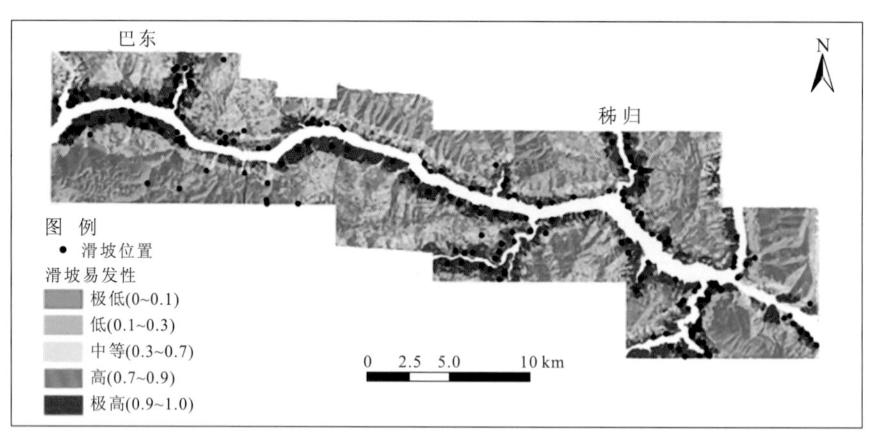


（i）2017年LR算法

图 4.17 基于 3 种浅层机器学习算法的滑坡易发性评价图

# 4.3 三峡库区秭归—巴东段滑坡易发性演化特征与动态响应机制

本节从三个科学问题角度，分析秭归—巴东段滑坡易发性演化特征和动态响应机制。①哪些关键因素影响了滑坡易发性？②滑坡易发性的动态演化特征是什么？③滑坡易发性对各成灾因素变化的动态响应机制是什么？

## 4.3.1 三峡库区秭归—巴东段影响滑坡易发性的关键因素

采用 IBM SPSS Modeler 软件中的敏感性分析方法（IBM Support，2019）计算各孕灾与致灾因素对滑坡易发性的贡献度和重要性值，如图 4.18 所示，影响易发性的关键因素按重要性依次为距水系距离、NDWI、工程岩组和地形起伏度。

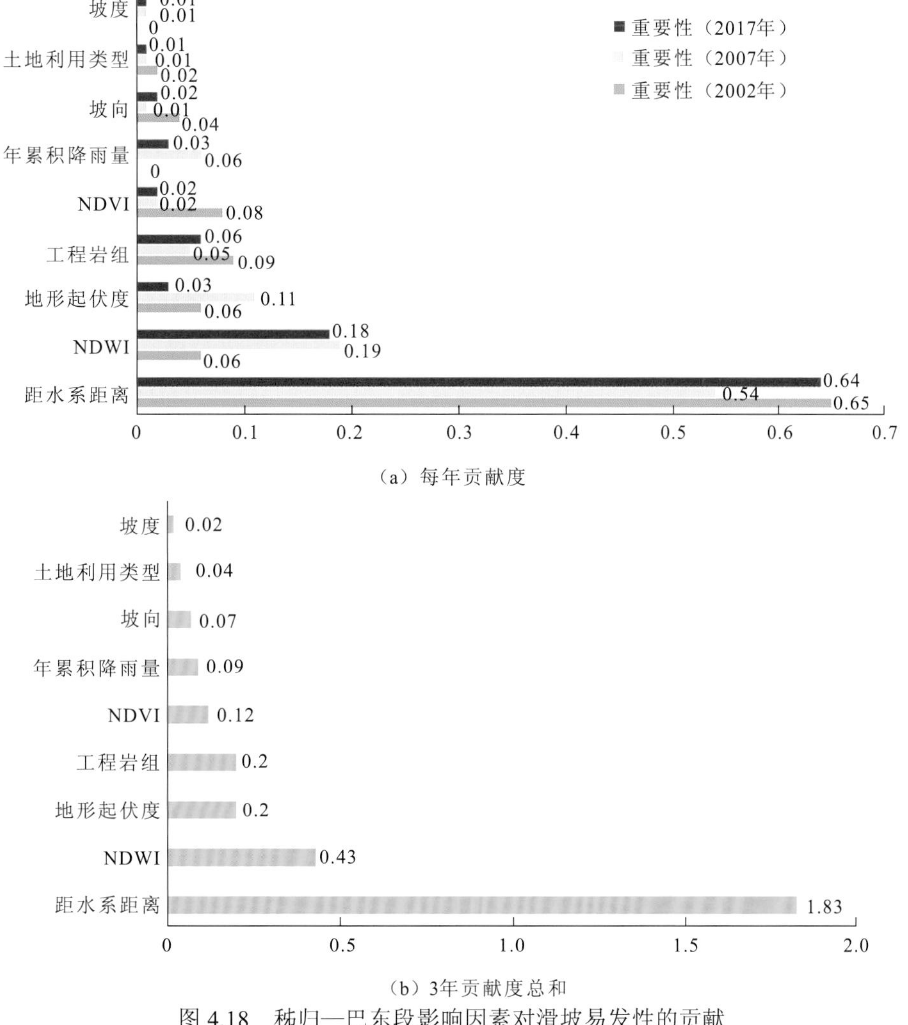


图 4.18 秭归—巴东段影响因素对滑坡易发性的贡献

（1）距水系距离对滑坡易发性的影响远超过其他成灾因素的影响，说明 2002～2017 年库水位波动是滑坡发生发育最关键的诱发机制。如表 4.1 所示，2002 年、2007 年和 2017 年最大库水位分别为 66 m、156 m 与 175 m，且库水位长期处于波动状态。库水位的升降会影响斜坡的稳定性，当库水位上升、地下水作用效应表现为浮托减重时，斜坡稳定性下降(朱大鹏，2010)；当库水位下降、斜坡岩土体内的孔隙水难以迅速排泄时，地下水位下降滞后，地下水位与库水位的高度差会产生向岩土体外部的作用力，降低潜在滑面的抗滑能力（Zhou et al.，2014；Paronuzzi et al.，2013）。

（2）NDWI 是对滑坡易发性有重要影响的地质环境因素，在一定程度上反映了土壤含水量，土壤含水量会影响土体的内聚力，从而改变土体的抗剪强度（Kuradusenge et al.，2021；Ruette et al.，2013）。

（3）工程岩组反映了构成岩土体的物质成分，位于软弱地层的岩土体物质亲水软化、泥化，发生膨胀、塑性变形和破坏，为滑坡发生提供了物质基础（李海光，2002；贺跃光 等，2000），因此秭归—巴东段滑坡主要发生于软质岩和软硬相间岩组。

（4）地形起伏在一定程度上体现了地貌类型，高山河谷地貌，陡峭的山坡和下切的河谷为岩土体在重力作用下滑动提供了良好的地形条件（Chauhan et al.，2010；Saha et al.，2005）。

### 4.3.2 三峡库区秭归—巴东段滑坡易发性动态演化特征

2002～2007 年和 2007～2017 年滑坡易发性动态演化特征如图 4.19 所示，数值表示滑坡易发性等级变化程度，正值表示滑坡发生概率增加，负值表示滑坡发生概率减小，“0”表示发生概率保持不变。如“2”表示滑坡易发性变化跨越 2 个分级，由低易发性变化为高易发性、由极低易发性变化为中等易发性、由中等易发性变化为极高易发性；“-3”表示滑坡易发性分级由极高易发性变化为低易发性、由高易发性变化为极低易发性。结合表 4.5 可知，2002～2017 年滑坡灾害高发区域范围持续增加，2017 年较 2002 年高发区域面积占比上升了 4.92%。2002～2007 年新增高发区域主要沿长江及其支流分布，2007～2017 年新增高发区域除出现在长江干流及支流沿岸外，还出现在一些城镇区域和山区。

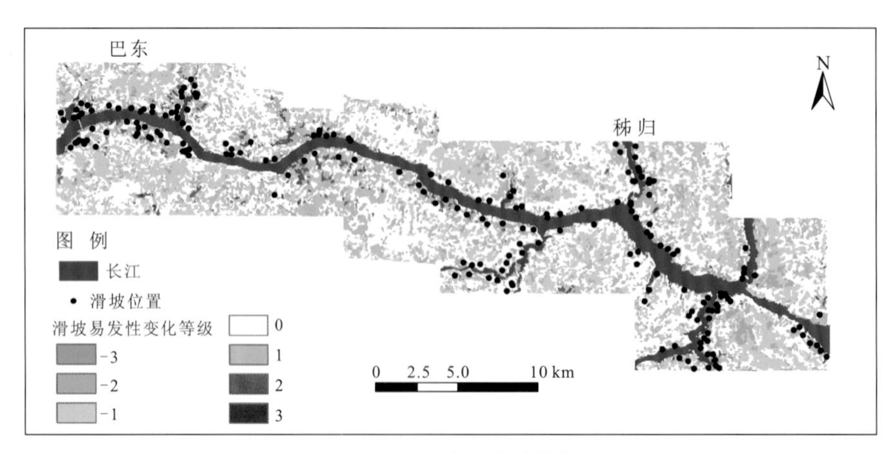


（a）2002~2007年动态演化特征

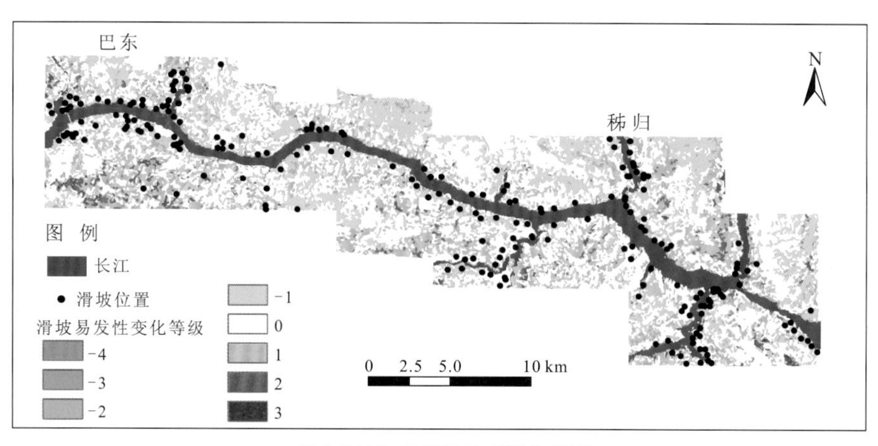

（b）2007~2017年动态演化特征

图 4.19 秭归—巴东段滑坡易发性的动态变化

图 4.20 显示了滑坡易发性变化趋势，2002～2007 年和 2007～2017 年滑坡易发性总体变化趋势相近，分别有 46.61%和 47.42%的区域易发性基本保持不变，分别有 48.37%和 46.90%的区域易发性有较小变化（易发性等级变化为±1），分别有 5.02%和 5.68%的区域易发性明显升高或降低（易发性等级变化绝对值≥2）。

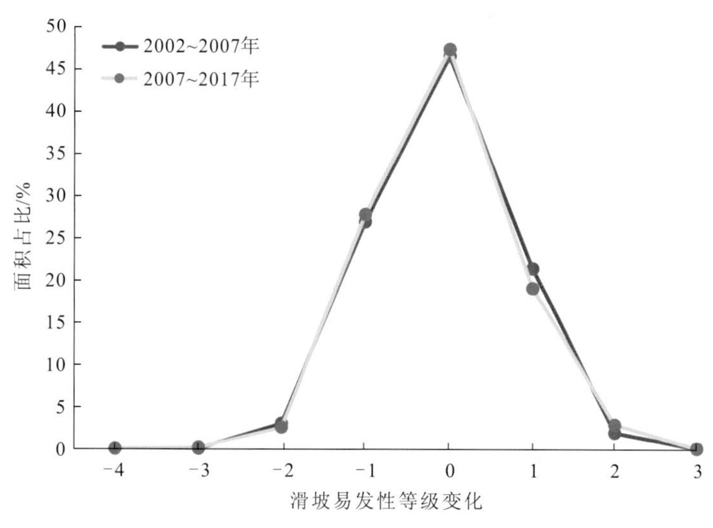

图 4.20 2002～2007 年与 2007～2017 年滑坡易发性变化趋势

为了清晰展示滑坡易发性演变特征，从滑坡易发性变化与道路修建、库水位波动、土壤含水量变化 3 个方面的关联进行阐述。滑坡易发性变化与城镇发展关系密切，图 4.21 显示了滑坡易发性明显升高区域（易发性变化等级≥2 的区域）与道路网分布的叠加。2002～2007 年，由于水库蓄水和库水位波动，长江干流及部分支流沿岸滑坡易发性明显升高，道路网分布位置也出现了一些滑坡易发性显著升高的区域；2007～2017 年道路网建设更为密集，大量滑坡易发性显著升高区域出现在道路沿线，长江干流和支流两岸滑坡易发性升高现象明显减缓，此外，一些滑坡易发性升高区域出现在山区，这些山区因降雨而导致土壤含水量增加。

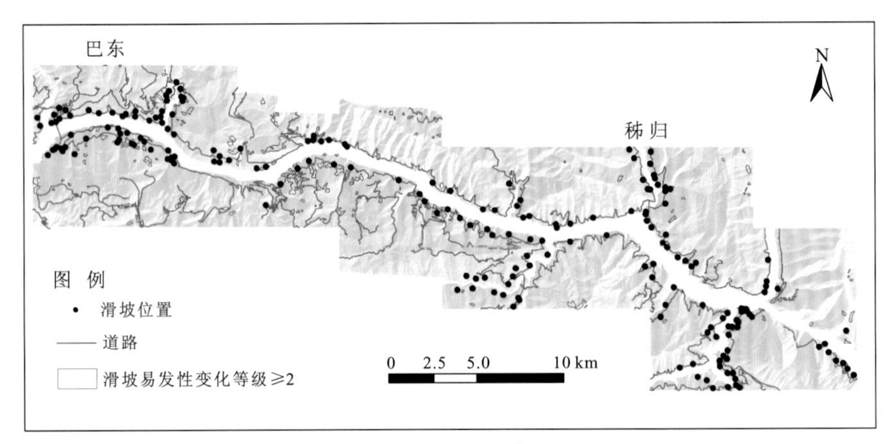

（a）2002~2007年

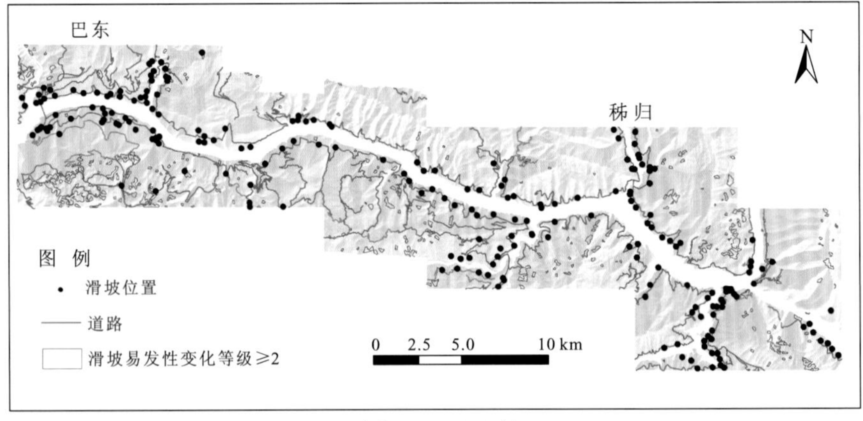

（b）2007~2017年

图 4.21 滑坡易发性变化与道路网建设的关联

滑坡易发性演变与库水位波动关系密切，图 4.22 展示了库水位波动区滑坡易发性的变化，其中，库水波动区为距长江及其支流 100 m 以内的区域。2002～2007 年，39.03%的库水波动区的滑坡易发性升高，因此，该时期库水位变化，特别是从 66 m 蓄水至 156 m，导致沿库岸分布的滑坡发生概率升高。2007～2017 年，库水波动区中 27.02%的区域滑坡易发性降低，17.94%的区域滑坡易发性升高，库水从 156 m 蓄水至 175 m 并未产生明显的致灾效应，因此在国家重视和有效防治措施的干预下，灾害监测和治理取得了良好的成效，三峡水库沿岸滑坡发生概率明显降低。

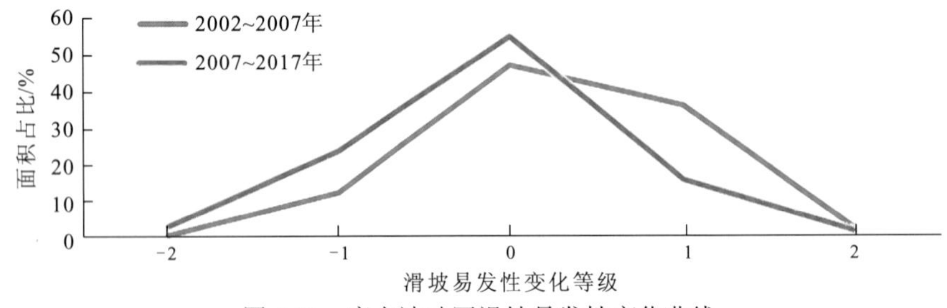

图 4.22 库水波动区滑坡易发性变化曲线

土壤含水量对滑坡易发性变化影响显著。将 NDWI 值分为 3 级，其中，NDWI 值小于−0.4 为 1 级，−0.4～0 为 2 级，大于 0 为 3 级。图 4.23 显示了 NDWI 等级的变化，例如值为“2”表示NDWI值由1级上升为3级，“-1”表示NDWI值由3级降低为2级，或者由2级降低为1级。2002～2007年，由于水库蓄水和支流的出现，NDWI值升高的区域主要沿长江干流和支流分布，与地表新增淹没区域和新支流出现位置相吻合，结合图4.19可知，该监测时期NDWI值升高区域对应滑坡易发性升高的地区，水库蓄水导致长江沿岸滑坡易发性升高。2007～2017年，几乎秭归—巴东段整个地区均出现NDWI值上升，根据降雨数据，2017年2月20～25日研究区出现降雨天气，根据周坪站气象监测资料，21日降雨量达18.5 mm，遥感影像拍摄于2017年3月2日，因此研究区土壤含水量明显增加与前期降雨密切相关，偏远山区滑坡易发性的升高是由降雨致灾效应导致的。

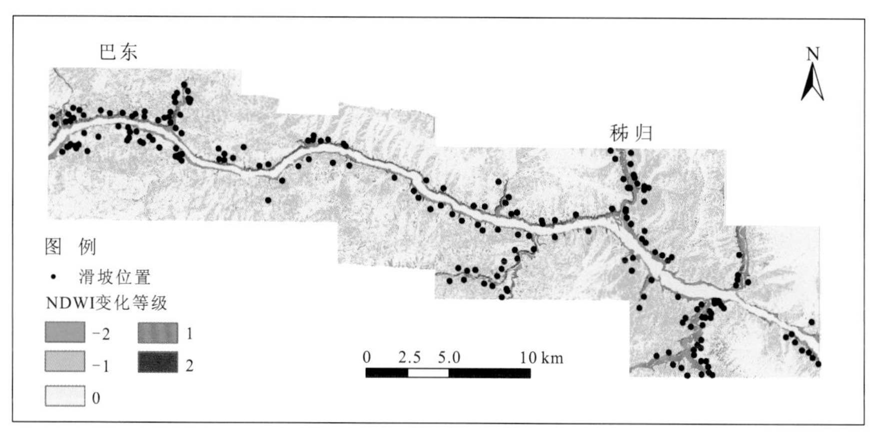


（a）2002~2007年

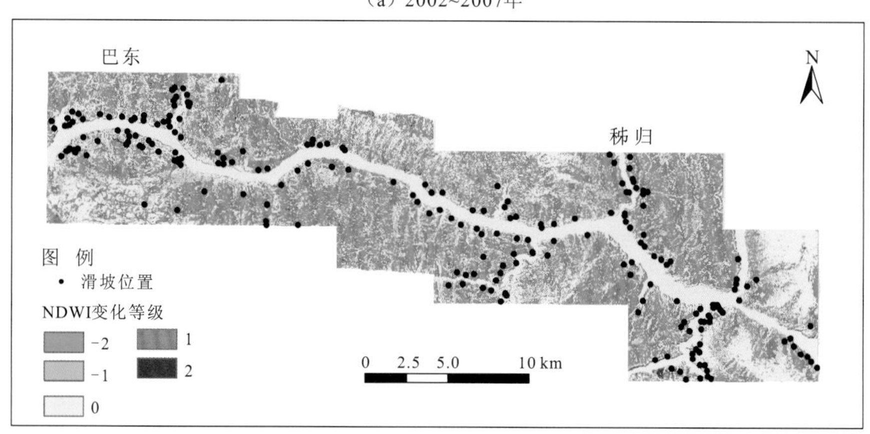


（b）2007~2017年

图4.23 NDWI等级变化

综上所述，2002～2007年长江及支流两岸出现滑坡易发性升高，一些道路网修建区域也出现了滑坡易发性的升高。滑坡发生概率升高是库水蓄水与水位波动及城镇建设共同作用导致的。2007～2017年，由于合理有效的灾害监测和防治措施，一些库岸区域滑坡发生概率明显降低；由于城镇建设加剧，新修道路网附近滑坡发生概率显著升高；因为持续数天降雨，一些偏远山区滑坡发生概率也出现上升趋势。因此，2007～2017年，三峡水库运营和库水波动对滑坡易发性的影响在逐渐减弱，达到了新的平衡，而人类工程活动对滑坡易发性的影响显著，特别是城镇建设对地质环境的破坏，加剧了滑坡灾害的发生和孕育，亟须制定合理的土地利用政策，合理规划人类工程活动。

### 4.3.3 三峡库区秭归—巴东段滑坡易发性动态响应机制

滑坡发生概率对各影响因素变化的动态响应体现为滑坡易发性演变与各孕灾和致灾因素变迁之间的关联，即随着各成灾因素的演变，滑坡易发性演化的物理机制是什么。秭归—巴东段动态变化的成灾因素包括距水系距离、NDWI、NDVI、年度累积降雨量和土地利用类型，根据 4.3.1 小节影响因素重要性分析，影响滑坡易发性变化的主要因素为距水系距离、NDWI 和道路修建，分别反映库水位波动、土壤含水量和城镇建设，下面分别讨论滑坡易发性对这 3 个诱发因素的动态响应机制。

1. 滑坡易发性对库水位波动的动态响应机制

根据三峡库区地质灾害防治工作指挥部于 2010 年发布的《三峡库区地质灾害监测预警工作情况》报告，库水位的波动，特别是短期内水位大幅度上涨或下降，改变了斜坡原始应力分布，破坏坡体自然平衡条件，降低斜坡稳定性，增加滑坡发生的概率（邓永煌 等，2013）。库水位对前缘涉水滑坡的作用包括冲刷侵蚀、静水压力、浮托减重、浸泡软化、动水压力等（邓永煌 等，2013）。对于浮托减重型滑坡，库水位上升淹没阻滑段坡体，加剧了对水下岩土体的冲刷侵蚀，地下水对水下岩土体产生静水压力，进而产生浮托力，地下水快速渗入涉水岩土体，使水下部分坡体物质由天然重度转化为浮重度，随着地下水上升，浮重度减小，斜坡阻滑段有效应力减小，抗滑能力降低（邓永煌 等，2013；赵代鹏 等，2013）；此外，地下水上升，岩土体含水量增加，水位以下滑带在浸泡软化作用下，处于长期饱水状态，软弱岩层软化，滑体抗剪强度降低，滑坡发生概率增加（Miao et al.，2014；刘贵应，2011）。当库水位下降，斜坡体内地下水位下降相对滞后，产生由岩土体物质向外的动水压力，在孔隙水压力作用下，孔隙水向迎水坡渗流，产生渗透压力，弱化岩土体抗剪能力，导致斜坡变形运动（姜鹏，2019）；此外，对于松散堆积滑坡，库水位下降产生的超孔隙水压力在土体内形成暂态渗流场，产生暂态水压力，降低非饱和区的基质吸力，降低斜坡稳定性（黄润秋 等，2002），随着孔隙水压力逐渐消散，土体由饱和状态转换为非饱和状态，非饱和带土壤水分运动与饱和带地下水运动相互联系，非饱和带土壤水分下渗补给地下水饱和带，饱和带水通过毛细作用和蒸发作用上升补给包气带（王立中，2014），从而产生顺坡向的动态扩张力，导致坡体裂缝扩张，加剧松散堆积滑坡的变形和堆积物运移（Zhou et al.，2014；Paronuzzi et al.，2013；刘贵应，2011），导致滑坡易发性升高。

2. 滑坡易发性对道路修建的动态响应机制

道路建设对斜坡前缘进行开挖，形成临空面，并在开挖区域附近形成应力集中带，坡脚反压作用减小，从而出现应力释放，上部坡体对临空面产生塑性挤压，导致临空面剪切破坏，在重力作用下，当岩土体剪应力大于抗剪强度时，软弱夹层发生位移形变，增加了滑坡发生概率（许晓通，2021；周剑，2019）。坡脚开挖产生的碎石土透水性强，且容易风化，由于斜坡应力重新分布，坡面会产生裂缝，坡体物质原生闭合裂缝被打开，产生渗水通道，强降雨时雨水入渗，使得碎石土吸水饱和，并且使碎石土与下伏基岩接触带浸润变滑，降低斜坡稳定性（许晓通，2021；赵伟康，2019）。此外，道路施工中弃石堆填和路基填土改变斜坡应力分布，斜坡岩土体发生挤压形变，改变了地表水和地下水的径流途径，可导致坡体内地下水位抬升，软化浸泡坡体物质，产生软弱滑面，增加滑坡易发性（许晓通，2021；董夫钱 等，2004）。另外，交通干线施工中人工爆破山体，破坏岩土体物质完整性，坡面物质破碎堆积，坡体内部裂缝纵横，在后期地震、降雨等外部因素作用下，易变形失稳，提高了滑坡易发性。如图 4.21 所示，新增滑坡高发区域与新修道路网分布具有较好的一致性，可见交通干线修建显著影响滑坡发生概率。将滑坡易发性明显升高区域按照道路修建导致和土壤含水量增加导致划分为两类，如图 4.24 所示，在城镇地区由于开发建设，大部分滑坡易发性升高区域和新增滑坡高发区域均与交通干线修建密切相关。

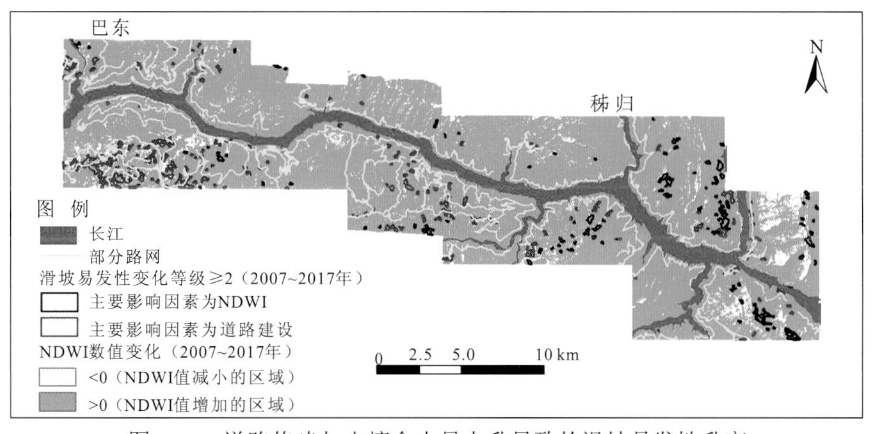


图 4.24 道路修建与土壤含水量上升导致的滑坡易发性升高

## 3. 滑坡易发性对岩土体含水量的动态响应机制

地下水对岩土体有润滑、软化、潜蚀和淋滤作用（张书杰 等，2014），通过影响斜坡内部的孔隙水压力、岩土体容重和抗剪强度，导致斜坡稳定性下降，失稳变形（谭玲，2013）。随着岩土体含水量增加，裂隙面、节理面、层面的力学性质减弱，黏聚力先增大后减小，内摩擦角持续减小（谭玲，2013；马云 等，2009），坡体基质吸力明显降低，岩土体中水饱和超过饱和度造成岩土体液化；在地下水渗流作用下，岩土体中的孔隙被水充填、饱和，产生静水压力和动水压力，裂缝中聚集的水会形成下滑方向的静水压力，地下水渗流场发生变化，渗流场变化引起地应力场的重新分布，造成斜坡岩土体局部应力升高，剪应变力降低，斜坡稳定性下降，滑坡易发性升高（张书杰 等，2014；谭玲，2013）。此外，地下水与岩土体之间通过发生化学作用，改变滑带土和滑体力学性质与强度，降低斜坡稳定性，提高滑坡发生概率（穆鹏，2010）。化学作用包括离子交换、溶解、溶蚀、水解、水化和氧化还原等（徐永福，2020；穆鹏，2010）。离子交换通过交换土体颗粒和地下水的离子与分子，增加土体的孔隙度和渗透性能，弱化其力学性质；溶解和溶蚀是雨水在入渗土壤带、包气带或渗滤带时，溶解了大量气体，弥补了地下水的弱酸性，增强了地下水的侵蚀性；具有侵蚀性的地下水对可溶性岩石产生溶蚀作用，在岩体中产生溶蚀裂隙、空隙和溶洞，岩体的空隙率和渗透性增强，抗剪强度降低；水化作用是通过水分子附着在可溶性岩石的离子上或者水渗透到岩土体的矿物结晶格架中，导致岩石结构发生微观、细观与宏观改变，从而降低岩土体黏聚力；膨胀土的水化作用体现在土体吸水或失水时的胀缩形变、裂隙发育和强度降低，进而失稳运移，提高滑坡易发性（徐永福，2020；穆鹏，2010）。如图 4.24 所示，在秭归段山区，滑坡易发性升高主要由降雨引起的岩土体含水量增加导致，这些区域软质岩广泛发育，在与水的物理、力学和化学作用下，易软化、液化、力学性质弱化，岩土体强度和剪应力降低，滑坡易发性升高。

# 参考文献

安琪, 滕伟福, 李伟忠, 2006. 三峡库区巴东组岩-土接触面抗剪强度特性研究. 安全与环境工程, 23(2): 1-7.

陈强, 刘国祥, 胡植庆, 等, 2012. GPS 与 PS-InSAR 联网监测的台湾屏东地区三维地表形变场. 地球物理学报, 55(10): 3248-3258.

戴坤志, 2011. 试论察雅县县域经济发展战略. 西藏发展论坛, 5: 53-55.

邓华峰, 2010. 库水变幅带水-岩作用机理和作用效应研究. 武汉: 武汉大学.

邓时强, 陈烈, 刘世朝, 等, 2020. 西藏自治区察雅县 1∶50000 地质灾害详细调查成果报告. 西藏自治区地质矿产勘查开发局第五地质大队.

邓永煌, 易武, 赵新建, 2013. 不同库水位升降速率作用下浮托减重型滑坡稳定性分析. 科学技术与工程, 13 (32): 9554-9558.

丁军, 朱静, 王磊, 等, 2010. 5·12 汶川地震灾区茂县地质灾害危险性评价. 水土保持研究, 17(5): 12-16.

董夫钱, 缪志顺, 吕庆, 等, 2004. 公路堆载诱发型滑坡稳定性分析. 岩石力学与工程学报, 23: 4517-4520.

杜天松, 2018. 基于 GIS 的滑坡灾害应急避难所选址与布局研究. 武汉: 中国地质大学(武汉).

付强, 袁泉, 2013. 千枚岩地质条件下路基、桥梁下部结构施工的病害分析. 西南公路, 2: 106-114.

苟继松, 2020. 顾及高程相关大气效应改正的 InSAR 滑坡早期识别. 成都: 成都理工大学.

郭京平, 2019. 河流侵蚀对滑坡稳定性影响研究. 甘肃水利水电技术, 55(11): 38-41.

何显祥, 2008. 白垩世火山岩地区正断层对滑坡的影响. 工程与建设, 22(4): 526-527.

贺跃光, 颜荣贵, 2000. 软岩水膜型泥化夹层滑坡机理及对策. 岩石力学与工程学报, 19(1): 39-42.

黄健龙, 2016. 杂谷脑河薛城地区崩塌发育规律及成因机制分析. 成都: 成都理工大学.

黄润秋, 戚国庆, 2002. 非饱和渗流基质吸力对边坡稳定性的影响. 工程地质学报, 10(4): 343-347.

姜鹏, 2019. 庆云县南候水库大坝渗流影响因素及坝坡稳定分析. 陕西水利(7): 39-43.

金章东, HILTON G, WEST A J, 等, 2022. 地震滑坡在活跃造山带侵蚀和风化中的作用: 进展与展望. 中国科学: 地球科学, 52(2): 222-237.

孔祥菊, 2011. 余震及强降雨条件下千枚岩隧道施工塌方预防. 山西建筑, 37(24): 188-189.

李安, 2019. 基于深度学习的地震事件与震相自动识别. 北京: 中国地震局地球物理研究所.

李海光, 2002. 路基工程中软质岩边坡的几种不良地质现象及其防治. 岩石力学与工程学报, 20(9): 1404-1407.

李嘉鑫, 2015. 千枚岩工程性质及其路基防排水技术研究. 西安: 长安大学.

李磊, 2013. 邢台地区矿山地质环境综合评价与治理. 石家庄: 石家庄经济学院.

李林, 任光明, 熊靖辉, 2008. 软岩埋深隧洞流变数值模拟. 山西建筑, 34 (33): 310-311.

李忠生, 2003. 国内外地震滑坡灾害研究综述. 灾害学, 18(4): 64-70.

廖炳勇, 何晓飞, 曾强, 等, 2019. 龙门山构造带茂汶断裂在茂县、汶川一带构造特征. 四川地质学报, 39(3): 374-378.

廖代强, 马力, 2003. 重庆市山体滑坡发生条件初步分析//中国气象学会. 新世纪气象科技创新与大气科学发展——中国气象学会2003年年会“城市气象与科技奥运”分会论文集. 北京: 气象出版社.
廖明生, 王腾, 2014. 时间序列InSAR技术与应用. 北京: 科学出版社.
林强, 2016. 理县西山村滑坡结构分析及稳定性评价. 成都: 成都理工大学.
林荣福, 刘纪平, 徐胜华, 等, 2020. 随机森林赋权信息量的滑坡易发性评价方法. 测绘科学, 45(12): 131-138.
刘辰光 2021. 基于植被护坡的河道浅层滑坡防护技术. 水利科技与经济, 27(5): 55-59.
刘贵应, 2011. 库水位变化对三峡库区堆积层滑坡稳定性的影响. 安全与环境工程, 18(5): 26-28.
刘海永, 曾强, 杨剑红, 2016. 茂汶断裂带的时空结构、构造特征及其对沉积作用的控制研究. 地球, 9: 49.
刘红耀, 温利华, 2019. 太行山区地质灾害风险评价: 以河北省涉县为例. 河北农业科学, 23(4): 63-68.
刘其琛, 熊承仁, 马俊伟, 2015. 暴雨条件下贵州关岭大寨滑坡稳定性研究. 科学技术与工程, 15(11): 147-151.
刘玉平, 吴智杰, 2006. 邢台山地地质灾害形成的成因分析//中国气象学会2006年年会“山洪灾害监测、预报和评估”论文集, 成都.
刘玉平, 杨丽娜, 梁钰, 2008. 邢台西部山区地质灾害形成的成因分析. 地质灾害与环境保护, 19(2): 33-37.
刘泽, 王勇, 2019. 震后千枚岩与板岩互层隧道开挖变形控制技术. 铁道工程学报, 36(1): 70-73.
罗剑, 2015. 理县西山村滑坡复活变形机理及关键致灾因子研究. 成都: 成都理工大学.
马保罡, 2016. 基于GIS的杂谷脑河下游段地质灾害危险性评价. 成都: 成都理工大学.
马云, 何丙辉, 刘益军, 2009. 土壤含水量对浅层滑坡区土体抗剪强度影响. 亚热带水土保持, 21(3): 8-11.
毛硕, 2016. 基于GIS的薛城地区滑坡地质灾害危险性评价. 成都: 成都理工大学.
毛雪松, 郑小忠, 马骉, 等, 2011. 风化千枚岩填筑路基湿化变形现场试验分析. 岩土力学, 32(8): 2300-2306.
毛宇祥, 2020. 拟建线路工程昌都段崩塌发育分布特征及其滚石运动过程研究. 成都: 成都理工大学.
穆鹏, 2010. 水对滑坡的影响机理分析. 中国西部科技, 9(28): 3-4.
穆鹏, 董兰凤, 吴玮江, 2008. 兰州市九州石峡口滑坡形成机制与稳定性分析. 地震工程学报, 30(4): 332-336.
彭令, 2013. 三峡库区滑坡灾害风险评估研究. 武汉: 中国地质大学(武汉).
祁晓明, 2009. PS-InSAR技术在西安地区的变形监测研究. 西安: 长安大学.
钱洪, 周荣军, 马声浩, 等, 1999. 岷江断裂南段与1933年叠溪地震研究. 中国地震, 15(4): 333-338.
邵崇建, 李芃宇, 李勇, 等, 2017. 茂县滑坡的滑动机制与震后滑坡形成的地质条件. 成都理工大学学报(自然科学版), 44(4): 385-402.
邵江, 许吉亮, 2008. 一种断层影响基岩滑坡的失稳机理和稳定性分析. 岩土工程技术, 22(6): 299-303.
邵山, 2018. 理县黄泥坝子滑坡时空演化特征及动力学机制研究. 成都: 成都理工大学.
申健, 尚衍强, 徐大伟, 2008. 滑坡灾害与植被的相互关系探讨. 安徽农业科学, 36(12): 5169-5170.
盛龙, 王树国, 李春树, 2014. 宽城满足自治县缸窑沟: 大马沟一带煤田地质特征. 科技传播, 6(14): 125-126.
石固林, 陈强, 刘先文, 等, 2022. 联合升降轨Sentinel-1A数据监测桃坪乡古滑坡沿坡向的形变速度场.

工程地质学报, 30(4): 1350-1361.
司建涛, 刘顺, 2008. 青藏高原东缘岷江断裂构造特征, 变形序列和演化历史. 四川地质学报, 28(1): 1-5.
宋子尧, 2017. 跨平台遥感影像处理系统的设计与实现. 成都: 电子科技大学.
谭玲, 2013. 降雨诱发松散土质滑坡机理研究. 重庆: 重庆交通大学.
汤明高, 许强, 马和平, 等, 2006. 西藏昌都镇地质灾害发育特征及防治对策. 中国地质灾害与防治学报, 1(4): 11-16.
王得双, 梁收运, 赵红亮, 2018. 高位滑坡特征与防治. 地质灾害与环境保护, 29(3): 5-11.
王东升, 刘海, 2011. 理县桃坪乡桃坪滑坡特征分析及稳定性研究. 科技传播, 2: 119.
汪发武, 2001. 高速滑坡形成机制: 土粒子破碎导致超孔隙水压力的产生. 吉林大学学报(地球科学版), 31(1): 64-69.
王磊, 2013. 基于 GIS 的理县滑坡地质灾害风险性评价. 成都: 成都理工大学.
王立中, 2014. 降雨入渗条件下边坡稳定性分析. 铁道勘察(1): 42-43.
王运生, 徐鸿彪, 罗永红, 等, 2009. 地震高位滑坡形成条件及抛射运动程式研究. 岩石力学与工程学报, 28(11): 2360-2368.
王志荣, 2005. 红层软岩滑坡基本特征. 洁净煤技术, 11(2): 75-78.
巫升山, 2020. 川藏铁路昌都隧道大变形分级研究. 成都: 西南交通大学.
吴建川, 张世殊, 吴爽, 等, 2020. 基于 PFC3D 的滑坡堰塞坝堆积过程与形态模拟. 人民长江, 51(4): 135-141.
吴俊峰, 王运生, 董思萌, 等, 2012. 摩岗岭滑坡成因机理. 湖南科技大学学报(自然科学版), 27(3): 52-56.
解明礼, 赵建军, 巨能攀, 等, 2020. 多源数据滑坡时空演化规律研究: 以黄泥坝子滑坡为例. 武汉大学学报(信息科学版), 45(6): 923-932.
熊倩莹, 2015. 基于 1:5 万地质灾害填图的区域地质灾害易发性及危险性的评价与区划. 成都: 成都理工大学.
徐永福, 2020. 膨胀土的水力作用机理及膨胀变形理论. 岩土工程学报(11): 1979-1987.
许强, 董秀军, 李为乐, 2019. 基于天-空-地一体化的重大地质灾害隐患早期识别与监测预警. 武汉大学学报(信息科学版), 44(7): 957-996.
许强, 李为乐, 董秀军, 等, 2017. 四川茂县叠溪镇新磨村滑坡特征与成因机制初步研究. 岩石力学与工程学报, 36(11): 2612-2628.
许霄霄, 2013. 三峡库区秭归—巴东段顺层滑坡变形规律研究. 武汉: 中国地质大学(武汉).
许晓通, 2021. 思南城区乌江西岸滑坡群成因及其变形破坏机理研究. 贵阳: 贵州大学.
严东东, 马建秦, 高重阳, 等, 2019. 黄土塬滑坡地貌演化与水文过程响应机理. 南水北调与水利科技, 17(5): 156-165.
严旭德, 2015. 黑方台地下水动态及其灾害效应. 兰州: 兰州大学.
严珍珍, 张怀, 范湘涛, 2013. 断层水平错动下河流演变过程的数值模拟研究. 地震, 33(4): 105-114.
颜阁, 2016. 华池县滑坡易发性制图. 兰州: 兰州大学.
姚海林, 郑少河, 李文斌, 等, 2002. 降雨入渗对非饱和膨胀土边坡稳定性影响的参数研究. 岩石力学与工程学报, 21(7): 1034-1039.

叶广利, 2012. 冀东宽城县峪耳崖金矿构造及其控岩(体)控矿作用. 北京: 中国地质大学(北京).
叶润青, 2011. 基于多源数据融合的三峡库区滑坡信息提取与分析. 武汉: 中国地质大学(武汉).
殷跃平, 朱继良, 杨胜元, 2010. 贵州关岭大寨高速远程滑坡—碎屑流研究. 工程地质学报, 18(4): 445-454.
殷跃平, 王文沛, 张楠, 等, 2017. 强震区高位滑坡远程灾害特征研究: 以四川茂县新磨滑坡为例. 中国地质, 44(5): 827-841.
于宪煜, 2016. 基于多源数据和多尺度分析的滑坡易发性评价方法研究. 武汉: 中国地质大学(武汉).
俞广, 1993. 四川龙门山茂汶断裂带构造特征及其形成机制研究. 成都: 成都理工大学.
袁宗强, 张学钢, 2013. 邢台县地质灾害分布规律及发育特征. 河北地质(3): 41-42.
张书杰, 刘从友, 2014. 水对滑坡作用机理分析. 港工技术, 51(2): 72-74.
张曦, 陈丽霞, 徐勇, 等, 2018. 两种斜坡单元划分方法对滑坡灾害易发性评价的对比研究. 安全与环境工程, 25(1): 12-7.
张鑫龙, 陈秀万, 李飞, 等, 2017. 高分辨率遥感影像的深度学习变化检测方法. 测绘学报, 46(8): 999-1008.
张毅, 2018. 基于 InSAR 技术的地表变形监测与滑坡早期识别研究. 兰州: 兰州大学.
张玉成, 杨光华, 张玉兴, 2007. 滑坡的发生与降雨关系的研究. 灾害学, 22(1): 82-85.
赵代鹏, 王世梅, 谈云志, 等, 2013. 库水升降作用下浮托减重型滑坡稳定性研究. 岩土力学, 34(4): 1017-1024.
赵婕, 曹颐, 2017. 邢台地区水文地质条件分析. 科技风, 12 (116): 132.
赵伟康, 2019. 河北保定—阜平高速公路沿线地质灾害危险性评价研究. 北京: 中国地质大学(北京).
赵艳南, 2015. 三峡库区蓄水过程中滑坡变形规律研究. 武汉: 中国地质大学(武汉).
郑光, 2018. 滑坡—碎屑流远程运动距离研究. 成都: 成都理工大学.
周超, 2018. 集成时间序列 InSAR 技术的滑坡早期识别与预测研究. 武汉: 中国地质大学(武汉).
周超, 殷坤龙, 曹颖, 等, 2020. 基于集成学习与径向基神经网络耦合模型的三峡库区滑坡易发性评价研究. 地球科学, 40(6): 1875-1876.
周剑, 2019. 公路滑坡成因分析及防治措施. 中国公路(24): 114-115.
周剑, 邓茂林, 李卓骏, 等, 2019. 三峡库区浮托减重型滑坡对库水升降的响应规律. 水文地质工程地质, 46(5): 136-143.
周月玲, 王晓山, 边庆凯, 等, 2020. 涉县地震活动特征及其构造背景. 中国地震, 36(1): 14-22.
朱大鹏, 2010. 三峡库区典型堆积层滑坡复活机理及变形预测研究. 武汉: 中国地质大学(武汉).
ALQADHI S, MALLICK J, TALUKDAR S, et al., 2022. Selecting optimal conditioning parameters for landslide susceptibility: An experimental research on Aquabat Al-Sulbat, Saudi Arabia. Environmental Science and Pollution Research, 29(3): 3743-3762.
BEKAERT D P S, HANDWERGER A L, AGRAM P, et al., 2020. InSAR-based detection method for mapping and monitoring slow-moving landslides in remote regions with steep and mountainous terrain: An application to Nepal. Remote Sensing of Environment, 249(1): 111983.
BENGIO Y, LAMBLIN P, POPOVICI D, et al., 2006. Greedy layer-wise training of deep networks//Advances in Neural Information Processing Systems 19. Proceedings of the Twentieth Annual Conference on Neural Information Processing Systems, Vancouver, British Columbia, Canada.

BERARDINO P, FORNARO G, LANARI R, et al., 2002. A new algorithm for surface deformation monitoring based on small baseline differential SAR interferograms. IEEE Transactions On Geoscience & Remote Sensing, 40(11): 2375-2383.

BERGILLOS E, GARRIDO J, GARCÍA J O, et al., 2018. Landslide prevention costs in road construction projects: A case study of Diezma Landslide (Granada, Spain): Slope stability: Case histories, landslide mapping, emerging technologies//IAEG/AEG Annual Meeting Proceedings, San Francisco, California, USA.

BREIMAN L, 2001. Random forests. Machine Learning, 45(1): 5-32.

BREIMAN L I, FRIEDMAN J H, OISHEN R A, et al., 1984. Classification and regression trees. Biometrics, 40(3): 358.

CAO J, ZHANG Z, WANG C, et al., 2019. Susceptibility assessment of landslides triggered by earthquakes in the Western Sichuan Plateau. Catena(175): 63-76.

CHAUHAN S, SHARMA M, ARORA M K, 2010. Landslide susceptibility zonation of the Chamoli region, Garhwal Himalayas, using logistic regression model. Landslides, 7(4): 411-423.

CHEN T Q, GUESTRIN C, 2016. XGboost: A scalable tree boosting system// Proceedings of the 22nd ACM SIGKDD International Conference on Knowledge Discovery and Data Mining, San Francisco.

CHEN W, LI X, WANG Y, et al., 2014. Forested landslide detection using LiDAR data and the random forest algorithm: A case study of the Three Gorges, China. Remote Sensing of Environment, 152: 291-301.

CIGNA F, BATESON L B, JORDAN C J, et al., 2014. Simulating SAR geometric distortions and predicting persistent scatterer densities for ERS-1/2 and ENVISAT C-band SAR and InSAR applications: Nationwide feasibility assessment to monitor the landmass of Great Britain with SAR imagery. Remote Sensing of Environment, 152: 441-466.

COLESANTI C, WASOWSKI J, 2006. Investigating landslides with space-borne synthetic aperture radar (SAR) interferometry. Engineering Geology, 88(3-4): 173-199.

COLESANTI C, LOCATELLI R, NOVALI F, 2002. Ground deformation monitoring exploiting SAR permanent scatterers. IEEE International Geoscience and Remote Sensing Symposium, Toronto, Ontario, Canada, 2: 1219-1221.

CORTES C, VAPNIK V, 1995. Support-vector networks. Machine Learning, 20(3): 273-297.

COX D R, 1958. The regression analysis of binary sequences. Journal of the Roy Statistics Society: Series B (Methodological), 20: 215-232.

DAVIRAN M, SHAMEKHI M, GHEZELBASH R, et al., 2023. Landslide susceptibility prediction using artificial neural networks, SVMs and random forest: Hyperparameters tuning by genetic optimization algorithm. International Journal of Environmental Science and Technology, 20(1): 259-276.

DE BOER P T, KROESE D P, MANNOR S, et al., 2005. A tutorial on the cross-entropy method. Annals of Operations Research, 134: 19-67.

DONG J, LIAO M, XU Q, et al., 2018. Detection and displacement characterization of landslides using multi-temporal satellite SAR interferometry: A case study of Danba County in the Dadu River Basin. Engineering Geology, 240: 95-109.

DUN J, FENG W, YI X, et al., 2021. Detection and mapping of active landslides before impoundment in the

Baihetan Reservoir area (China) based on the time-series InSAR method. Remote Sensing, 13(16): 3213.

FAN J, ZHANG X, SU F, et al., 2017. Geometrical feature analysis and disaster assessment of the Xinmo landslide based on remote sensing data. Journal of Mountain Science, 9(14): 1677-1688.

FARINA P, COLOMBO D, FUMAGALLI A, et al., 2006. Permanent scatterers for landslide investigations: Outcomes from the ESA-SLAM project. Engineering Geology, 88(3-4): 200-217.

FEDOTOVA I, KASPARIAN E, ROZANOV I, et al., 2018. Strain monitoring of hard rock mine slopes. Geomechanics and Geodynamics of Rock Masses(1-2): 1451-1456.

FERRETTI A, PRATI C, ROCCA F, 2001. Permanent scatterers in SAR interferometry. IEEE Transactions on Geoscience & Remote Sensing, 39(1): 8-20.

FINLAY P J, FELL R, MAGUIRE P K, 1997. The relationship between the probability of landslide occurrence and rainfall. Canadian Geotechnical Journal, 34(6): 811-824.

FRIEDMAN J H, 2001. Greedy function approximation: A gradient boosting machine. Annals of Statistics, 29(5): 1189-1232.

GABRIEL A K, GOLDSTEIN R M, ZEBKER H A, 1989. Mapping small elevation changes over large areas: Differential radar interferometry. Journal of Geophysical Research Solid Earth, 94(B7): 9183-9191.

GILES P T, FRANKLIN S E, 1998. An automated approach to the classification of the slope units using digital data. Geomorphology, 21(3-4): 251-264.

GOODFELLOW I, BENGIO Y, COURVILLE A, 2016. Deep learning. Cambridge: MIT Press.

GUO R, LI S, CHEN Y, et al., 2021. Identification and monitoring landslides in Longitudinal Range-Gorge Region with InSAR fusion integrated visibility analysis. Landslides, 18(2): 551-568.

GUPTA S, 1997. Himalayan drainage patterns and the origin of fluvial megafans in the Ganges foreland basin. Geology, 25: 11.

GUZZETTI F, ARDIZZONE F, CARDINALI M, et al., 2008. Distribution of landslides in the Upper Tiber River basin, Central Italy. Geomorphology, 96(1-2): 105-122.

HAFIZI M K, ABBASSI B, ASHTARI T A, 2010. Safety assessment of landslides by electricaltomography: A case study from Ardabil, northwestern Iran. Journal of the Earth and Space Physics, 36(1): 935.

HE X J, LUO G, ZUO J X, 2019. Daily runoff forecasting using a hybrid model based on variational mode decomposition and deep neural networks. Water Resources Management, 33(4): 1571-1590.

HENGL T, 2006. Finding the right pixel size. Computers and Geosciences, 32: 1283-1298.

HINTON G E, OSINDERO S, TEH Y, 2006. A fast learning algorithm for deep belief nets. Neural Computation, 18(7): 1527-1554.

HINTON G E, SRIVASTAVA N, KRIZHEVSKY A, et al., 2012. Improving neural networks by preventing co-adaptation of feature detectors. Computer Science, 2012, 3(4): 212-223.

HINTON G L, DENG D, YU G E, et al., 2012. Deep neural networks for acoustic modeling in speech recognition. IEEE Signal Processing Magazine, 29(6): 82-97.

HUA Y, WANG X, LI Y, 2021. Dynamic development of landslide susceptibility based on slope unit and deep neural networks. Landslides, 18: 281-302.

IBM SUPPORT, 2014. SPSS modeler 15. 0 documentation. [2019-06-27]. https://www. ibm. com/ support/ pages/node/590581.

KANG C, ZHANG F, PAN F, et al., 2018. Characteristics and dynamic runout analyses of 1983 Saleshan landslide. Engineering Geology, 243(20): 181-195.

KIM Y, KIM H G, CHOI H J, 2017. Model regularization of deep neural networks for robust clinical opinions generation from general blood test results// IEEE International Conference on Mobile Data Management, Daejeon, South Korea.

KINGMA D P, BA J, 2015. Adam: A method for stochastic optimization// 3rd International Conference for Learning Representations, San Diego.

KOHV M, TALVISTE P, HANG T, et al., 2009. Slope stability and landslides in proglacial varved clays of western Estonia. Geomorphology, 106(3-4): 15-323.

KROPATSCH W G, STROBL D, 1990. The generation of SAR layover and shadow maps from digital elevation models. IEEE Transactions on Geoscience & Remote Sensing, 28(1): 98-107.

KURADUSENGE M, KUMARAN S, ZENNARO M, et al., 2021. Experimental study of site-specific soil water content and rainfall inducing shallow landslides: Case of Gakenke District, Rwanda. Hindawi Geofluids. Geofluids (2): 1-18.

LECUN Y, RANZATO M, 2013. Deep learning tutorial// Proceedings of the 30th International Conference on Machine Learning (ICML'13), Haifa, Israel.

LECUN Y, BOTTOU L, BENGIO Y, et al., 1998. Gradient-based learning applied to document recognition. Proceeding of the IEEE, 86(11): 2278-2324.

LEE S T, YU T T, PENG W F, et al., 2010. Incorporating the effects of topographic amplification in the analysis of earthquake-induced landslide hazards using logistic regression. Natural Hazards and Earth System Science, 10: 2475-2488.

LI C D, WANG X Y, TANG H M, et al., 2017. A preliminary study on the location of the stabilizing piles for colluvial landslides with interbedding hard and soft bedrocks. Engineering Geology, 224: 15-28.

LI F K, GOLDSTEIN R M, 1990. Studies of multibaseline spaceborne interferometric synthetic aperture radars. IEEE Transactions on Geoscience and Remote Sensing, 28(1): 88-97.

LI J, CHEN N, ZHAO Y, et al., 2020a. A catastrophic landslide triggered debris flow in China's Yigong: Factors, dynamic processes, and tendency. Earth Sciences Research Journal, 24(1): 71-82.

LI Y, WANG X, Mao H, 2020b. Influence of human activity on landslide susceptibility development in the Three Gorges area. Natural Hazards, 104: 2115-2151.

LITTELL R, STOUP W W, FREUND R, et al., 2008. SAS system for linear models. Hoboken: John Wiley and Sons.

LIU H, REN G, 2008. The study of development character of typical debris in Ragstone. Journal of Mountain Science, 3: 372-375.

LIU Q, CHEN S, CHEN L, et al., 2020. Detection of groundwater flux changes in response to two large earthquakes using long-term bedrock temperature time series. Journal of Hydrology, 590: 125245.

LIU R, MENG G, YANG B, et al., 2016. Dislocated time series convolutional neural architecture: An intelligent fault diagnosis approach for electric machine. IEEE Transactions on Industrial Informatics, 13(3): 1310-1320.

LIU X, ZHAO C, ZHANG Q, et al., 2018. Multi-temporal loess landslide inventory mapping with C-, X- and

L-band SAR datasets-a case study of Heifangtai loess landslides, China. Remote Sensing, 10(11): 1756.

MIAO H, WANG G , YIN K, et al., 2014. Mechanism of the slow-moving landslides in Jurassic red-strata in the Three Gorges Reservoir, China. Engineering Geology, 171: 59-69.

MILES J, 2005. Tolerance and variance inflation factor// EVERITT B S, HOWELL D C. Encyclopedia of Statistics in Behavioral Science. Hoboken: John Wiley and Sons.

MONDINI A C, GUZZETTI F, CHANG K T, et al., 2021. Landslide failures detection and mapping using synthetic aperture radar: Past, present and future. Earth-Science Reviews, 216: 103574.

MORA O, PEREZ F, PALA V, et al., 2003. Development of a multiple adjustment processor for generation of DEMs over large areas using SAR data. IEEE International Geoscience and Remote Sensing Symposium, 4(6): 2326-2328.

NAIR V, HINTON G E, 2010. Rectified linear units improve restricted boltzmann machines//International Conference on Machine Learning, Omnipress.

NASA, 2013. NASA Shuttle Radar Topography Mission Global 1 arc second. [2022-06-06]. https:// doi. org/10. 5067/MEaSUREs/SRTM/SRTMGL1. 003.

NOTTI D, DAVALILLO J C, HERRERA G, 2010. Assessment of the performance of X-band satellite radar data for landslide mapping and monitoring: Upper Tena Valley case study. Natural Hazards and Earth System Sciences, 10: 1865-1875.

PARONUZZI P, RIGO E, BOLLA A, 2013. Influence of filling-drawdown cycles of the Vajont reservoir on Mt. Toc slope stability. Geomorphology, 191: 75-93.

PAULIN G L, BURSIK M, LUGO-HUBP J, et al., 2010. Effect of pixel size on cartographic representation of shallow and deep-seated landslide, and its collateral effects on the forecasting of landslides by SINMAP and multiple logistic regression landslide models. Physics and Chemistry of the Earth, 35: 137-148.

POWELL M J D, 1987. Radial basis functions for multivariable interpolation: A review//MASON J C, COX M G. Algorithms for approximation. Oxford: Carendon Press.

REHMAN M U, ZHANG Y, MENG X, et al., 2020. Analysis of landslide movements using interferometric synthetic aperture radar: A case study in Hunza-Nagar valley, Pakistan. Remote Sensing, 12(12): 2054.

RIJSBERGEN C J V, 1979. Information retrieval. London: Butterworth.

ROBERTI G, WARD B, VAN WYK DE VRIES B, et al., 2017. Precursory slope distress prior to the 2010 Mount Meager landslide, British Columbia. Landslides, 15(4): 637-647.

RODRÍGUEZ-PECES M J, TSIGE M, GARCÍA-FLÓREZ I, 2018. Failure mechanism of large landslides trigger by earthquakes in the El salvador fault zone: The case of Jiboa Landslide// GSA Annual Meeting in Indianapolis, Indiana, USA.

ROMSTAD B, ETZELMULLER B, 2012. Mean-curvature watersheds: A simple method for segmentation of a digital elevation model into terrain units. Geomorphology, 139-140: 293-302.

RUETTE J, LEHMANN P, OR D, 2013. Rainfall-triggered shallow landslides at catchment scale: Threshold mechanics-based modeling for abruptness and localization. Water Resources Research, 49(10): 6266-6285.

SAHA A K, GUPTA R P, Sarkar I, et al., 2005. An approach for GIS-based statistical landslide susceptibility zonation-with la case study in the Himalayas. Landslides, 2(1): 61-69.

SCHMIDT D A, BÜRGMANN R, 2003. Time-dependent land uplift and subsidence in the Santa Clara valley,

California, from a large interferometric synthetic aperture radar data set. Journal of Geophysical Research: Solid Earth, 108(B9): 147-159.

SERRA J, 1982. Image analysis and mathematical morpholog. London: Academic Press.

SHI G, ZHANG J, LI H, et al., 2019. Enhance the performance of deep neural networks via L2 regularization on the input of activations. Neural Processing Letters, 50(1): 57-75.

SOLARI L, BIANCHINI S, RACHELE F, et al., 2020. Satellite interferometric data for landslide intensity evaluation in mountainous regions. International Journal of Applied Earth Observation and Geoinformation, 87: 102028.

TATARD L, GRASSO J R, HELMSTETTER A, et al., 2010. Characterization and comparison of landslide triggering in different tectonic and climatic settings. Journal of Geophysical Research-Earth Surface, 115: F04040.

THOMSON S, MORGENSTERN N R, 1977. Factors affecting distribution of landslides along rivers in southern Alberta. Canadian Geotechnical Journal, 14(4): 508-523.

TRIMBLE, 2011. Ecognition Developer 8. 7: User Guide. Munich, Germany: Trimble Germany GmbH.

WANG D, LIU M, ZHU X, et al., 2020. Failure mechanisms and deformation processes of a high-locality landslide at Tonghua Town, Li County, China, 2017. Landslides, 17(1): 165-177.

WANG G, WANG Y, ZANG X, et al., 2019. Locating and monitoring of landslides based on small baseline subset interferometric synthetic aperture radar. Journal of Applied Remote Sensing, 13(4): 044528.

WANG X, GUO H, DING Z, et al., 2022. Blind identification of active landslides in urban areas: A new set of comprehensive criteria. Environmental Science and Pollution Research, 30: 3088-3111.

WANG X, YIN J, LUO M, et al., 2021. Active high-locality landslides in Mao County: Early identification and deformation rules. Journal of Earth Science, DOI: 10. 1007/s12583-021-1505-0.

WANG Y S, HUANG R Q, LUO Y H, et al., 2011. The genetic mechanism of Wenchuan earthquake. Journal of Mountain Sciences, 8: 336-344.

WANG Z, ZHAO D P, WANG J, 2010. Deep structure and seismogenesis of the North-South Seismic Zone in Southwest China. Journal of Geophysical Research, 115: B12334.

WASOWSKI J, BOVENGA F, 2014. Investigating landslides and unstable slopes with satellite multi temporal interferometry: Current issues and future perspectives. Engineering Geology, 174(1): 103-138.

WU X, REN F, NIU R, 2014. Landslide susceptibility assessment using object mapping units, decision tree, and support vector machine models in the Three Gorges of China. Environmental Earth Sciences, 71 (11): 4725-4738.

XIE M, HUANG J, WANG L, et al., 2016. Early landslide detection based on D-InSAR technique at the Wudongde hydropower reservoir. Environmental Earth Sciences, 75(8): 1-13.

XING A G, WANG G, YIN Y P, et al., 2014. Dynamic analysis and field investigation of a fluidized landslide in Guanling, Guizhou, China. Engineering Geology, 12(5): 1811-1814.

YALCINKAYA M, BAYRAK T, 2003. Dynamic model for monitoring landslides with emphasis on underground water in Trabzon Province, Northeastern Turkey. Journal of Surveying Engineering, 129(3): 115-124.

YU X, GUO Z, CHEN Y, et al., 2020. River system reformed by the Eastern Kunlun Fault: Implications from geomorphological features in the eastern Kunlun Mountains, northern Tibetan Plateau. Geomorphology, 350: 106876.

ZEBKER H A, VILLASENOR J, 1992. Decorrelation in interferometric radar echoes. IEEE Transactions on Geoence and Remote Sensing, 30(5): 950-959.

ZEBKER H A, ROSEN P A, GOLDSTEIN R M, et al., 1994. On the derivation of coseismic displacement fields using differential radar interferometry: The landers earthquake. Journal of Geophysical Research Solid Earth, 99(B10): 19617-19634.

ZHANG Y, MENG X M, DIJKSTRA T A, et al., 2020. Forecasting the magnitude of potential landslides based on InSAR techniques. Remote Sensing of Environment, 241: 111738.

ZHAO B, WANG Y, LUO Y, et al., 2018a. Landslides and dam damage resulting from the Jiuzhaigou earthquake (8 August 2017), Sichuan, China. Royal Society Open Science, 5: 171418.

ZHAO C, KANG Y, ZHANG Q, et al., 2018b. Landslide identification and monitoring along the Jinsha River Catchment (Wudongde Reservoir area), China, using the InSAR method. Remote Sensing, 10(7): 993.

ZHAO C, ZHONG L, ZHANG Q, et al., 2012. Large-area landslide detection and monitoring with ALOS/PALSAR imagery data over Northern California and Southern Oregon, USA. Remote Sensing of Environment, 124: 348-359.

ZHAO J, OUYANG C J, NI S D, et al., 2020. Analysis of the 2017 June Maoxian landslide processes with force histories from seismological inversion and terrain features. Geophysical Journal International, 222(3): 1965-1976.

ZHOU C, SHAO W, WESTEN V, et al., 2014. Comparing two methods to estimate lateralforce acting on stabilizing piles for a landslide in the Three Gorges Reservoir, China. Engineering Geology, 173(6): 41-53.

ZHOU C, YIN K L, CAO Y, et al., 2020. Evaluation of landslide susceptibility in Three Gorges Reservoir area based on integrated learning and radial basis function neural network coupling model. Geoscience, 45(6): 1865-1876.

ZHOU J W, CUI P, YANG X G, 2013. Dynamic process analysis for the initiation and movement of the Donghekou landslide-debris flow triggered by the Wenchuan earthquake. Journal of Asian Earth Sciences, 76: 70-84.

ZHOU Y H, LUO M L, 2010. Texture statistics for Sichuan Basin terrain morphology analysis DEM based// 2010 International Conference on Machine Vision and Human-machine Interface, Kaifeng, Henan, China.

ZHU M, 2004. Recall, precision and average precision. Waterloo: University of Waterloo.